"永续乡村"辽宁省土木建筑学会高等院校

"乡村振兴"主题竞赛获奖作品集

（2021—2022）——**城建杯**

张晓雁　吉燕宁　郭宏斌　主编

北方联合出版传媒（集团）股份有限公司

辽宁科学技术出版社

图书在版编目（CIP）数据

　　"永续乡村"辽宁省土木建筑学会高等院校"乡村振兴"主题竞赛获奖作品集：2021—2022：城建杯／张晓雁,吉燕宁,郭宏斌主编.—沈阳：辽宁科学技术出版社，2024.8
　　ISBN 978-7-5591-3277-2

　　Ⅰ.①永…　Ⅱ.①张…　②吉…　②郭…　Ⅲ.①建筑设计—作品集—中国—现代　Ⅳ.①TU206

　　中国国家版本馆CIP数据核字（2023）第252911号

出版发行：辽宁科学技术出版社
　　　　　（地址：沈阳市和平区十一纬路25号　邮编：110003）
印　刷　者：沈阳丰泽彩色包装印刷有限公司
经　销　者：各地新华书店
幅面尺寸：210 mm × 280 mm
印　　张：9.5
字　　数：230千字
出版时间：2024年8月第1版
印刷时间：2024年8月第1次印刷
责任编辑：郑　红　张树德
封面设计：刘　彬
责任校对：栗　勇

书　　号：ISBN 978-7-5591-3277-2
定　　价：150.00元

联系电话：024-23284526
邮购热线：024-23284502
E-mail：29322087@qq.com

编委名单

主　编：

张晓雁　吉燕宁　郭宏斌

副主编：

刘诗倩　王琳琳　郝　轶　罗　健　刘　一　王洪达　许德丽　郝燕泥
钟　鑫　邵秀娟

参编人员（排名不分先后）：

马凤才	温景文	傅柏权	苑泽锴	田　悦	王艺瑾	雷贯宏	姜国强
穆　巍	石铁矛	顾南宁	张建军	王　阳	宫远山	张立鹏	马　健
王　超	毛　兵	詹世涛	吕潇洋	牟维勇	任　峰	李政来	毛立红
马　猛	孙旭东	田　虎	吴　非	谭　喆	李世芬	张　宇	郑成福
杨贵庆	王　涵	牛　艺	麻洪旭	葛述苹	陆鹏程	谢晓琳	郝妙琦
张一帅	韦　玮	林瑞雪	吕　晶	孟颂平	王　丹	陈　瑶	黄　喆
张　娜	扈　哲	张博涵	时　虹	李明桐	应　飞	张立军	朱　林
李　超	徐莉莉	刘天博	王　芳	李殿生	蔡可心	尤美苹	李　牧
孙佳宁	于业龙	李　诗	程　佳	姚云峰	屈芳竹	朱庆余	姜　岩
田晶晶	李　硕	刘艳芳	齐晓晨	杨　薇	戴碧薇		

前 言

　　乡村振兴是党的十九大以来，国家高度重视的战略发展目标，辽宁省土木建筑学会及时响应，将城乡规划、建筑学、风景园林、环境艺术设计、视觉传达、市政工程、环境工程、生态学等相关专业结合，为服务乡村振兴战略的保障和实施添砖加瓦。高校作为基础研究主力军和技术创新策源地，是促进构建支撑我省乡村振兴科技创新体系，全面提升高校乡村振兴领域人才培养，促进辽宁土木建筑行业创作水平提升，引导乡村振兴事业健康有序发展的生力军。高校服务乡村也是人才振兴的有力响应，充分发挥高校作为基础研究主力军和技术创新策源地的作用，促进构建支撑辽宁省乡村振兴的科技创新和人才振兴全体系发展，全面提升高校乡村振兴领域人才培养及促进辽宁土木建筑行业创作水平的提升。

　　以此为背景，由沈阳城市建设学院建筑与规划学院（乡镇建设学院）提议，辽宁省土木建筑学会大力支持，决定组织开展辽宁省高等院校"乡村振兴"主题竞赛活动。由辽宁省土木建筑学会主办，沈阳城市建设学院承办发起，辽宁省土木建筑学会历史建筑专业委员会、辽宁省城市规划协会、沈阳市规划设计研究院设计有限公司协办的首届主题为乡村振兴战略背景下的"永续乡村"竞赛于2021年6月在沈阳城市建设学院开展，在此一并表示感谢。

本次竞赛要求从整体性上考虑乡村发展、建设问题，设计团队要具有规划、建筑、景观、生态等多元化视点，系统地挖掘目标乡村的资源禀赋，结合乡村现状发展特点、历史文化、原有建筑风貌，尊重村庄发展客观规律、场地和自然环境特点，体系化地完成参赛作品。竞赛共三大模块：A."活力农业、活力农村"模块重点聚焦农业、农村全要素生产效益的创新发展策略；B."理想乡居"模块重点聚焦创新视角下的乡居环境建设与存续问题；C."低碳乡村"模块重点聚焦乡村区域碳源与碳汇优化策略。

2024 年 1 月

目 录

竞赛模块 A

「活力农业 活力农村」获奖名单

辽宁省土木建筑学会高等院校"乡村振兴"主题竞赛（2020—2021）

竞赛模块	参赛高校、院系	参赛人员	曾涛	高凤麟	付冰聪
A活力农业 活力农村	大连理工大学建筑与艺术学院	指导教师	李健	苗力	刘代云
竞赛联系人	曾涛	联系方式		E-mail	

永续乡村（壹）

村庄现状与规划策略解析

区位分析

宏观区位

中观区位

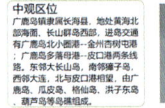

微观区位

村庄现状与规划意向

高程分析

坡度分析

坡向分析

生态保育分析

三区划分

村域内部交通分析

村域土地利用分析

公共服务与基础设施分析

现状 人口与经济
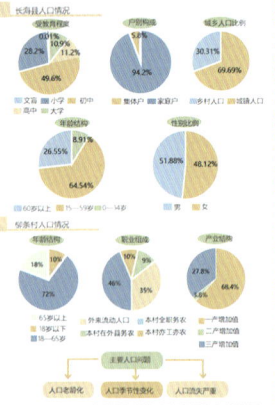

现状 村民生活图景
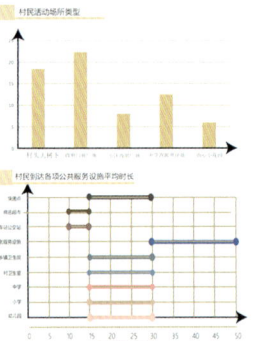

现状 基础设施
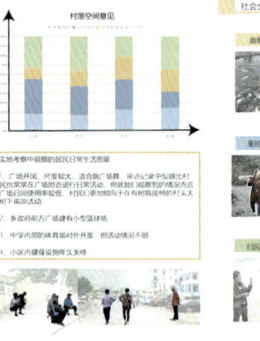

现状 现状总结
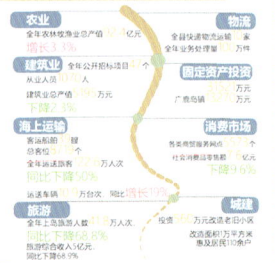

基地SWOT分析

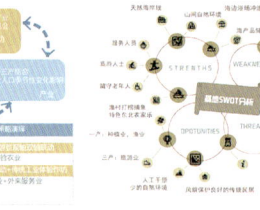

USED

规划理念与策略

向往的渔村生活

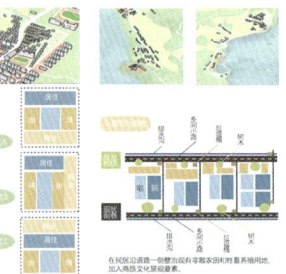

竞赛模块	参赛高校、院系	参赛人员	曾涛	高凤麟	付冰聪
A活力农业 活力农村	大连理工大学建筑与艺术学院	指导教师	李健	苗力	刘代云
竞赛联系人	曾涛	联系方式		E-mail	

永续乡村（贰） 一等奖

产业理念阐释与解析

产业——产业定位与发展策略

- **水产捕捞加工**：利用现有资源，对于海产品进行加工和售卖，同时回收碎制进行二次加工。
- **产业定位**：修缮传统渔民居，发扬传统火炕种植农产品等乡村特色，提供农家乐服务。
- **海边度假别墅**：利用现有海边的空间资源，打造海岛别墅，发挥海洋和乡村共存的生态优势。
- **现存资源**：交通方面乡间小道为数众多，勾勒丰富的民居肌理。
- **发展问题**：村内现有基础设施存在较大不足，垃圾处理需要整治。

政府部门 政策推动 资金扶持

旅游公司 宣传推广 策划管理

专业群体 技术支持 规划管理

规划产业定位
打造一种以向往的渔村生活为主题的新型海岛村庄模式，从而达到实现产业融合，生态宜居的目的。

产业——村域产业总体布局

产业——合作机制

相互联动
- 引入人流
- 引入资源

金石滩国家旅游度假区

民宿农家乐 捕鱼体验 水上运动

多方协助

政府部门 政策推动 资金扶持	专业群体 技术支持 规划管理	旅游公司 宣传推广 策划管理

村民群体：经营主体 充分参与

产业链
产业链纵向延伸

农业 渔业 技术合作

种植 观光繁育 繁殖 农产品加工 带动经济

特色农田片区 渔家体验片区 共同售卖 共利共惠

渔业整合 保护拓展

捕鱼 提供设备体验 海鲜贝壳加工 互通消费

纵向产业链：不再满足于基本农产品和渔产品，而是延伸到旅游业，引入特色产业片区。

横向产业链：充分发挥农产品，渔产品的观赏和游玩价值，发展生态观光农业和渔业体验技术，以及休闲度假旅游业

产业——村域旅游规划

文旅

产业——一产三产融合机制

融合策略：一三产融合，观光体验农业 交通生活轴+滨海旅游景观轴双轴联动 就业增长：村民再就业+外来服务业

农业用地展划 水产加工用地 海产品仓储运输用地 居民生活集市 村内旅游憩息空间

一产、三产融合 加工制造 仓储与运输 商业集市 旅游服务

产业——村域游览意向图

特色农田区

传统民居保护区

骑行登山线

小岛民宿体验区

捕鱼体验区

海产品自制区

月亮湾沙滩度假区

产业——分析

发展背景

产业体系

历史文脉的传承

风景农田

旅游产业

周边居民

游客

农家乐

渔民

经济

农业产业

捕鱼产业

支撑板块

- 旅游产业板块：依托当地民居打造，观光农田，农家乐、自行车观光，特色民宿
- 农业产业板块：利用经济发展农业，玉米、花椒、地瓜、稻米，保留传统民居肌理
- 捕鱼产业板块：结合旅游捕鱼体验，海洋线路体验，海产品加工及贝壳利用

设施配套

产业分析

自然 人文

传统耕地	修葺民居	→ 农家乐
种植花草	捕鱼节点	→ 旅游景点
特色农田	景观路线	→ 景观环线 旅游环线

农业 旅游 捕鱼

将旅游、农业、捕鱼元素结合起来，保证旅游与自然较好共生融合

产业——村域旅游路线展示

长时游客 短时游客

综合旅游村屯建设规划

新建村屯建设规划

老城改造建设规划

大连理工大学建筑与艺术学院

参赛人员： 曾涛、高凤麟、付冰聪

指导教师： 李健、苗力、刘代云

设计说明：

整个乡村设计在保留原有村庄聚落肌理的基础上，拓展发展用地，梳理交通组织方式，以激活滨海景观旅游岸线为核心，通过规划手段促进村域生活轴与旅游景观轴的联动与区位互补。本次设计意图打造一种"向往的渔村生活"为主题的新型海岛村庄模式，来实现产业融合，生态宜居。对现有农林和海洋资源进行利用和重新整合，打造特色农田、渔业捕捞、农家乐等主题服务，实现游客"向往的渔村生活"，而村民方面，通过旅游实现经济水平提高，民居更新与开发，实现村民的"向往的渔村生活"。

详细规划设计以 3 个主题村落展开：

综合旅游村庄建设规划是从旅游农业角度出发，将民居、民宿、旅游服务设施、村民服务设施结合起来，规划认养农业、生态旅游农业，建设配套服务设施，弥补村域内服务设施缺失，规划建设滨海生态公园、渔业捕捞体验等，挖掘海岸线资源。

新建村庄建设规划是从发展用地角度出发，以多层住宅为主建设城市化住区，在尊重和保护村庄民居风貌和布局的基础上实现城市功能模块置入与村落肌理的融合。同时内部新建广场对外开放，以弥补镇区范围内缺少居民日常活动场地的不足。

镇区老旧村庄改造则关注到村庄传统风貌缺失，整体风格混杂无序，民居改建缺乏统一指导等问题，着力通过街区营造、立面整合、建筑质量更新等一系列措施，来进行村庄民居更新。

竞赛模块	参赛高校、院系	参赛人员	伯昊霖	曹静雯	田春雨	蓝峻毓
A活力农业 活力农村	辽宁工业大学土木建筑工程学院	指导教师	赵兵兵	牛笑	郭与浮	
竞赛联系人	伯昊霖	联系方式		E-mail		

永续乡村

一等奖

节点一鸟瞰图

乡野餐厅节点

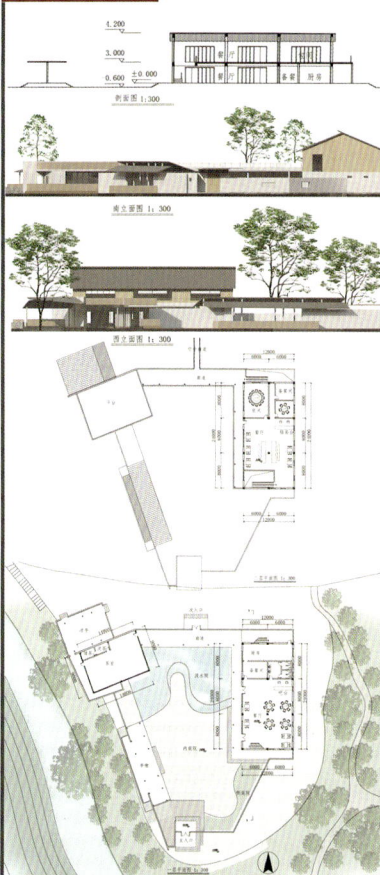

游客中心节点

展览馆节点

剖面图 1:300

南立面图 1:300

西立面图 1:300

剖面图 1:300

西立面图 1:300

南立面图 1:300

剖面图 1:300

南立面图 1:300

西立面图 1:300

游客中心内庭院效果

游客中心外庭院效果

活动厅效果

展馆侧面效果

展馆内院效果

展馆景观效果

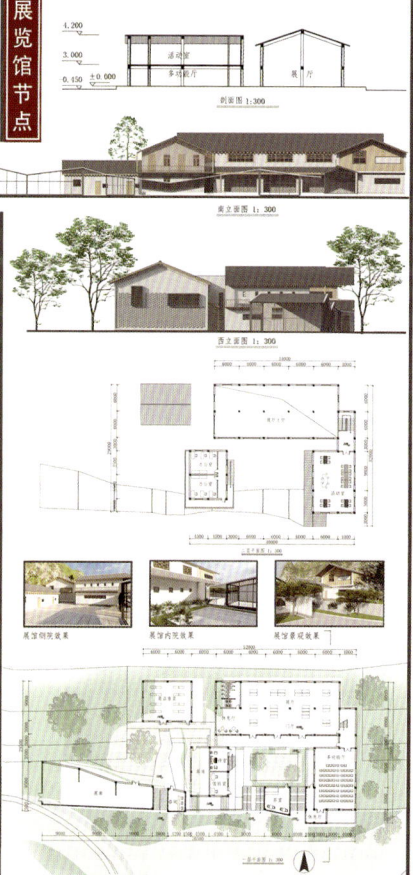

竞赛模块A「活力农业 活力农村」

辽宁省土木建筑学会高等院校"乡村振兴"主题竞赛（2020—2021）

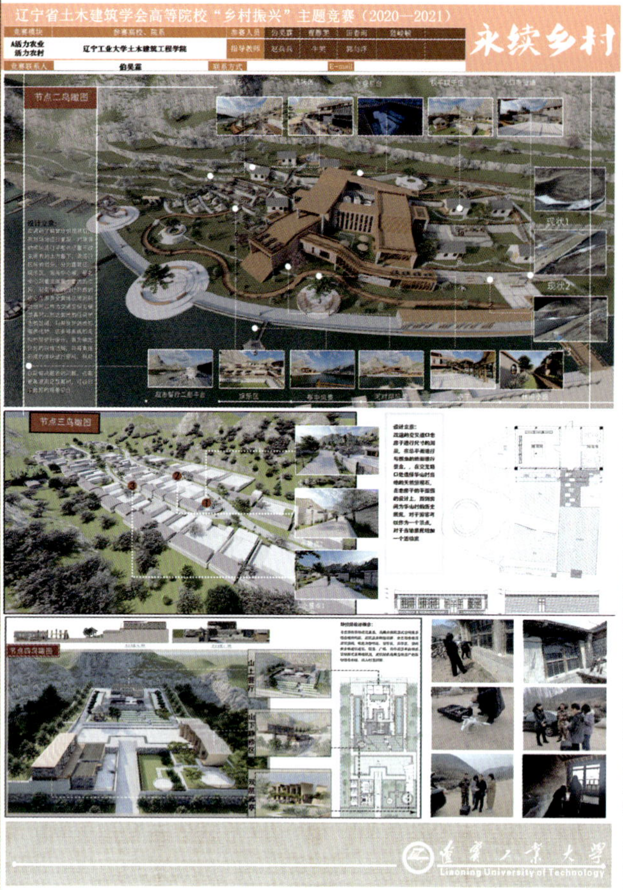

永续乡村

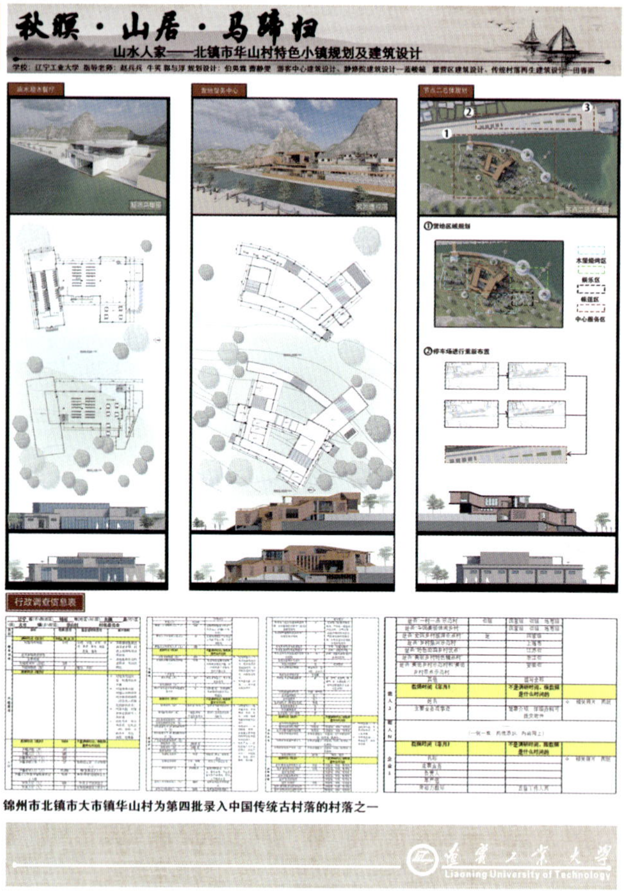

秋暝·山居·马蹄归

山水人家——北镇市华山村特色小镇规划及建筑设计

辽宁工业大学 土木建筑工程学院

节点二鸟瞰图

节点三鸟瞰图

锦州市北镇市大市镇华山村为第四批录入中国传统古村落的村落之一

行政调查信息表

辽宁工业大学 土木建筑工程学院

永续乡村

辽宁省土木建筑学会高等院校"乡村振兴"主题竞赛（2020—2021）

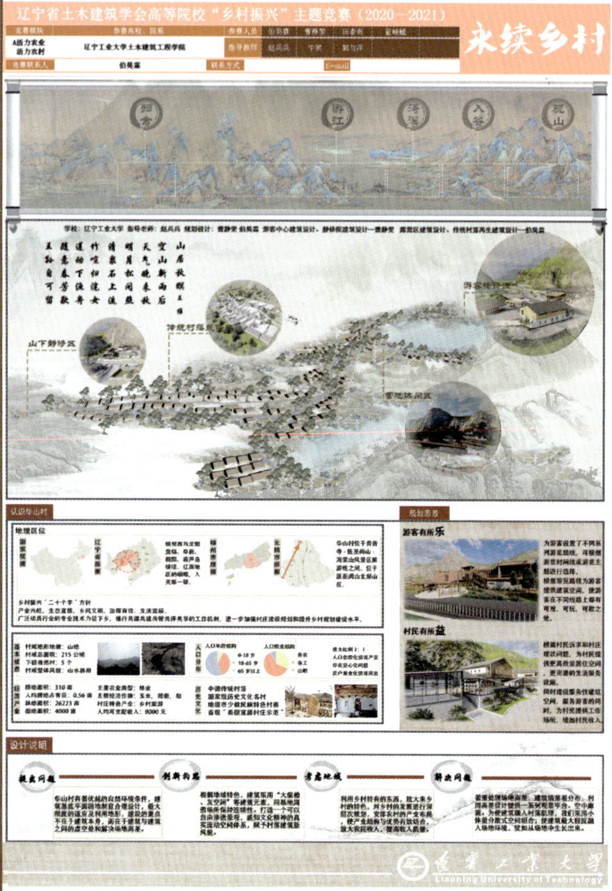

辽宁省土木建筑学会高等院校"乡村振兴"主题竞赛（2020—2021）

永续乡村

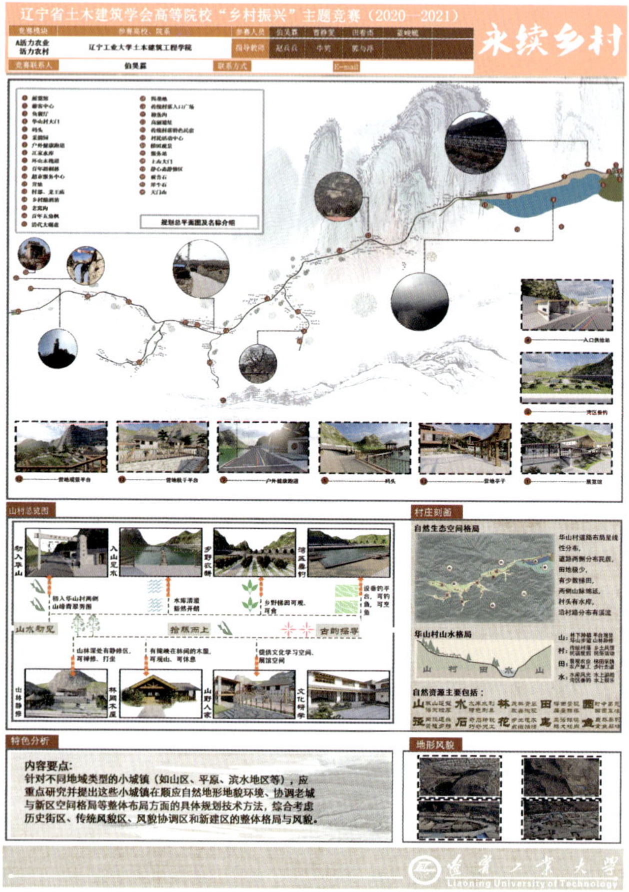

辽宁工业大学 土木建筑工程学院

认识华山村

游客有所乐

村民有所益

设计说明

山村总览图

村庄剖面

自然生态空间格局

特色分析

地形风貌

内容要点：
针对不同地域类型的小城镇（如山区、平原、滨水地区等），应
重点研究并提出这些小城镇在顺应自然地貌环境、协调老城
与新区空间格局等等整体布局方面的具体规划技术方法，综合考虑
历史街区、传统风貌区、风貌协调区和新建区的整体布局与风貌。

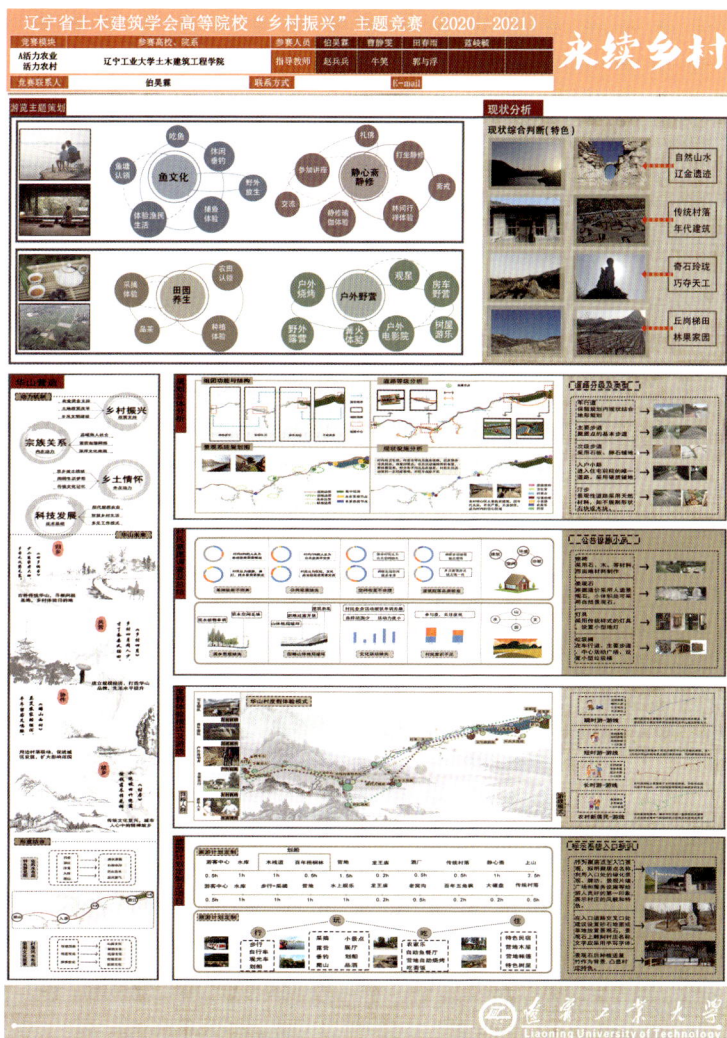

辽宁工业大学土木建筑工程学院

参赛人员： 伯昊霖、曹静雯、田春雨、蓝崚毓

指导教师： 赵兵兵、郭与浮、牛笑

设计说明：

这次毕业设计的主题是北镇市华山村特色小镇的规划和建筑设计，项目是实际的工程项目，华山村南距锦州市111km，盘锦95km；东距黑山县39km；北距阜新46km；西距义县72km。也位于青岩寺—医巫闾山观光线中，它位于医巫闾山的北脉。地块内地平坦，水库资源充足，生态环境良好，山水田园景观兼备，占地面积15万m²。华山村于2016年11月成了第四批中国传统村落。这是辽宁省首家被列入国家级传统村落名单的古村之一，华山村的农村建设计划有助于改善居住环境和提高生活质量，推进产业发展，提高区域经济竞争力；增强商业贸易活力，繁荣现代服务业；丰富地区发展内涵，提高文化魅力。国家农村振兴局正式成立，是我国脱贫攻坚全面胜利的标志，全面实施农村振兴、走向新生活和新奋斗的起点。该项目包括华山村地区现代农业生态休闲小镇的规划设计和单体建筑设计。要达到在华山村建设旅游村的目的，就必须改善华山村的生活条件和生活质量，为华山村提供更好的公共基础设施。农村的振兴，根据土地的情况，以人为基础，进行生态建设，实现可持续发展。综合分析国内外特色小镇发展历史和现状，从产业分布看，特色小镇可分为产业型、产业＋旅游型和文旅型。欧美发达国家，最令人瞩目的是产业特色小镇。这些小镇除了当地得天独厚的风光资源、悠久的发展历史外，其产业发展与当地历史文化有效结合，主题鲜明。乡村振兴战略背景下，现代农业特色小镇设计需要抓住重点，实现多元发展，思路上应强调特色优先、经济突破、多元发展3个基本方向。设计方式上，应注意功能区域划分，并重视外在文化表达、强调自身文化内涵，实现经济发展、文化发展的双向结合，推动特色小镇的设计由构想变为现实。

二等奖

竞赛模块	参赛高校、院系	参赛人员	王以诚	丁科伟	朱建铭
A活力农业 活力农村	东北大学江河建筑学院	指导教师	高雁鹏	李莉	崔俏
竞赛联系人	王以诚	联系方式		E-mail	

永续乡村

智业活农 慧旅富乡——基于"智慧农村"理念的活力乡村设计

壹

区位分析

沈阳是东北地区政治、经济、文化中心和交通枢纽的中心。

沈北新区是沈阳十大郊区之一、全国生态示范区、中国特色旅游之乡。

兴隆台街道地处沈新区西北部，东与新城子街道接壤，南连尹家街道。

政策解读

宏观层面 **中观层面** **微观层面**

历史沿革

经济

文化

旅游现状

旅游资源分布

历史遗迹类　民族文化类　自然风光类

稻梦空间

旅游情况

| | 2017 | 2018 | 2019 | 2020 |
| 年接待人数（万人） | | | | |

| | 2017 | 2018 | 2019 | 2020 |
| 年旅游总收入（万） | | | | |

与村庄的关系

经济关系　空间关系　景区　村民

稻田画

智慧旅游

上海　南京　杭州　沈阳

现存问题

缺乏科学产业布局

旅游项目同质化

发展思维单一

配套整体欠缺

智慧旅游发展落后

产业分析

第一产业 **第二产业** **第三产业**

| | 种植业 | | |
| | 养殖业 | | 渔业 |

| 从业人数（人） | 62 | 16 | 6 |
| 年均收入（元） | 3600 | 5400 | 4600 |

农户　收购　景区　自产

委托加工　景区售卖

空间分析

公共空间 **街道空间** **建筑空间**

公共休闲空间不足

娱乐设施老旧落后

街道空间单调乏味

村庄标识性弱、电线暴露

建筑色彩、风貌混乱

房屋闲置严重

生活分析

人群分析 **人群活动分析** **村民访谈**

村民89户　人口1276人

人口构成　常住人口

年龄构成　青年　老年　中年

文化程度　大学以上　小学　中学　未受教育

工作类型　无工作　在外工作　景区工作　儿童

70岁老人　53岁中年人

35岁青年　42岁妇女

文化分析

锡伯文化 **水稻文化** **农耕文化**

弓箭　剪纸　刺绣　民族技艺

黄酒　发面饼　全羊汤　美食特产

人字形屋顶　火炕　抹墙　建筑艺术

西迁节　抹黑节　春节　民俗节日

文化要素

黑土地土层深厚，有机质含量高，保水肥能力强，为水稻提供了良好的生长条件。

支撑　提升

农民是农业生产中最重要的一种风俗文化，以为农业服务和农民自身娱乐为中心。

中国传统家庭模式"耕读传家"，有"耕"来维持生活，又有"读"来提高文化水平。

生态分析

植物配置 **生态本底**

单棵　榆树　花卉植物　观赏花

杨树　乔木植物　金盏菊　迎春花

丝瓜　玉米　辣椒　观赏农作物　水稻

环境良好　具有良好的道路绿化　村民活动少　设施利用低

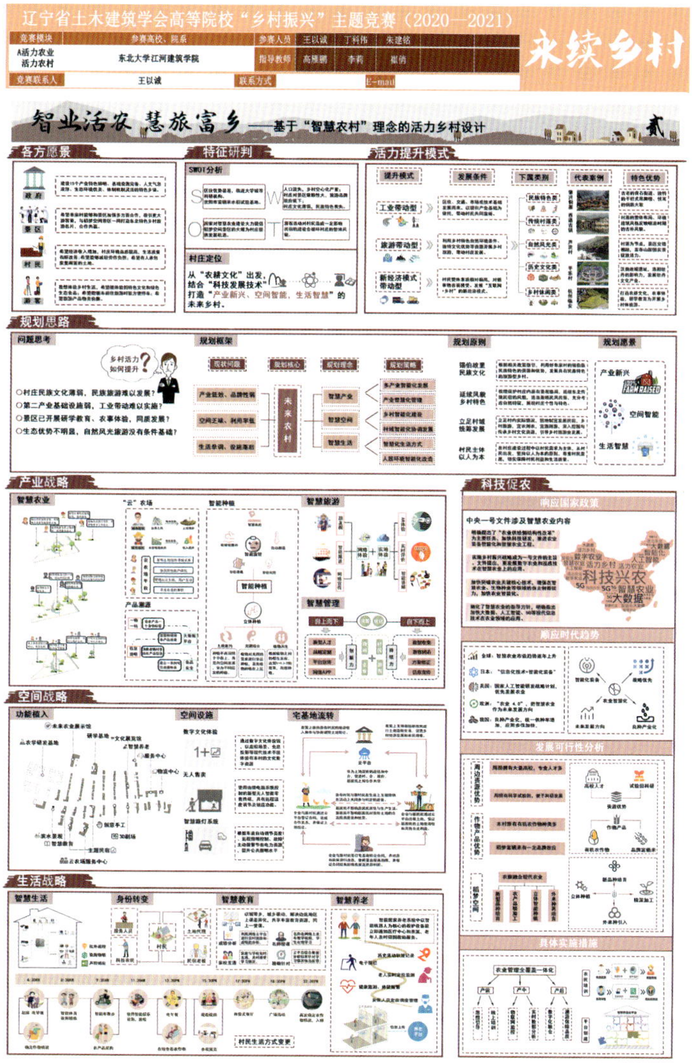

东北大学江河建筑学院

参赛人员： 王以诚、丁科伟、朱建铭

指导教师： 李莉、高雁鹏、崔俏

设计说明：

本设计的设计基地位于辽宁省沈阳市沈北新区兴隆台街道单家村，目前是沈北新区乡村农旅融合范例景区"稻梦空间"的附属项目"稻梦小镇"的主要载体。

首先，在整合与总结区域现状、历史沿革和文化资源等概况的基础上，对设计基地区域发展和居民生活面临的主要矛盾从产业、空间、生活、文化、生态5个方面进行归纳总结和提取。

其次，以打造活力农村、发展活力农业的目标作为出发点，结合当今时代高新技术发展潮流与内涵，以"智慧农村"理念为基础，从产业活力、空间活力、村民生活活力3个方面，探寻与讨论单家村作为"稻梦空间"的附属项目，通过产业智能化盘活、空间智能化焕新、村民智能化生活3个方面，引入新型智能化技术，升级成为产业新兴、空间智能、生活智慧的未来活力乡村发展模式以及综合改造策略。

再次，从空间设计对区域的改建和重建提供有效的规划方案，并基于全域旅游的规划概念和本村以及周边特色景区设计了村内特色旅游项目及沈北新区范围内不同主题特色旅游的线路规划方案。

最后，通过村庄整体形象构想及空间节点详细设计，进一步完善规划方案，并最终达到宏观层面激发地区活力、改善地区风貌、促进地区发展、提升地区影响力，微观层面改善人居环境、改善居民生活质量、丰富居民生活方式的设计目的。

二等奖

竞赛模块	参赛高校、院系	参赛人员	张欣悦	宋坤怡	穆思文	韩金时	王垚
A活力农业 活力农村	沈阳城市建设学院建筑与规划学院	指导教师	麻洪旭	李超	郝燕泥		
竞赛联系人	张欣悦	联系方式		E-mail			

永续乡村

以产富"窝"，富"鱼"之乡
基于盘活农村存量空间 构建多功能产业复合空间的活力乡村设计 现状介绍篇1

背景与形势

◆ 解读一下子《乡村振兴战略规划》的话 »»»

美好乡村政策要求

增加农民收入
提高农民生活品质 —— 核心

村庄建设
环境整治 —— 突破口
农田整理

产业发展
空间整治 —— 愿景

目标

农业高质高效、乡村宜居宜业、农民富裕富足。

◆ 瞅瞅"后三家村"搁哪呢 »»»

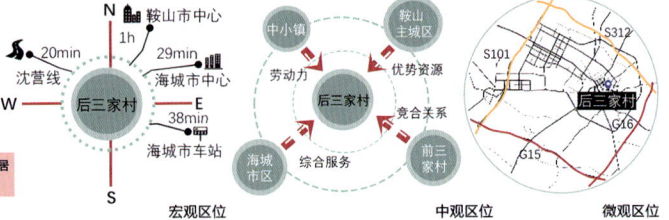

宏观区位　中观区位　微观区位

机遇与挑战

◆ 村域用地现状 »»»

◆ 建筑质量分析 »»»

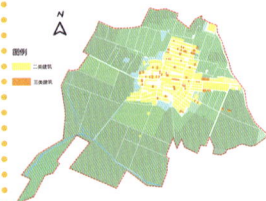

◆ 村庄产业现状 »»»

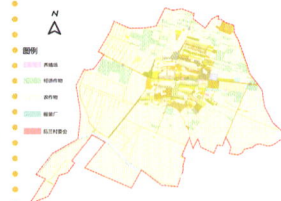

◆ 空间管制分析 »»»

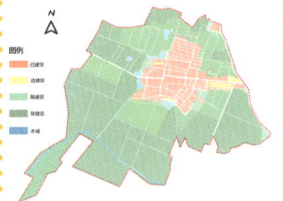

【初遇村】

——Hi，我是一条多宝鱼，欢迎你来到我的家乡，听听我家多的"故"事~

人口流失

你看，现在村子里村民屈指可数，儿时热闹的景象都不在了，村里的大哥哥大姐姐们都外出打工了。村里不再生气满满。

◆ 人口分析 »»»

后三家村人口结构金字塔

文化程度

收入来源

后三家村的人口结构为缩减性，总人口2511人，总户数714户，实际居住人口2380人，老龄化23.9%。

◆ 人群活动分析 »»»

留守儿童
外出年轻人
中年人
老年人

6点　9点　12点　15点　18点　22点

现有村民日常活动，留守儿童日常，外出年轻人以务工为主，中年老年人务农或简单补贴家用。

◆ 现状组织关系 »»»

技术支持　信息诉求
技术支持　资金诉求
反馈　创业诉求
融资支持
反馈　信息诉求
利益诉求　政策诉求

现有社会关系网络单一，政府在乡村建设过程中承担大部分的职责，村民致富依赖政府政策。

产业滞后

来到田间，农作物多为苞米、水稻等基础农作物，少数大棚内种植香菇、蔬菜，只能保证村民的基础生活稳定。

◆ 第一、二产业分析 »»»

鱼塘养殖　亩
香菇种植　亩
基础农作物种植　亩
绣花厂
轻纺服装

◆ 第三产业分析 »»»

农村电商
蘑菇种植　服装批发
畜牧养殖　庭院经济
有机农产品种植

◆ 产业空间诉求 »»»

公共设施需求　公园　停车场　家门口农宅间
文化宣传栏　幼儿园　其他
健身场所　文化活动室　田间
卫生所　老年活动室
村中心广场　池塘边

一产　二产　三产

交通欠缺

走在路上，村内道路基本可以满足日常生活需求，同类别道路宽度相差较大，田间道路在未来可能不能满足农业机械化需求。

◆ 区域综合交通 »»»

一小时经济圈

◆ 道路现状分析 »»»

公路　村庄内部道路
田间道路　村庄主干道路
村庄道路　猪群道路
永安街　文明街　小康路

◆ 现状道路断面形式 »»»

公路横断面图
村庄内部道路横断面图
村庄道路横断面图
田间道路横断面图

景观缺乏

村内部分池塘水体存在富营养化，河流利用空间不足，缺少亲水平台，文化娱乐、休息交谈的场所，空间利用活力不足。

◆ 现状景观分析 »»»

路边景观　村道景观
现状灌源　现状鱼塘　沟渠水面

◆ 现状滨水空间利用 »»»

村里面小池塘、小溪流等滨水空间较少，但是现在在不能亲水的情况下，却是一道美丽景色。
想平平在水边坐达溜哒、和小朋友、孩子们进行一些休闲娱乐活动都带普普行滨水空间。

村民A先生
村民女士

◆ 绿化水系面积占比 »»»

树木　树丛
生态地球
垃圾循环　智慧环保
污染

20% 沟渠面积占比
45% 水系面积占比
25% 鱼塘面积占比

缺失村庄绿化、路旁绿化、水旁绿化、宅院绿化、村庄入口景观、标识门面未知；景观广场节点完全无，亲水广场节点未打造。

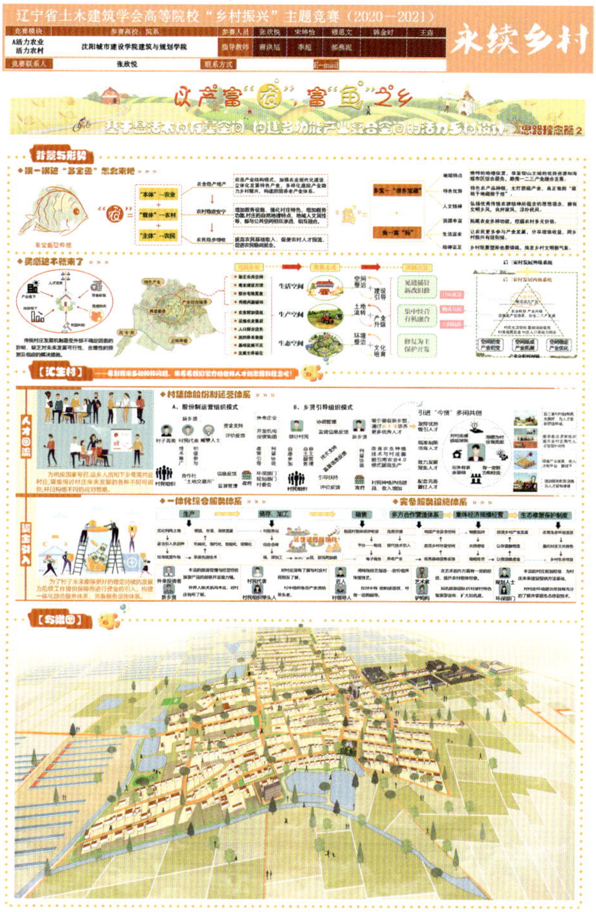

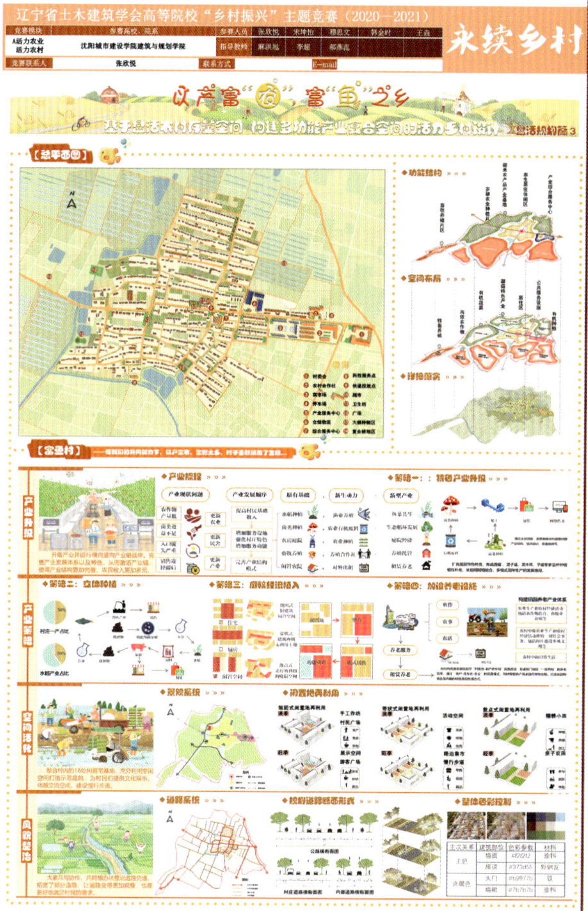

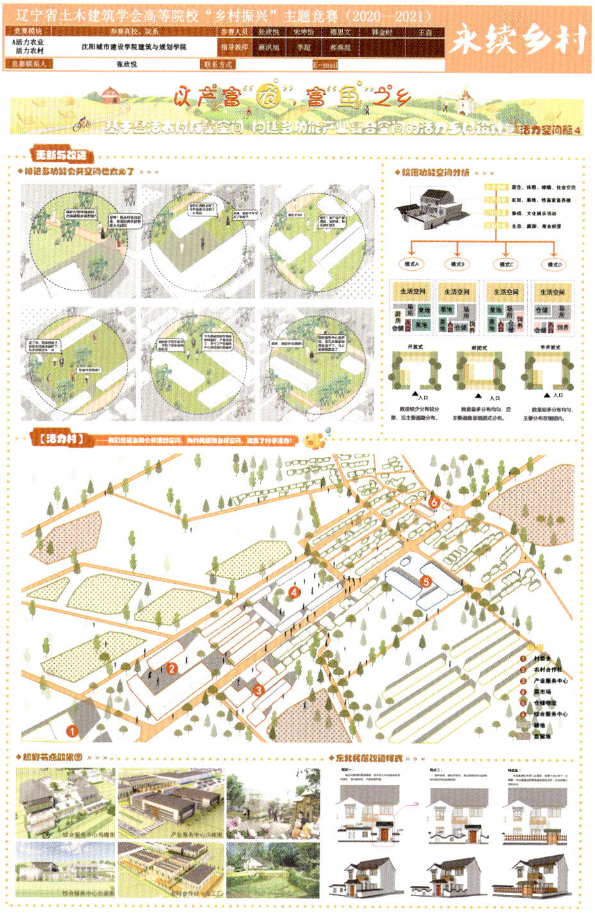

辽宁省土木建筑学会高等院校"乡村振兴"主题竞赛（2020—2021）

永续乡村

以产富"农"，富鱼"之乡

沈阳城市建设学院建筑与规划学院

参赛人员： 张欣悦、宋坤怡、穆思文、韩金时、王垚

指导教师： 麻洪旭、李超、郝燕泥

设计说明：

该项目地块位于鞍山市海城市。鞍山市是著名的东北老工业城市，有着浓厚的工业底蕴和历史。但是在新的经济发展浪潮中，由于工业的发展属性，城市发展也在面临着转型和创新。海城市隶属于辽宁省鞍山市，位于辽东半岛腹地，沈阳经济区之中，北靠钢都鞍山和省会沈阳，南邻港口城市营口、大连，东接煤铁之城本溪及边境城市丹东，西与油田新城盘锦隔河相望。海城市是中国十佳"两型"中小城市、中国最具投资潜力中小城市、中国中小城市综合实力百强县市、中国最具区域带动力中小城市百强县市。海城被列为第一批国家新型城镇化综合试点地区。

二等奖	竞赛模块	参赛高校、院系	参赛人员	云露阳	许爽	李子牧	徐振辉	永续乡村
	A活力农业 活力农村	沈阳建筑大学建筑与规划学院	指导教师	马青教授				
	竞赛联系人	云露阳	联系方式		E-mail			

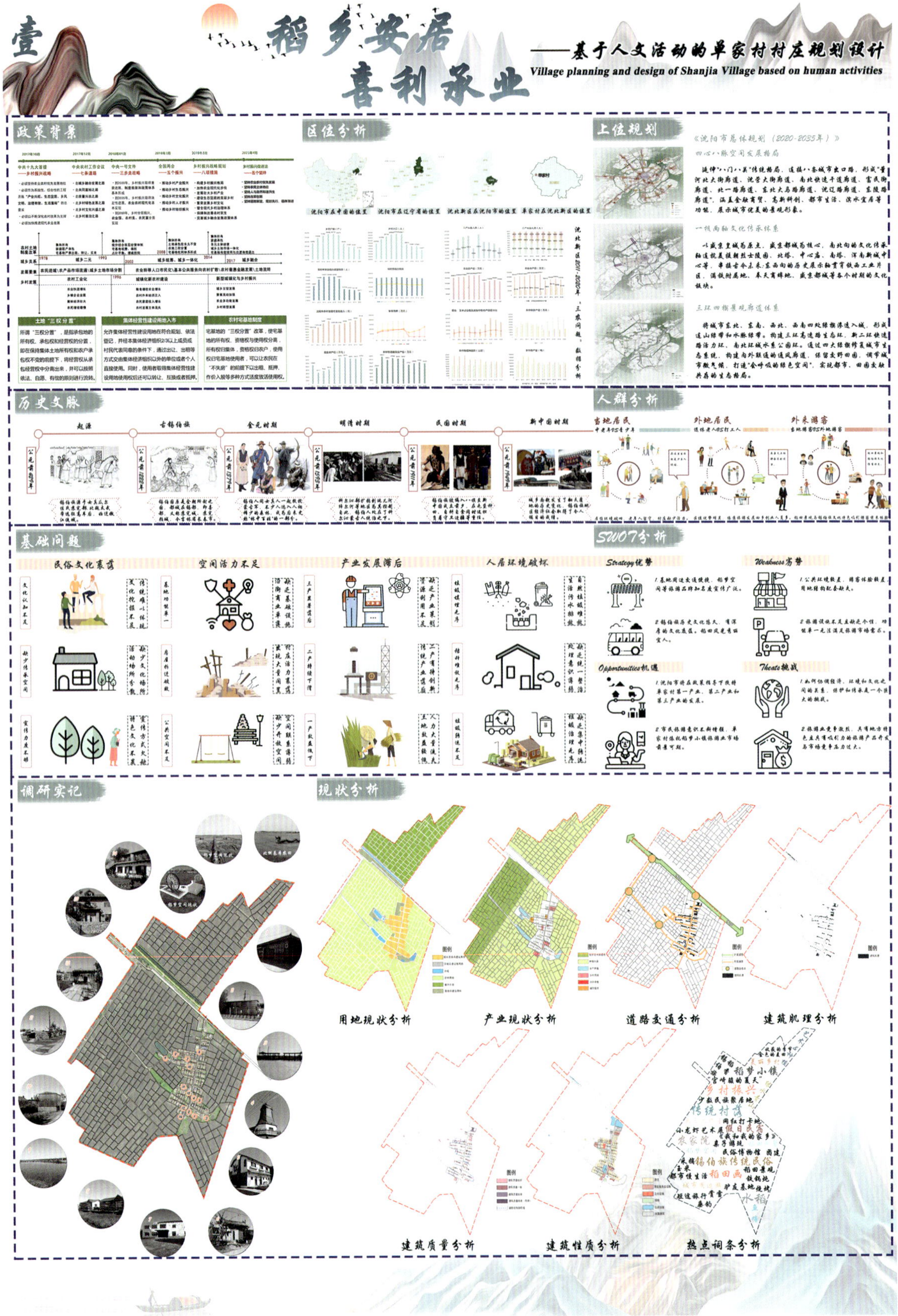

壹

稻乡安居 喜利承业

——基于人文活动的单家村村庄规划设计
Village planning and design of Shanjia Village based on human activities

政策背景

区位分析

上位规划

《沈阳市总体规划（2020-2035年）》

历史文脉

人群分析

基础问题

民俗文化衰落　空间活力不足　产业发展薄后　人居环境破坏

SWOT分析

Strategy优势　Weakness劣势　Opportunities机遇　Threats挑战

调研实记

现状分析

用地现状分析　产业现状分析　道路交通分析　建筑肌理分析

建筑质量分析　建筑性质分析　热点调查分析

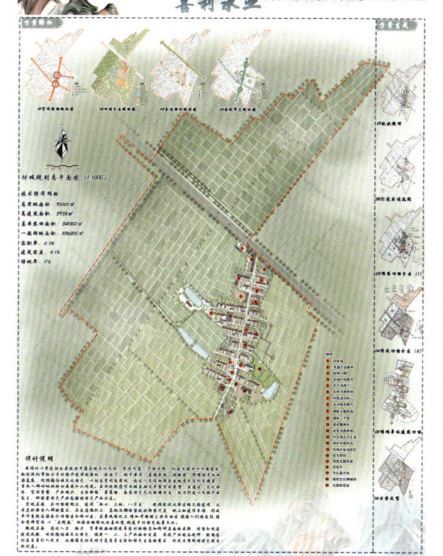

沈阳建筑大学建筑与规划学院

参赛人员：云露阳、许爽、李子牧、徐振辉

指导教师：马青

设计说明：

本设计以单家村发展现状中存在的文化失活、空间失落、产业失衡、社会失语4个问题出发，抓住沈阳市助力乡村振兴建设的契机，提出了"稻乡安居，喜利承业"的概念，即借助乡村田园基底，挖掘锡伯族文化特色，以村庄空间为载体，通过人文活动联系当地居民与外来游客，重构人群对地域的归属感和认同感。在传统院落空间的基础上丰富空间类型，并通过"文化焕活、空间重塑、产业振兴、生活联络"等策略，夯实特色文化旅游业态，致力打造以文旅产业为主、种植等特色产业为辅的特色产业村庄。

宏观层面：在功能结构上，建设"两心、三轴、八片区"，既促进沈北新区的文旅建设，又考虑到服务人群的需求；在交通组织上，基地内部保留现状街巷尺度，地上加建停车场，形成步行系统连接各个功能区和核心区；在景观绿化上，增加开敞的公共活动区，促进人们的交往，结合零碎空间，以"点线面"相结合的绿化改善环境，创造乡村特色风景文化。

微观层面：通过人力、物力、资本的驱动促进单家村的物质和精神层面的更新，保留和改造建筑风貌，体现锡伯族文化特色；促进一、二、三产业融合发展，实现产业链条延伸；既能为村庄自身引入活力，又能满足村民对于高质量生活和绿色生态的需求，形成具有鲜明特色的专业村庄。

辽宁省土木建筑学会高等院校"乡村振兴"主题竞赛（2020—2021）

竞赛模块	参赛高校·院系	参赛人员	周梓卉	孙心威	白琳	刘子萌	李振兴
A活力农业 活力农村	沈阳建筑大学 建筑与规划学院	指导教师	石羽老师	李殿生老师	汤煜老师		
竞赛联系人	周梓卉	联系方式	E-mail				

永续乡村

梦研金芒游锡乡
乡村体验视角下沈北新区单家村村庄规划

规划前期调研

区位分析

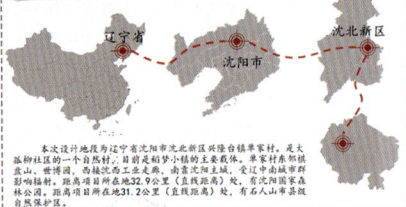

规划解读

场地现状

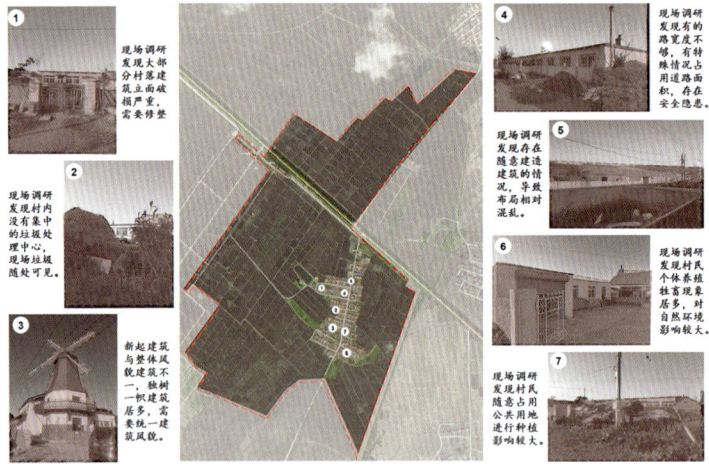

场地要素分析

区位条件

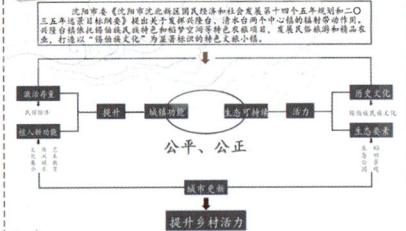

文化背景

基地现状分析

用地现状分析　　**建筑质量分析**　　**建筑性质分析**　　**道路交通分析**

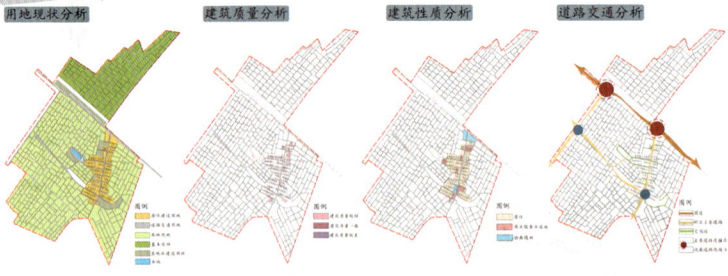

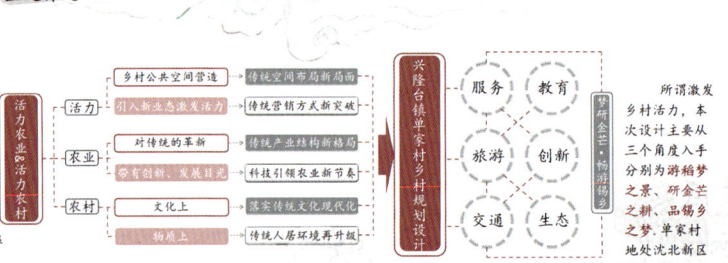

需求与设计目标

SWOT分析

Strength

Weakness

Opportunity

Threat

主题释义

人群需求分析

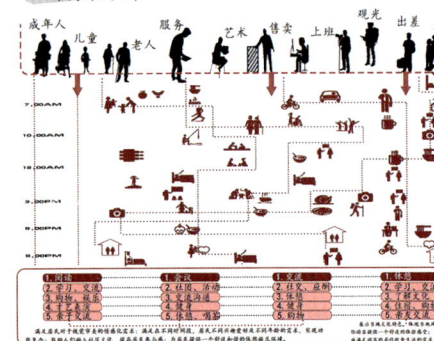

定位与目标

问题导向　　　　**乡村定位**

目标1——发挥生态价值 利用资源

目标2——面向农业旅游 创意竞争

目标3——科技创新战略 引入产业

目标4——增强家园纽带 促进归属

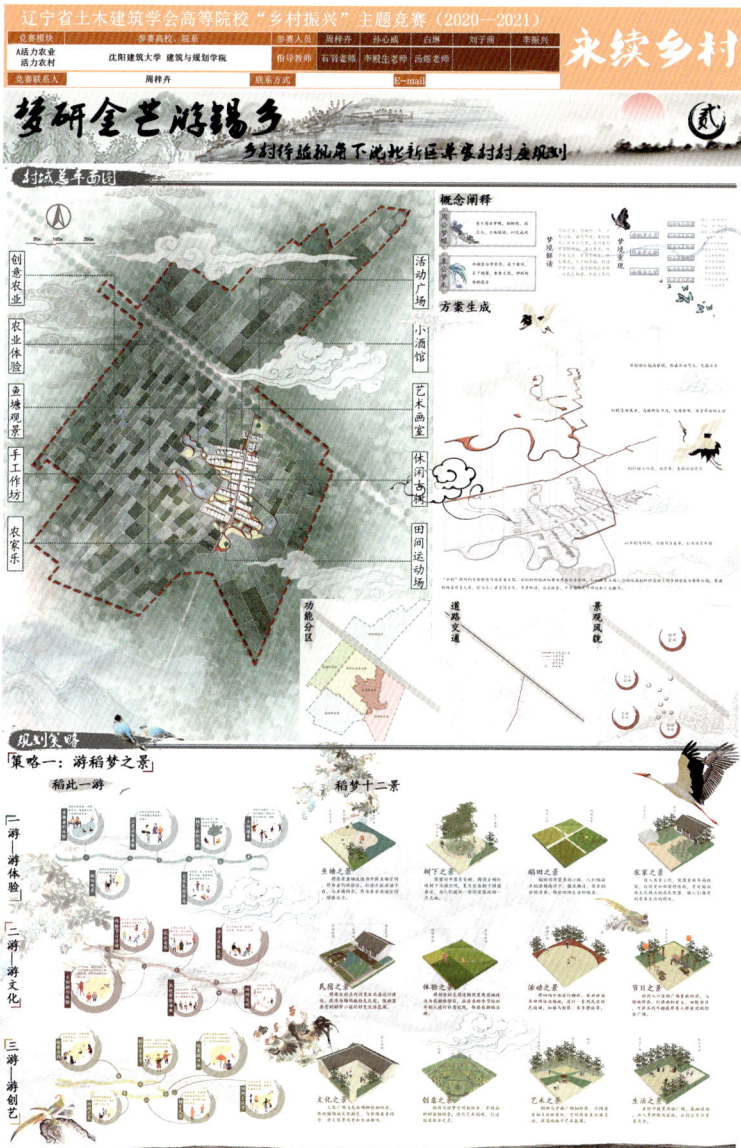

沈阳建筑大学建筑与规划学院

参赛人员： 周梓卉、孙心威、白琳、刘子萌、李振兴
指导教师： 石羽、李殿生、汤煜

设计说明：

中国人对于乡村、田野总是有着不同的情感。乡村对于大多数人来说是家、是儿时的记忆，从小在土地里长大，面朝黄土，田间撒野，风起雨落，烟飘香逸，这是童年的记忆，一缕烟火的气味，勾起人们对乡村的记忆，回想起过去的故事。而随着城市化进程的加快，越来越多的人搬到城市，现今的孩子们远离了乡村，对于乡村的认识更偏向于书本上雨中草色绿堪染，水上桃花红欲燃。

乡村对于人们来说就像是一场梦，儿时的梦，书本中听闻幻想的梦，禾下乘凉的梦……本方案在"乡村振兴"战略背景下，针对乡村产业活力不足与地域特征流失等问题，以保护与体现村庄自身的地貌条件、人文历史、自然资源、民族文化等要素为重点，通过对村庄进行科学规划及整体风貌控制，将历史特征、地域特色和时代特点有机结合起来，以此合理利用乡村资源，充分凸显村庄的地域特征；从游稻梦之景、研金芒之耕、品锡乡之梦3个角度入手，打造多个体验空间场所，营造出具有画面感、想象感的空间故事，彰显村庄产业活力、解决人口流失及生态问题，实现功能、产业、空间3个方面的有机结合。同时使人们感受到乡村的韵味，沉浸在热情幽默的氛围中。将人们对乡村的美好梦想照进现实，真正打造梦幻般的乡村空间，如同世外桃源，回归自然，回到乡村。

三等奖

竞赛模块	参赛高校、院系	参赛人员	黄亦潇	王思雨	王婉凝	罗英澍	武一双	李琳
A活力农业 活力农村	大连理工大学建筑与艺术学院	指导教师	刘代云	李健	苗力			
竞赛联系人	黄亦潇	联系方式			E-mail			

永续乡村

一枕梦江南，十里忆桃源

—— 基于"触媒理论"的美丽乡村设计　**1**

01 背景概况

　　随着2018年成功创建上海市美丽乡村示范村、浦东新区首批美丽宜居院试点村，新南村作为一大批返乡青年创客。2019年建成上海市第一个乡村创客中心，逐渐成为"网红村"。同时获评全市唯一一个美丽宜居院标准化试点项目。2020年4月，新南村被列入上海市乡村振兴示范村创建计划，以"古镇水乡桃源新南"作为主题特色，打造彰显特色、延伸提升、创新植入的文旅村。

　　该村属于村庄布局规划的保留村，已完成郊野单元村庄规划编制和审批。

02 区位分析

　　新南村位于上海浦东中部乡村振兴示范带，地处千年古镇新场之南，上海最大的人工河大治河之畔，总面积约3.96平方公里，户籍人口3061人，常住人口2117人。

　　具体建址范围为新南村第十、十一生产小组，面积约为0.11公顷。

03 现状问题

① 河道水质差、岸边无保护设施，垃圾堆积现象严重
② 村庄内部未设置垃圾桶，垃圾回收站位置偏远
③ 建筑风格差异大，个别装修老旧，部分较为破旧
④ 村庄周边公交设施缺乏，交通不便，可达性差
⑤ 村庄人口老龄化严重，需要引入年轻人增加活力
⑥ 对于现有资源开发不足，仅依靠种植业，与东南部建成的新南乡创中心差距较大

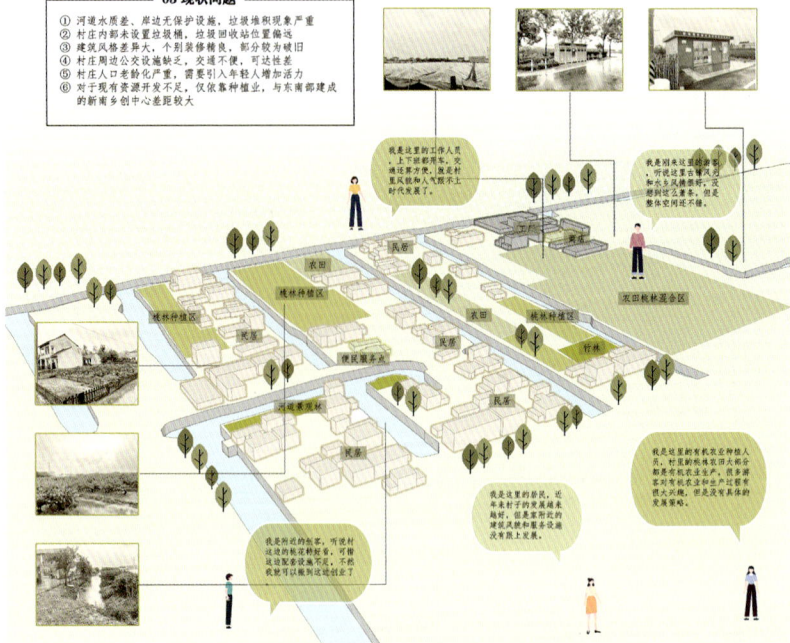

05 建筑质量评价

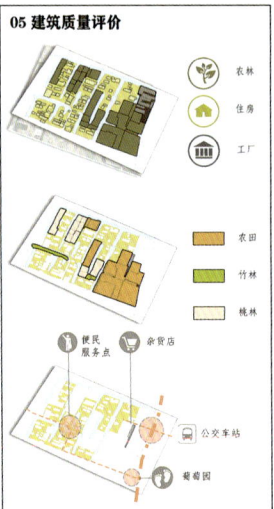

- 农林
- 住房
- 工厂

- 农田
- 竹林
- 桃林

- 便民服务点
- 杂货店
- 公交车站
- 葡萄园

06 人文条件分析

"返乡青年+创客"

古镇风光、水乡风情

"桃文化"带动"桃经济"

07 SWOT 分析

S（strengths）优势
- 乡村自然环境特色明显。
- 农田与竹林相伴，生态资源丰富。
- 民居建筑风貌整齐有空间气息，有着东部区民居依水而建的民居特色。

W（weaknesses）劣势
- 河道水质差。
- 建筑风格不一致，部分较为陈旧。
- 村庄周边公交设施薄弱，交通不便。
- 村庄人口老龄化严重。

O（opportunities）机遇
- 凭着大治河生态片林与乡村振兴示范村建设核心区，未来发展潜力明显。

T（threats）挑战
- 未来需考虑与已建成的返乡青年艺术工作者的引进政策，打造成功的艺术+乡村的客体需定位。

08 PEST 分析

P（politics）政治
由返乡多年改造的厨厂一站艺术创园。已经多次参加展览，吸引众多艺术家入驻项目后。2020年，新南村被列入上海市乡村振兴示范村创建计划。

E（economy）经济
随着2018年成功创建上海市美丽宜居村示范村，浦东新区首批美丽宜居院试点村。新南村成为了一大批返乡青年有创客。

S（society）社会
2019年，新南村获评全市唯一一个美丽宜居院标准化试点。2020年，新南村被列入乡村振兴示范村创建计划。

T（technology）技术
新南村利用自身区位优势，以"古镇水乡桃源新南"作为主题特色，打造彰显特色、延伸提升、创新植入的文旅村。

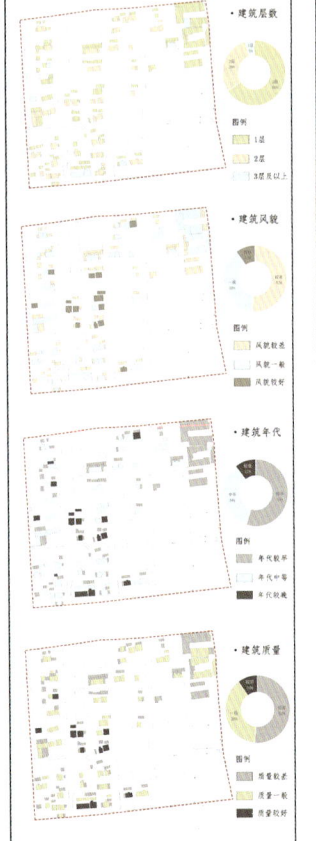

- 建筑层数
- 建筑风貌
- 建筑年代
- 建筑质量

09 场地重定位

01 居民生活

	优势	劣势	需求
场地内职工	垃圾回环境优势 道路交通便利	道路交通场地较少	增加活动场地 改善内部交通
村内居民	生活设施便利 收入水平提高	活动场地较少 商业发展较弱	增加活动场地 促进商业发展

02 游客游览

	优势	劣势	需求
文化体验	体验水乡风情 感受古镇风光	文化体验不足 缺少水乡元素	提升文化体验 增强水乡元素
硬件体验	地段环境优势 道路交通便利	道路交通不利 配套设施较少	增加活动场地 配套设施完善

工作　餐饮　娱乐　购物　文化　日常

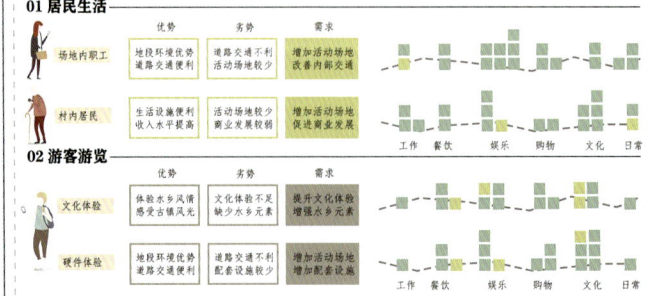

- 厂房改造·功能置换
- 民居改造·风貌改善

—— "桃文化" ——
带动
—— "桃经济" ——

引入多元化
"触媒因子"
提升·乡村旅游价值
改善·乡村原有环境

辽宁省土木建筑学会高等院校"乡村振兴"主题竞赛（2020—2021）

延续乡村

一枕梦江南，十里忆桃源 ——基于"融媒理论"的美丽乡村设计 2

总平面图

设计说明

1景观横林
2住宅组团
3民宿聚群
4共享菜园
5观戏亭
6垂钓台
7品果采乐
8休憩空间
9村民活动广场
10民俗展览馆
11艺术工坊
12农产品加工体验
13游客中心
14入口广场
15文创中心
16体验横林
17农耕体验园
18四季采摘园
19停车场

02 规划策略
01 规划思路
02 空间组织策略

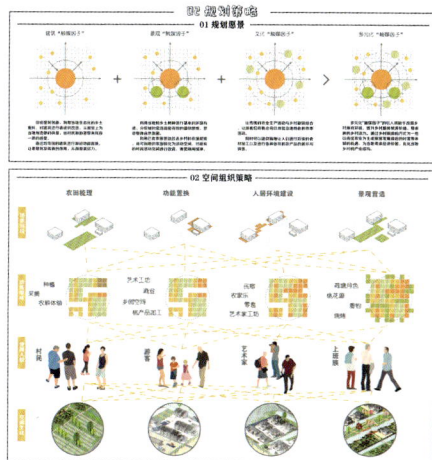

03 空间优化结构
主要节点
功能分区
道路系统
绿地系统

大连理工大学建筑与艺术学院

参赛人员： 黄亦潇、王思雨、王婉凝、罗英澍、武一双、李琳

指导教师： 刘代云、李健、苗力

设计说明：

项目地块位于沈阳市苏家屯区白清姚千街道白清寨村，基于民俗文化和生态保护理念进行乡村规划。

现在在乡村进行设计，一种观点认为乡村不必要进行景观设计，原生态就好，不必要进行人为干预；一种观点认为设计在城市建设中取得了很大的成绩，乡村也应该按照城市的经验来。实际上两种观点都有失偏颇，我们认为：乡村的设计应该依据"原生态着眼、次生态着手、泛生态着力"的理念。

（1）共生原理：乡村景观规划设计必须遵循共生原则。人类的各种生活和经济活动都必须以景观生态特征为前提，设计目标和任务是寻求人与景观的协调稳定发展。在规划设计时，要充分考虑生态、文化、经济的多样性问题，以整个乡村的整体系统为对象，建立系统的完整和统一，形成乡村自然体系机制、乡土文化机制、社会结构机制、生产模式机制相结合的规划设计运行机制。

（2）以人为本，优化环境：规划设计旨在满足农村人民的生活利益，为人们创造一个可行、轻松的生活环境。为了达到与周围环境协调发展，配置植物，以反映分层，融入自然风光村庄的设计风格，绿化环境，道路建设，农村景观设计贴近自然，让农民群众充分领略自然的美好。

（3）以经营为理念，保证长效发展：在对乡村景观设计时，要充分考虑经济的合理性，虽然以绿化为主，但是可以适当减少水景和小品等设施的配置。

辽宁省土木建筑学会高等院校"乡村振兴"主题竞赛（2020—2021）

延续乡村

一枕梦江南，十里忆桃源 ——基于"融媒理论"的美丽乡村设计 3

01 民居改造
03 农居活动广场
04 公共节点布置
05 街道景观

辽宁省土木建筑学会高等院校"乡村振兴"主题竞赛（2020—2021）

延续乡村

一枕梦江南，十里忆桃源 ——基于"融媒理论"的美丽乡村设计 4

鸟瞰图

05 户庭景观游源线
04 民宿体验区
05 游客服务区

三等奖	竞赛模块	参赛高校、院系		参赛人员	刘大双	来晓钰	于慧婧	李姝凝	徐婉婷	永续乡村
	A活力农业 活力农村	沈阳城市建设学院建筑与规划学院		指导教师	许德丽	吉燕宁	徐莉莉			
	竞赛联系人	刘大双	联系方式			E-mail				

阳春昭景，此"寨"可依

——基于民俗文化理念的沈阳市苏家屯区白清寨村村庄规划

白清寨路（至抚顺市）

白清寨路（至沈阳市）

白清寨河

S107省道（至辽阳市）

桃花源路（至本溪市）

概念生成

技术生成　　理念提出　　初步构思

设计方法

空间分析

区位分析

相关规划

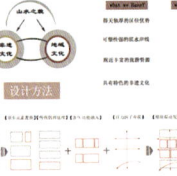

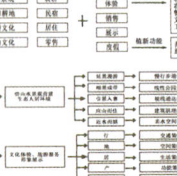

现状分析

道路交通　　社会属性分析　　人群分析　　SWOT分析

历史文化

历史文化

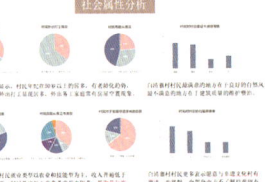

发展概念

文化　　历史文化　　文化传承　　非遗文化

产业　　产业结构　　产业发展　　传统农副产业／生态体验产业／文化旅游产业

人居　　生态人居　　生态保护　　生态治理

在规划建设过程中，依托周边的旅游资源发展，并以丰富文化和居民的各种新农村建设。通过发展物质文化遗产，促进农村基础设施建设，改变农村落后面貌，增加农民收入，促进农村精神文明的建设，提高农民幸福感。

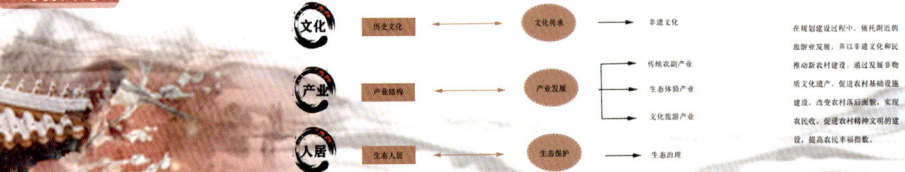

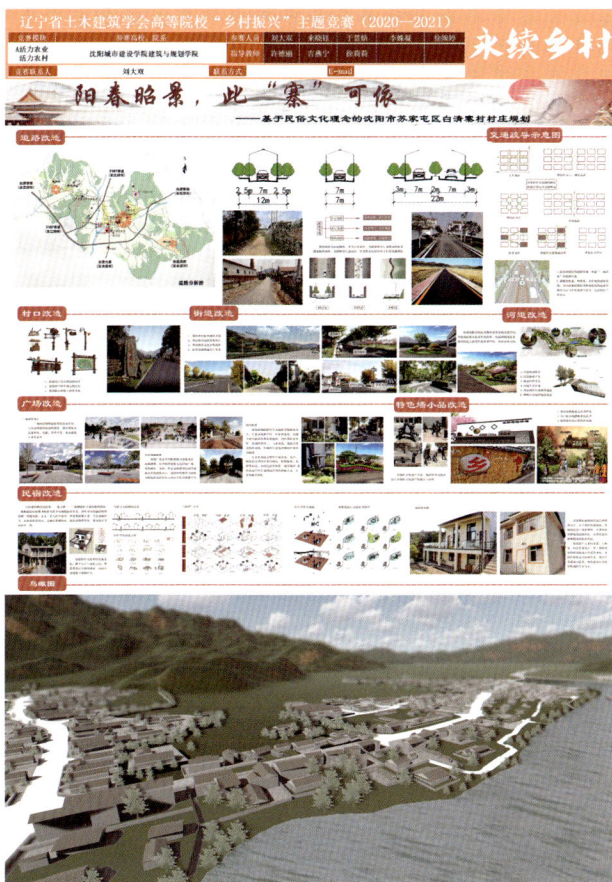

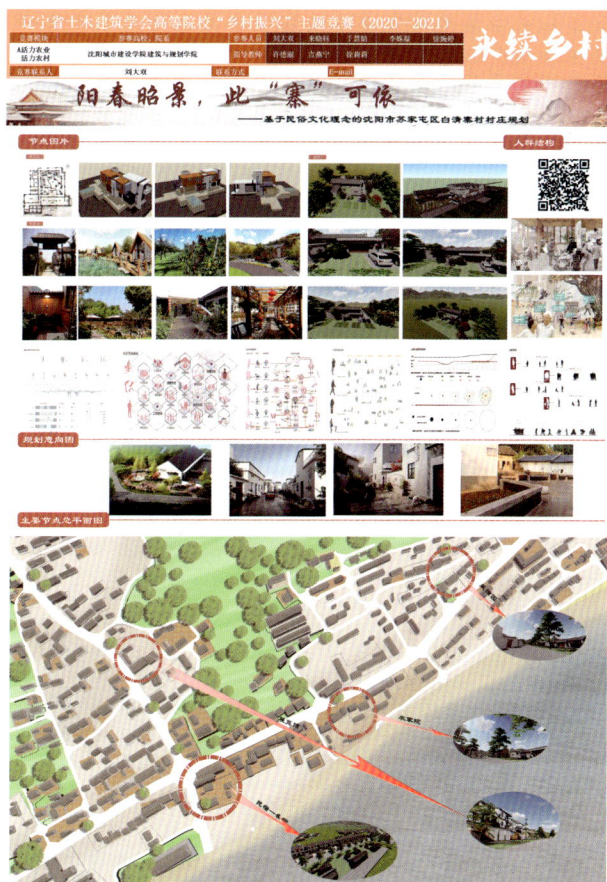

沈阳城市建设学院建筑与规划学院

参赛人员： 刘大双、来晓钰、于慧婧、李姝凝、徐婉婷

指导教师： 许德丽、吉燕宁、徐莉莉

设计说明：

规划范围位于沈阳市沈北新区兴隆台街道大孤柳社区单家村，此次规划深入观察村庄发展，认真应对村庄现状，优化乡村空间布局，统筹利用旅游空间，实现多产融合，同时合理布局生活空间，严格保护生态空间，划定重点建设改造区域；确定村庄内外总体风貌，结合乡村发展定位、产业特色、自身特点，进行风貌凝练与定位；密切关注前沿理论，以全面、系统的专业素质进行村庄的规划布局，旨在勾勒出单家村的美好蓝图。单家村具有鲜明的锡伯文化特色，其中蝴蝶舞更是非物质文化遗产，有着悠久的历史，是锡伯族文化的一个重要符号。通过提取蝴蝶元素，将稻田乐园的主要道路串联成蝴蝶状。村庄内部整治规划多处：锡伯酒馆、村委会、文化广场、卫生所、特色民俗民宿、开敞空间、庭院经济、生态停车场等。在满足集聚提升类村庄规划的主体要求下，大力发展锡伯文化与稻田农业；旨在打造沈北特色田园综合体。同时结合锡伯族的酒文化和优质稻米，大力推动三项产业的共同发展。利用当地特有的自然资源、建筑特色和文化底蕴，打造出稻田种植、文化传承、旅游度假三位一体的特色基地，通过基地景观的重新塑造与规划，创造新型乡村收益线路将古村传统的人情风俗、耕作文化与经营形式相结合，塑造具有区域与地方个性的风景旅游区。

辽宁省土木建筑学会高等院校"乡村振兴"主题竞赛（2020—2021）

竞赛模块	参赛高校、院系	参赛人员	张鑫雅	温情	李薷	陈彤彤	孟欣雨
A活力农业 活力农村	沈阳城市建设学院、建筑与规划学院	指导教师	刘天博	王芳	许德丽		
竞赛联系人	张鑫雅	联系方式		E-mail			

永续乡村

■ 区位分析图

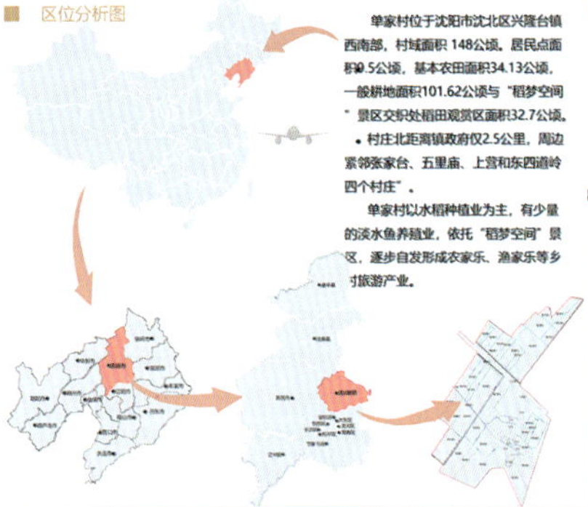

■ 时代背景

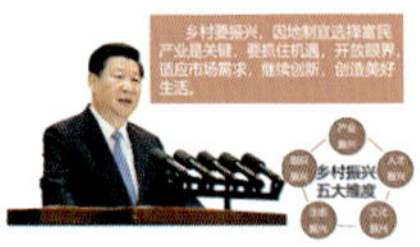

■ 城乡发展新趋势

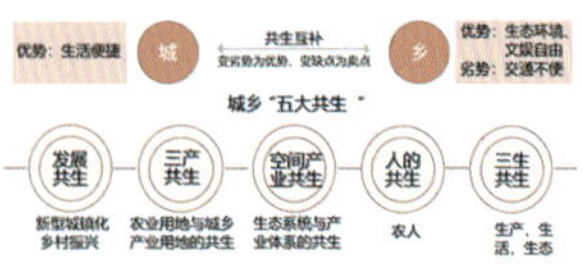

■ 规划核心问题

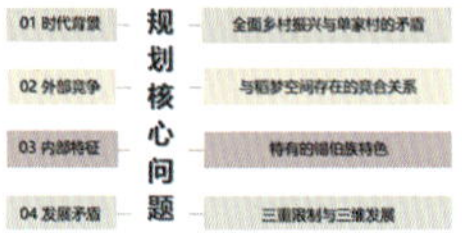

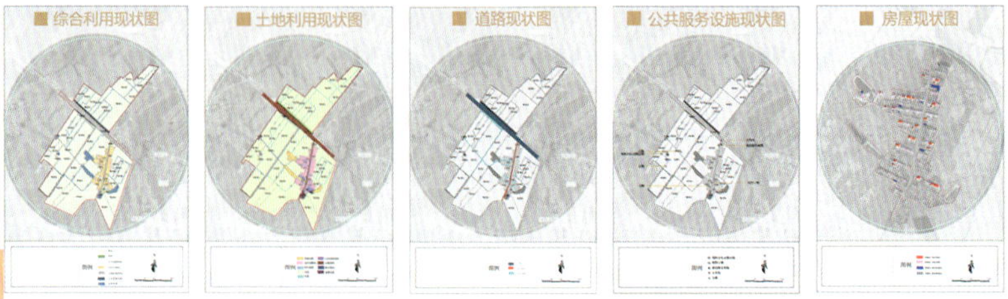

■ 综合利用现状图　■ 土地利用现状图　■ 道路现状图　■ 公共服务设施现状图　■ 房屋现状图

规划定位与理念

■ 村庄人口分析

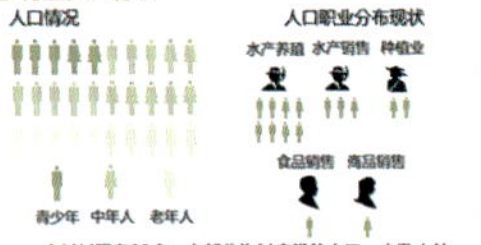

■ 村民活动分析

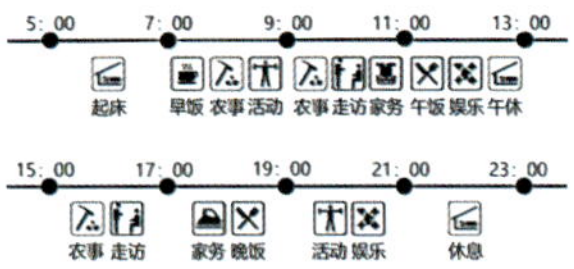

■ SWOT分析

Strengths　Weaknesses　Opportunities　Threats

■ 人群行为活动分析

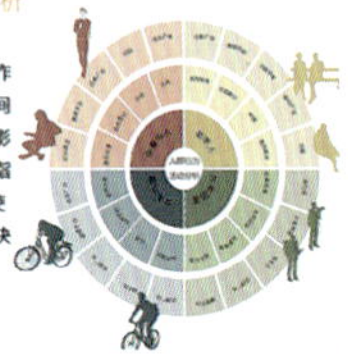

■ 稻梦空间实景图

■ 发展背景

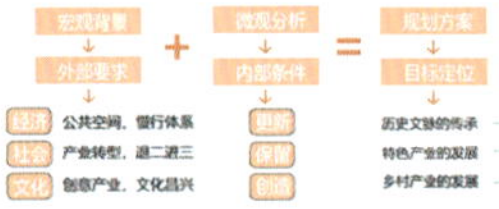

■ 产业体系

历史文脉的传承

理念生成

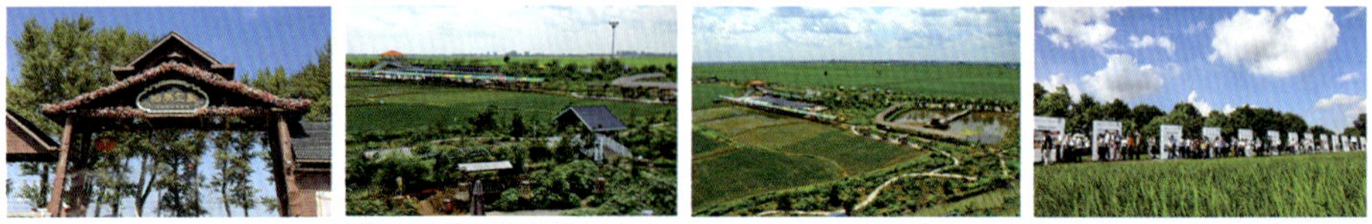

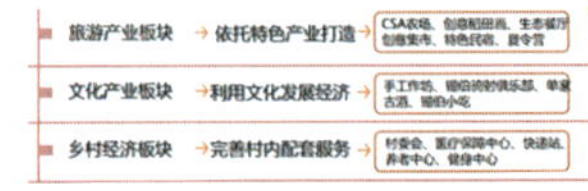

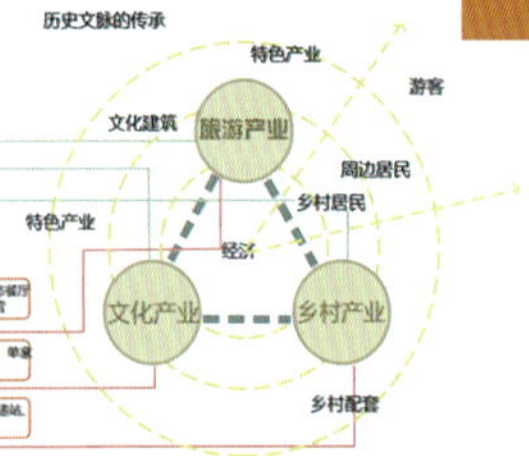

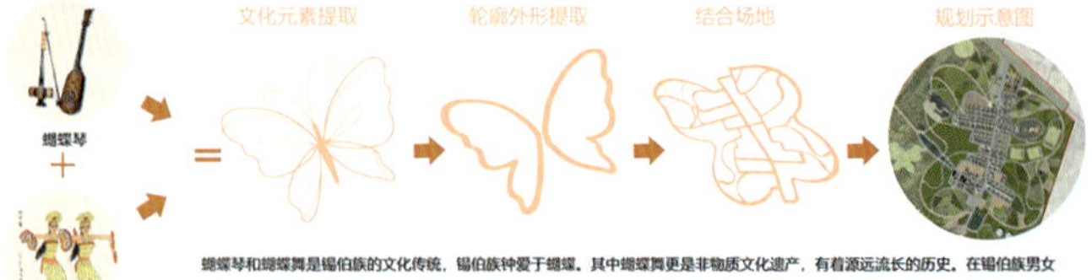

文化元素提取　轮廓外形提取　结合场地　规划示意图

鸟瞰效果图

■ 村庄特色元素提取

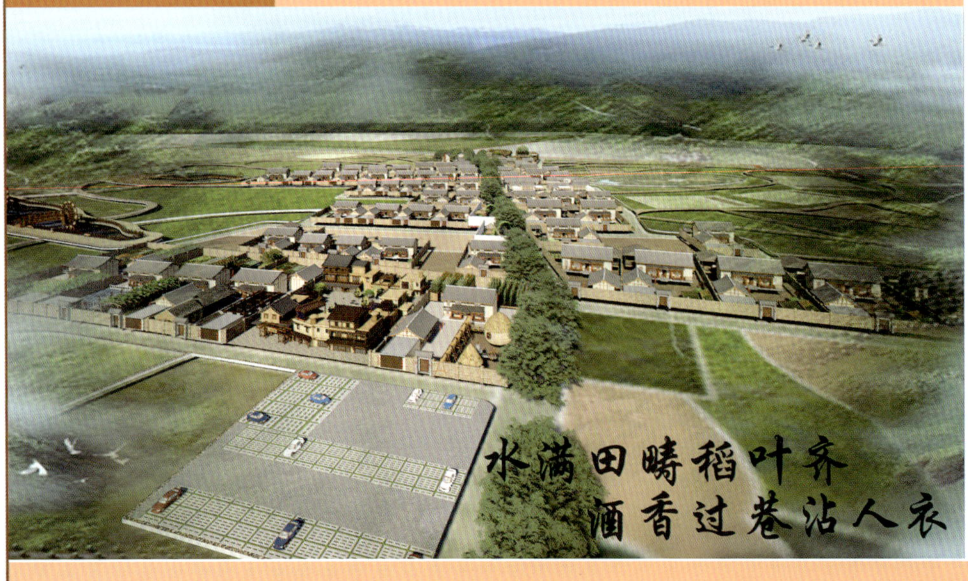

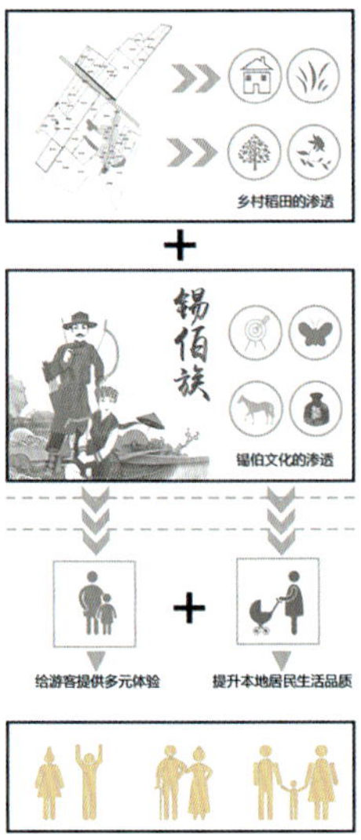

水满田畴稻叶齐
酒香过巷沾人衣

产业分析

锡伯文化民俗体验区

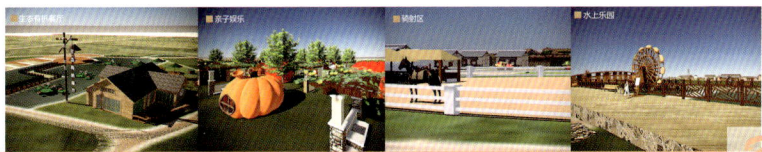

沈阳城市建设学院建筑与规划学院

参赛人员： 张鑫雅、温情、李馨、陈彤彤、孟欣雨

指导教师： 刘天博、王芳、许德丽

设计说明：

　　美国学者韦恩·奥图和唐·洛干在 1989 年出版的《美国都市建筑——城市设计的触媒》一书中率先提出了城市触媒理论，其目的是促使都市建设构造能够稳定持续地进行逐步推进的改革。城市触媒并不是简单结束的最后产品，而是能够触动和引领后续开发的元素，也就是说城市触媒具有催化剂功能，产生城市开发建设过程中因为其中某一个元素的变化而产生一系列连锁反应的效果。根据《美国都市建筑——城市设计的触媒》，可以把触媒理论的作用方式提炼为：寻找具有触媒潜力的元素，将其打造成为合理的触媒点并且植入其中，触媒点能够影响周边的区域，与周边区域的元素相互作用，激发该片区域的活力。而触媒点对周围区域的旧元素的影响会促使它们也发生改变，同时元素之间相互作用，整合成一个更大范围的触媒点，产生连锁反应，从而影响更大的区域。

竞赛模块	参赛高校、院系		参赛人员	郭若情	张仕昊	罗玉婷	巩蕊	苗鑫
A活力农业 活力农村	辽宁科技大学建筑与艺术设计学院		指导教师	于欣波				
竞赛联系人	郭若情		联系方式			E-mail		

三等奖

永续乡村

生生不息——韧性视角下的乡村景观设计研究 1/3

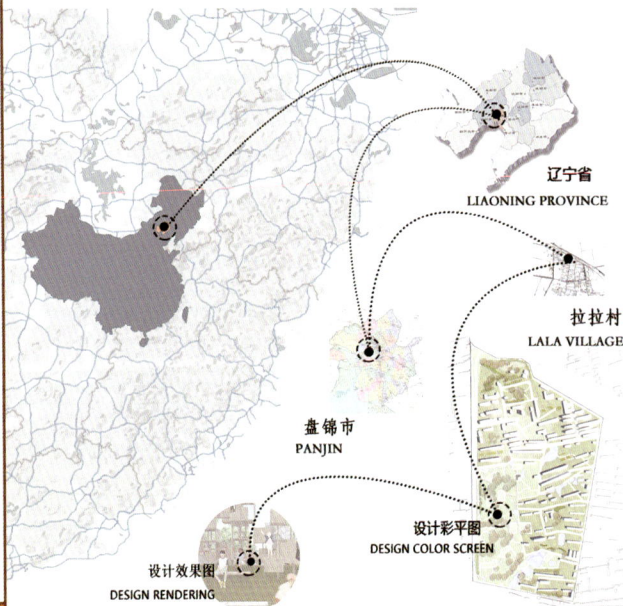

辽宁省
LIAONING PROVINCE

拉拉村
LALA VILLAGE

盘锦市
PANJIN

设计彩平图
DESIGN COLOR SCREEN

设计效果图
DESIGN RENDERING

设计说明：

　　本案位于辽宁省，鞍山市，盘锦市，古城子镇拉拉村。该村依托工厂所以经济情况优于一般乡村，但经济收入可观的同时却给生态环境带来了极大压力。在对拉拉村景观的设计策略及方法的不适之处以及对其所引发原由展开深入探索调研后，发现拉拉村景观的设计方法容易忽视了景观空间以及景观功能等方面的适度韧性。在此局面下，突破困境的关键所在是以韧性理念指导拉拉村景观设计方式的转型，以此对自然和社会层面的变化与改革进行适应和作用，缓解或解决区域中自然或社会的冲突矛盾。因此，以韧性思维去思考乡村景观设计的方向尤为重要。

Design specification:

The case is located in Lala Village, Panjin City, Anshan City, Liaoning Province. Relying on factories, the village's economic situation is better than that of ordinary villages, but it bring great pressure to the ecological environment while earning considerable economic income. After an in-depth investigation into the inadequacies of the design strategies and methods of lala village landscape and the causes, it is found that the design methods of Lala village landscape tend to ignore the moderate toughness of landscape space and landscape function. In this situation, the key to break through the dilemma is to guide the transformation of landscape design in Lala Village with the concept of resilience, so as to adapt to and function in the changes and reforms at the natural and social levels, and alleviate or solve the natural and social conflicts in the region. Therefore, it is particularly important to think about the direction of rural landscape design with tenacity thinking.

生生不息——韧性视角下的乡村景观设计研究 2/3

生生不息——韧性视角下的乡村景观设计研究 3/3

辽宁科技大学建筑与艺术设计学院

参赛人员：郭若情、张仕昊、罗玉婷、巩蕊、苗鑫
指导教师：于欣波

设计说明：

随着全球化、城市化的持续推进，无论发达国家还是发展中国家都在探索适合本国国情的乡村发展对策，以促进乡村健康稳定发展。进入21世纪以来，旨在破解三农问题、缩小城乡差距，中国相继实施了统筹城乡发展、新农村建设、城乡一体化等宏观战略，乡村得到了一定发展但整体效果不佳，且在此推进过程中，乡村环境问题却在持续加剧。党的十九大审时度势，提出强调"实施乡村振兴战略"，并将"生态宜居"作为乡村振兴的总要求之一，指出"必须树立和践行绿水青山就是金山银山的理念"。而后国家又相继出台一系列政策文件，旨在缓解乡村发展困境，这无疑是乡村环境治理的新机遇。

本案的项目基地位于辽宁省，盘锦市盘山县，古城子镇拉拉村。该村依托工厂所以经济情况优于一般乡村，但经济收入可观的同时却给生态环境带来了极大压力。对拉拉村景观的设计策略及方法的不适之处及对其所引发缘由展开深入探索调研后，发现拉拉村景观的设计方法容易忽视景观空间以及景观功能等方面的适度韧性。在此局面下，突破困境的关键所在是以韧性理念指导拉拉村景观设计方式的转型，以此对自然和社会层面的变化与改革进行适应和作用，缓解或解决区域中自然或社会的冲突矛盾。因此，以韧性思维去思考乡村景观设计的方向尤为重要。

本方案从分析当前我国高速城市化的负外部性影响生态环境方面入手，历经了设计背景、区位、场地问题、人群、人群活动、设计构思、设计策略、韧性与塑造、场所打造等方面的分析，基于韧性理论体系的基础，以乡村景观为研究对象，运用具体的乡村景观韧性设计策略，着重将人为干扰转化为机遇，寻求适应拉拉村可持续发展的景观韧性设计方法，使得景观系统在遭遇自然或社会层面的动态冲击时能够吸收、适应外界扰动，或顺应扰动而转化为新的状态，减少景观体系的损失。

三等奖

永续乡村

竞赛模块	参赛高校、院系	参赛人员	张雅茹	王可馨	刘明明	安峻秀	穆嘉琪
A活力农业 活力农村	沈阳城市建设学院建筑与规划学院	指导教师	许德田	李殿生	蔡可心		
竞赛联系人	张雅茹	联系方式		E-mail			

山水佑白清·非遗系丰饶

始·时代背景

寻 中国乡村振兴困境

思 东北村落的振兴出路

传 百年非遗珍宝

望·白清现状

黑龙江　内蒙古　吉林　辽宁　北京　天津　山东

宏观区位　　中观区位　　微观区位

闻·白清变迁

唐朝时期形成寨

黄嗣时代康宁留手迹址

1821年 琥珀非遗文化

公元1693年 改名"白兴寨"

清初 形成"白旗寨"

清末 改名为"白清寨"

1980年 喷珀非遗文化

社会人口

问·发展理念

切·保护发展

个体　五合作组织　村集体
　　　无集体效益

筑定合作组织

无合作社　自给自足 交易少

市场

文化保护

生态保护　保护　生活保护

产业保护

外部力量嵌入

精英参与：
农业技术人员
建筑设计师
园林规划师
喷呐艺术传承人
泥塑技艺传承人
相关专业技术人员

运营组织：
文化运营公司
商业运营公司
快递运营组织
采摘园运营组织

技术支撑：
果蔬种植管理技术
泥塑手工技艺
喷呐技艺

发展定位：
非遗文旅古镇以白清寨村观光、非遗传承，旅游为主的项目，创造一个独具吸引力的区域性文旅中心。

山水区位
生态为基底

道路交通
S107　沈阳桃仙国际机场　白清寨村　广福寺　本溪市　G1113

村落格局
山水有文化

民俗文化
走进非遗

畜禽业
蘑菇图产业

手工业
文化兴产业

旅游业

非遗待传承

资本介入　技术支持　创新机制

非物质文化遗产保护专项资金　农村体重塑体验升级项目　新农村建设帮扶琥珀合盒帮扶杯

保护 保护难易联动发展

辽宁省土木建筑学会高等院校"乡村振兴"主题竞赛（2020—2021）

竞赛模块	参赛高校、院系	参赛人员	张雅茹	王可馨	刘明明	安晓秀	樊嘉琪
A活力农业 活力农村	沈阳城市建设学院建筑与规划学院	指导教师	许德丽	李殿生	蔡可心		
竞赛联系人	张雅茹	联系方式			E-mail		

永续乡村

山水佑白清 · 非遗系丰饶

起 古村构架

S107省道
（至沈阳市）

N

白清寨路
（至抚顺市）

白清寨河

桃花源路
（至本溪市）

白清大街
（至本溪市）

承 · 白清游线

河道景观
白清文化艺术广

文化保护
非遗文化艺术展览

文化经营
非遗手工品售卖

特流仓储
提供产品运销

白清寨广场
村民活动娱乐中心

SWOT分析

strengths weaknesses

opportunities threats

白清路线·游客体验卡

人群分析

转 · 老宅新貌

民房院落改造

功能分区设计改造
提升实用价值
建筑样貌改造
打造理想乡居

改造前 改造后

院落

非遗文化站改造

顺饰
市级非特质文化遗产
优匙
省级非特质文化遗产

改造前 改造后

原非遗文化
站规划设计
不合理，建
筑老旧，室
内设施不完
备。

大棚改造采摘体验

温室大棚
采摘新鲜热带水果
增设景区
亲密接触大自然

改造前 改造后

大棚室内：
未经整体规
划比较杂乱

大棚外观：
外观老旧
没有特色

废弃建筑改造理念

房屋墙面改造

村落路网整修

墙体的改造

建筑更新设计

After transforming

Before modification

沈阳城市建设学院建筑与规划学院

参赛人员： 张雅茹、王可馨、刘明明、安峻秀、穆嘉琪

指导教师： 许德丽、李殿生、蔡可心

设计说明：

白清寨村规划设计以宜居、富民、和谐为重点，以"非遗文化，特色乡村"为规划主题，本着以人为本、农村地方非遗特色、景观资源可持续利用等原则进行规划与设计，强调"人、文化、自然"三位一体，形成"可居可游"的理想生活环境。完善基础设施和社会服务设施，完善村庄文化设施建设和生态空间景观建设，实现"品质提升、人村共美"。

与乡村文化旅游发展相结合，结合白清寨村非遗文化特色旅游资源，乡村景观营造改善地方村容村貌的同时，在提升农家经营的基础上，建设一批可参与性强的有非遗文化特色的项目，开辟公共景观游憩空间，为乡村旅游业的发展提供良好的氛围。让观光者体验到非遗魅力，趣动自然。吸引城市观光者广泛参与到示范园的生产、生活中，增强农耕、民俗体验。

在白清寨乡村文化设计中建设了特色乡村文化的载体和平台，这些载体和平台就构成了乡民的精神家园。乡民可以通过这些文化载体和平台开展丰富多彩的文化活动。这不仅丰富了乡民的生活，而且能吸引外来游客、提高乡村经济、增加乡民收入，引导乡民更加积极、幸福、快乐地生活，同时也为游客提供了独具文化气息的休闲度假旅游胜地。

整个排版的设计采用中国古代古典图案，主题元素为红色元素以及水墨古风元素。第一张排版主要介绍了白清寨村的历史文化以及现状，同时确定了其发展定位。第二张排版主要包含村庄构架和后期改善等方面的内容，并对前来游玩的游客进行了人群分析。最后一张排版先对白清寨村目前存在的问题提出相应的解决措施，然后根据白清寨村综合文化特色及需求，规划设计了白清寨生态采摘园、白清广场、白清非物质文化遗产展览体验馆、白清物流、白清寨特色文化广场等公共服务设施，共同构建了白清非遗文化旅游特色村。

竞赛模块 B

『理想乡居』获奖名单

一等奖

永续乡村

竞赛模块	参赛高校、院系	参赛人员	孟伊宁	曾文倩	
B理想乡居	东北大学江河建筑学院	指导教师	高雁鹏	李莉	崔俏
竞赛联系人	孟伊宁	联系方式		E-mail	

稻梦日报 WWW.DAOMENGDAILY.COM　2021年11月07日 星期日　　　　　　　　　　专题 I 01

[稻梦日报]女大学生允贤利用假期
时间来到《我和我的家乡》电影
拍摄地稻梦空间周边的民宿兼职打工，在这里
她见证了稻梦空间周边的
一个普通的小村庄经过规划设计后
转变为本地村民和外来游客都向往的
理想乡居的故事。

稻夢小說家

第一章　开端

|| 产业现状 ||　　|| 人居现状 ||　　|| 文化现状 ||

《区位分析》

《空间现状》

竞赛模块	参赛高校、院系		参赛人员	孟伊宁	曾文倩			
B理想乡居	东北大学江河建筑学院		指导教师	高雁鹏	李莉	崔俏		
竞赛联系人	孟伊宁		联系方式		E-mail			

稻梦日报 WWW.DAOMENGDAILY.COM
2021年11月07日 星期日

《稻梦小说家》专题 | 02

题目解析

乡—本地居民的家乡和外来游客的梦乡

谁的理想乡居

本地居民
- 外出打工的青年人 — 常年在外、蛛丝尘网 — 遮风当雨的家乡
- 稻梦工作的中年人 — 早出晚归、无暇打理 — 枕梦流连的家乡
- 留于家家的老年人 — 无劳动力、独守空堂 — 老有所依的家乡

外来游客
- 休闲活动的青年人 — 一日游玩、短居体验 — 风光旖旎的梦乡
- 养老养生的老年人 — 长居养老、颐居养生 — 老有所终的梦乡

居—本地居民和外来游客的共享之居

城居生活 — 理想乡居 — 旅居融合
隐匿观念 — 共享观念 — 加深感情纽络
疏离与陌生 — 陌生与融入 — 深入与人之间的情感纽络

理想

QUESTION 1：您认为以下哪个是重要的理想乡居最重要的理想？
- 生活富裕
- 人居和谐
- 满足精神需求

理想乡居

生活富裕 — 产业 — 基础
人居和谐 — 人居 — 乡居
满足精神需求 — 文化 — 乡愁

理念解析

概念生成

稻梦小说家
- 人物：女大学生允贤 / 居民、游客、规划师、企业、政府共同改造单家村的故事
- 环境：以水稻种植为基础的普通乡村 / 企业入驻、人口流失、稻田景观
- 情节：开端，允贤来到单家村，了解现状 / 发展，单家村的规划师提出策略 / 高潮，单家村进行规划实施改造 / 结局，单家村成为理想乡居
- 手法：多重叙事手法 / 从产业、人居、文化三方面叙述单家村乡村理想乡居的过程

引入叙事手法 法引叙众会合源
- 开端篇章 — 村庄现状
- 发展篇章 — 规划策略
- 高潮篇章 — 规划实施
- 结局篇章 — 成果展示

第二章 发展

《第一节 景村融合》

农业现代化先导区
农业机械化
农业现代化

稻米品牌示范区

村庄公共空间营造

沈阳一小时旅游圈

要素互补，利益互显
乡村与景区联动发展，乡村提供景区开发所需的文化、环境等要素，景区提供技术和资金，达成景区开发完善、运营良好、乡村建设完善、居民安居乐业的目标。

空间互应，资源共享
在国家大力发展乡村旅游的背景下，以乡村为载体，使景区和乡村在空间上相互重叠共同发展。考虑景区开发商与待开发乡村各自的资源背景，引导开发商对乡村的生产、文化资源进行可持续开发，使资源与景区共享。

近郊旅游承载区
村庄旅游带

理想乡村示范村

《第二节 多元产业》

产业融合
- 第一产业：水产养殖 / 水稻种植 — 观光农业、租赁农业、休闲农业
- 第二产业：农产品加工 — 艺术工坊、创意集市、稻田景观饮茶、稻田装置艺术、农业观光
- 第三产业：旅游业、文创业、智能休闲业 — 不同风貌居民体验

产业复兴
以旅游业为主导
以水稻种植为基础

《第三节 和谐人居》

乡居主体 — 角色演绎
旅居融合 — 场地营造
多种居民住模式
人居质量提升
支撑体系
建筑提升
邻里复兴

QUESTION 2：您愿意在乡村居住多久？

《第四节 特色文化》

锡伯文化
节日传承
文化活化
特色文旅路线
文化唤醒

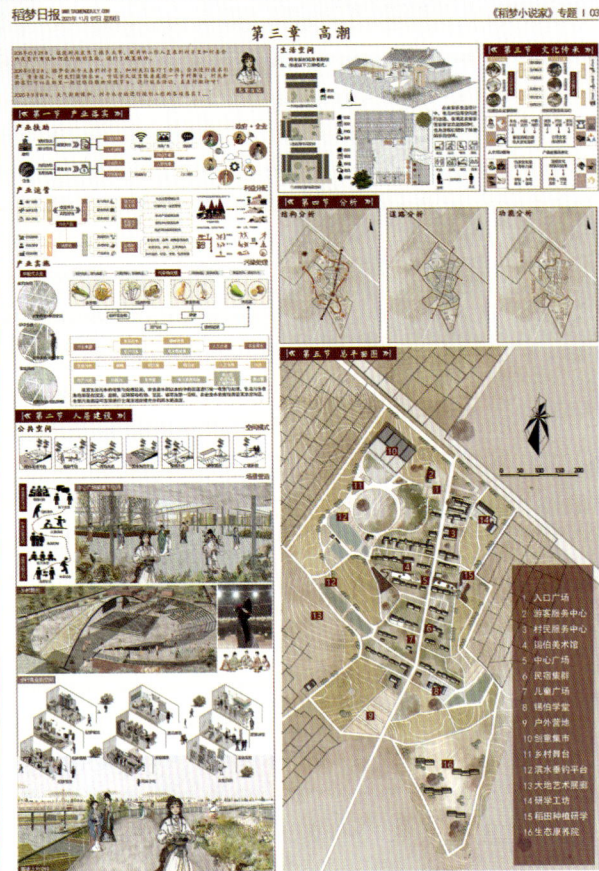

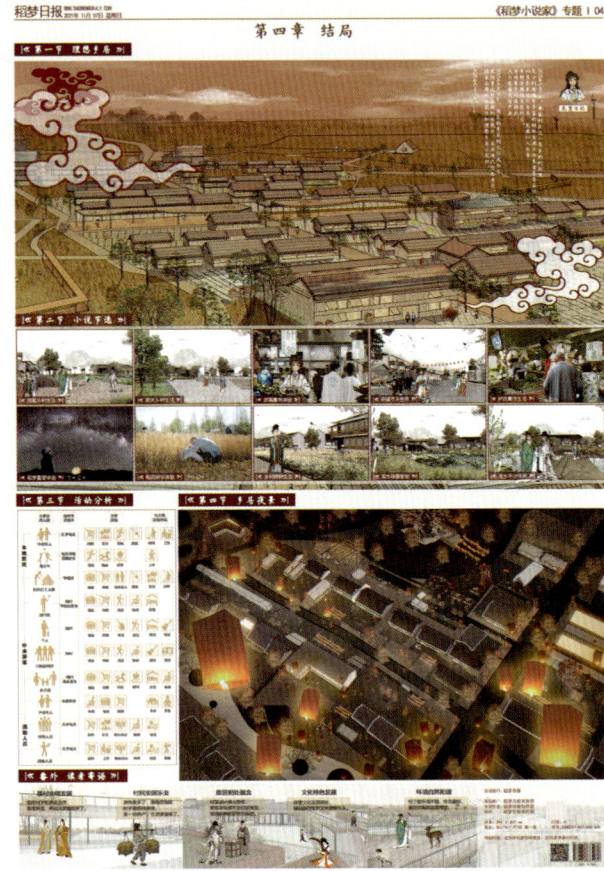

东北大学江河建筑学院

参赛人员： 孟伊宁、曾文倩

指导教师： 高雁鹏、李莉、崔俏

设计说明：

女大学生允贤利用假期来到《我和我的家乡》电影拍摄地单家村兼职打工，在这里，她见证了稻梦空间周边一个小村子经过规划设计后转变为本地居民和外来游客都向往的理想乡居的故事。

第一章 开端

2019年10月9日，大学的最后一年，课程很少，想在学校周边找一份兼职工作。

2019年11月5日，在沈阳市沈北新区兴隆台街道单家村的民宿找到了工作，这是个很美的小村子……在这里工作的日子，允贤渐渐对单家村有了了解。

第二章 发展

2019年6月27日，今天单家村里来了一群规划师，听说他们要对单家村进行新的规划，村子里面开了村委会询问村民意见。

2019年7月21日，上次来的规划师一直住在村子里，他们今天又开了一次研讨会，带来了很多新的提案。研讨会我也去了，"景村融合"的想法似乎是最受认可的。

2019年8月17日，规划师们真的很厉害，都不用睡觉的，这么快就把初版的方案贴到公示栏上了……

第三章 高端

2019年10月23日，这段时间发生了很多大事，政府的工作人员来到村子里和村委会的成员们商议如何进行规划实施，进行了政策扶持。

竞赛模块	参赛高校、院系	参赛人员	袁晨曦	袁琳	李乐	曹雪	王伟栋
B理想乡居	沈阳建筑大学建筑与规划学院	指导教师	汤煜	马福生	焦洋		
竞赛联系人	袁晨曦	联系方式		E-mail			

永续乡村

一等奖

稻居·村里城外 I/VI

区位分析

辽宁省位于东北地区南部，南濒黄海、渤海二海，西南与河北接壤，西北与内蒙古毗连，东与吉林为邻、东南以鸭绿江为界与朝鲜隔江相望，总面积14.86万平方千米。

沈阳拉于中国东北地区南部，辽宁省中部，南连辽东半岛，北依长白山麓，位处环渤海经济圈之内，是环渤海地区与东北地区的重要结合点，总面积1.286万平方千米。

地处沈阳北郊，位于沈阳、大连、长春、哈尔滨"东北城市走廊"中部，南靠三环，北贴辽河，万泉河与铁路、卧铁，西接辽西走廊，与新区市、于洪区相连。辖区面积819平方公里。

单家村位于沈北新区兴隆台街道，是大孤柳村社区的一个自然村，目前是稻梦小镇的主要载体。全村现有89户，常住人口1276人（其中锡伯族有74人）。单家村域总面积148公顷，居民点面积9.5公顷，基本农田面积34.13公顷，一般耕地面积101.62公顷，与"稻梦空间"景区交叉处稻田观赏区面积32.7公顷。

区域周边环境

稻梦小镇周边环境相对简单，小镇北侧紧邻101国道，道路北侧为永久基本农田，国道两侧有两条水渠；小镇的西北为稻梦空间，是振兴景观绿地，每年秋收季节各季节都有大量游客着自广告招贴，体现当地人土民俗；小镇南侧为大孤柳社区和大量的基本农田；小镇中锡伯族占有量达到三成，锡伯文化是当地的文化特色和建筑特色；

历史沿革

沈阳辉山农业高新区国家农业高科技示范区建设	新城子辉山高新区合署办公，沈北新区成立	蒲销道义镇、财落镇虎石台镇、清水台道义镇、河路改为办事处		蒲河生态廊道建设	以中心城市建设空间经济增长契机，二次飞跃	辉山地区正式升级为国家级经济技术开发区沈北新区立沈阳八大经济区	沈北新区制定落实重大国家战略实施方案

萌芽期　起步期　　　　　　　成长期　　突破期
一次振兴　十一五　十七大　二次振兴　经济区　十二五　十八大　三次振兴

中共中央国务院关于实施振兴东北地区等老工业基地振兴战略的若干意见(2003)	振兴东北老工业基地发展接代技术与高新技术产业	走中国特色新型城镇化、农业现代化与小城市和城镇协调发展	进一步实施东北地区等老工业基地振兴的若干意见	沈阳经济区东北地区老工业基地振兴	全面振兴东北老工业基地等实施意见系列文件	沈阳辉山加快构建以现代经济体制现代经济快转发展方式，大力推进生态文明建设	国务院关于近期支持东北振兴干重大政策举措的意见

建筑现状分析

交通分析　机理分析　建筑现状　功能分布　建筑质量　水体分析

锡伯族文化特征

起源　信仰　礼仪文化象征　生产风俗　民间喜爱活动　建筑风格

沈阳地区的锡伯族源流主要来自于康熙三十八年至四十年的南迁驻防

有民族特色的节日有西迁节和抹黑节锡伯族以西为尊以右为大。民族乐器有"东布尔"、"笛笛"、"墨克纳"等有钢射文化等

渔猎、农业、剪纸与刺绣、传统弓箭的制作、传统医药

打瓦、嘎啦哈、荡秋千

辽沈地区锡伯族传统院落多为三合院、西合院和跨院,大小不等小的有三四间房大的有七八间房,全部为一户一院。

人群分析

问：平时游客来村子里的人数多少？
答：一般分季节性的，秋季稻田成熟的时候和冬季滑冰场搭建起来的时候人数很多。

问：村里现在的实际人口有多少？
答：实际人口大约就一百多人，在春季来临之际能有170人左右。

问：听说这里有锡伯族，大约有多少人呢？
答：村里有汉族、满族、锡伯族，锡伯族大约占3成吧。

问：锡伯族的建筑保留的怎么样？
答：很多都是翻新和后建的，真正原始的几乎没有。

问：现在村子里主要的需求有哪些？
答：村民缺乏活动空间，缺少给村子里里用的办公室，本来建有办公室，但没有给村民使用。

问：村民生病了都是去哪里诊治？
答：之前有个诊所，后来开不下去了，听说会建立新的诊所，现在还没开始，看病的话都是去别的地方。

问：村民日常用品是从哪里购买？
答：村子里有一家小商店，但是满足不了村民日常需求，村民大多数骑着电三轮去别的地方购买。

问：现在可以增建的餐饮多？
答：现在增加餐饮的话需要跟稻梦空间的进行合作。

问：村民和游客的冲突大吗？
答：还可以的，冲突不是很大。

人群构成
游客　本地居民

稻梦小镇主要人群为本地居民和游客，本地居民主要以老年人为主，老龄化比较严重，人口相对较少

基地问题分析

建筑　　交通　　公共设施　　产业　　文化

场地内部建筑质量整体较差，大部分建筑年限较久，个别建筑呈现倒塌的现象；建筑风格杂糅，尤其是村民新建建筑和当地建筑风貌不符合，对历史文化造成了一定程度的破坏；同时场地中有很多闲置的院子和建筑无人打理。

稻梦小镇紧邻101国道，村口设有一排停车场，村口与101国道之间距离空间较少，村中主道建设良好，但中周边道路况较差，个别地段道不通达性差。

稻梦小镇公共基础设施不足，缺乏必要的娱乐休闲设施；基础设施严重滞后，公园数量不多，不能满足人们的基本需求；电力设施存在安全隐患，电线裸露在外，发生火灾或健身器材老化无法使用。

稻梦小镇中主要为：沈阳市北源米业；锡伯地地址和稻梦空间的单家冰雪项目；万亩绿色水稻种植项目。产业相对较少，收入不高。

稻梦小镇中的人口主要由汉族、满族、锡伯族组成,其中锡伯文化并没有得到很好的开展和发展，锡伯特色项目稀少，锡伯食品和喜妈妈等非遗文化推入项目中；锡伯学堂建立存在着实际性的问题。

永续乡村

辽宁省土木建筑学会高等院校"乡村振兴"主题竞赛（2020—2021）　永续乡村

竞赛模块	参赛高校、院系	参赛人员	袁晨曦	袁琳	李乐	曹雪	王伟栋
B理想乡居	沈阳建筑大学建筑与规划学院	指导教师	汤煜	马福生	焦洋		
竞赛联系人	袁晨曦	联系方式			E-mail		

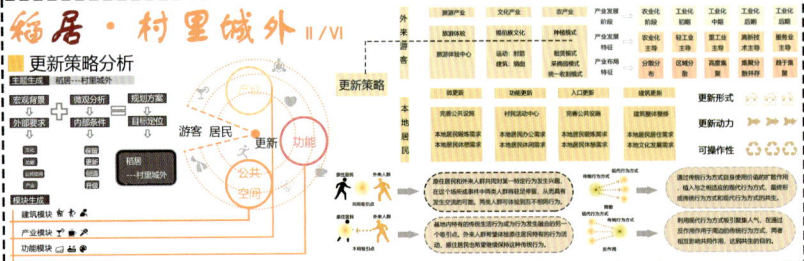

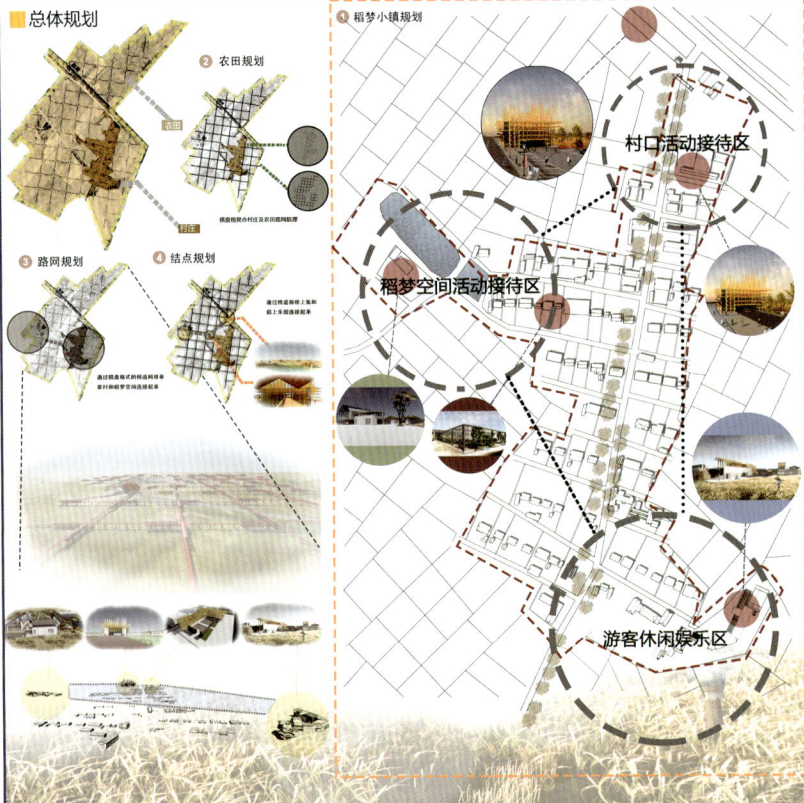

稻居·村里城外 II/VI

■ 更新策略分析

■ 总体规划

① 稻梦小镇规划

村口活动接待区

稻梦空间活动接待区

游客休闲娱乐区

② 农田规划

③ 路网规划

④ 结点规划

稻居·村里城外——桥上集 II/VI

稻居·村里城外——稻梦空间活动中心 IV/VI

一等奖

沈阳建筑大学建筑与规划学院

参赛人员： 袁晨曦、袁琳、李乐、曹雪、王伟栋
指导教师： 汤煜、马福生、焦洋

设计说明：

本设计紧紧围绕"理想乡居"设计要求，将游客与村民作为我们主要研究人群，尽管稻梦小镇内现存一些供游客游玩休憩的设施，但是其存在利用率不高、功能不够完善、适用对象比较少等问题，且单家村与稻梦空间之间的联系比较单一，于是我们分别从农田与村庄两大方面进行规划。

在农田方面：

我们提取稻梦空间的木栈道元素，并顺应稻梦小镇现有肌理，对村域范围内的农田进行"点"（观景塔）、"线"（木栈道）、"面"（稻田网）设计，使游客能深入了解游览稻梦小镇全景，并加强了稻梦空间与小镇之间的联系。

在村庄方面：

（1）村口处更新设计，为了增加稻梦小镇的标识性并弥补市集的缺失，于是在村口停车场上空设计一个桥上集市。"桥上集"建筑整体采用村中广泛运用的木材作为材料，体态轻盈，以300mm作为模数，并用传统建筑榫卯搭接方式加以钢构件搭接而成。建筑外形像一簇簇向上生长的水稻，色彩提取农家丰收的颜色，象征着稻梦小镇农民勤

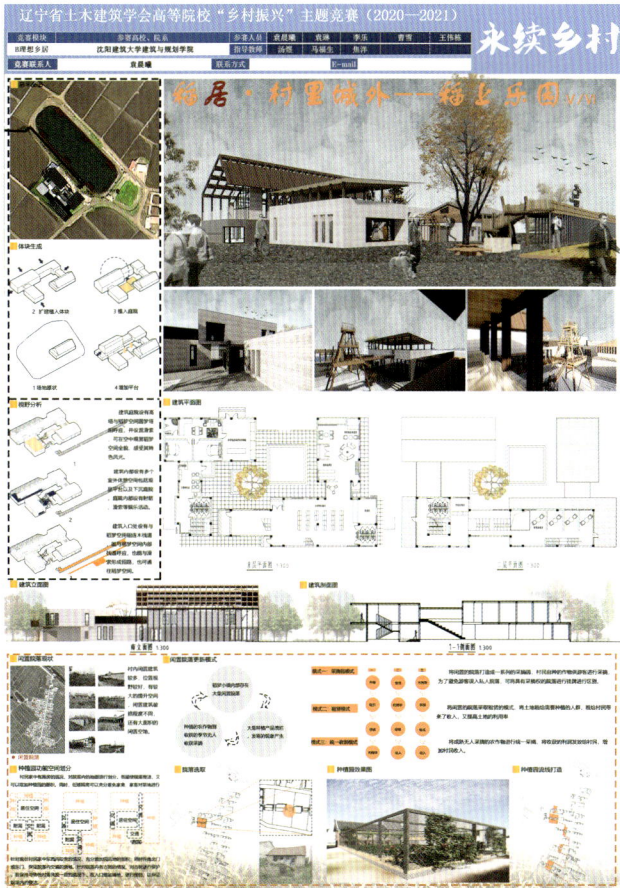

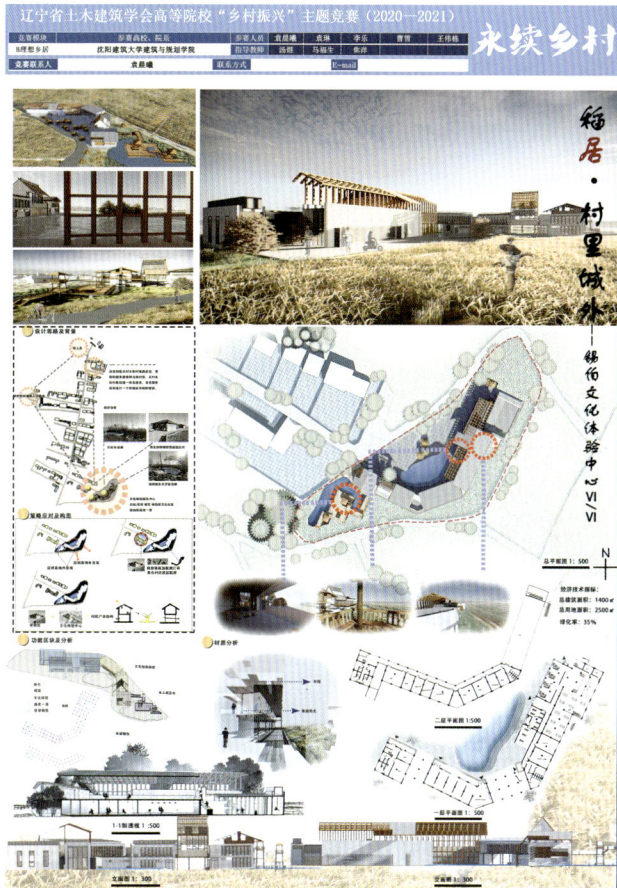

劳质朴、奋发向上的精神状态。建筑顶层一排排木桩似茂盛的丛林，给单家村周边的鸟类小动物提供一个温馨的家。

（2）由于场地内缺少村民办公和活动等功能空间，将临近村口处的闲置建筑改造设计为活动中心，原有建筑存在体块不独立以及面积小的限制，从建筑与院子有机结合的角度出发，采用连续变化的木质构架延展原有建筑的形态。在靠近彩钢瓦库房的一侧通过嵌入腔体并延展出木质廊架，一方面有效遮挡周边混搭外立面，另一方面围合成有趣的院落。

（3）村庄西侧水池利用率低下且紧邻稻梦空间，于是将此地改成稻上乐园。临近池塘的建筑保留原有功能，让居民既可以居住又可以工作（饲养鱼类）。将原有建筑进行扩建，以锡伯族常用的院落为元素进行提取，形成建筑内部庭院。建筑屋顶是沿用原有坡屋顶形式，并结合平屋顶进行设计。由于地理位置优越，正对稻梦空间圆梦塔，且两个位置之间无建筑，若可以将其连接，可全景观赏独特风光，在庭院中设有高台作为滑索终点，并连接建筑内部屋顶之上。建筑作为稻梦空间的终点，稻梦小镇的起点（针对部分游客），功能上多以售卖租赁为主，对于村民来说是创业中心，对于游客来说是记忆承载之地。

（4）由于场地内存在大量闲置的院落，对闲置的院落进行模式开发，开发三种模式：采摘园模式、租赁模式、统一收割模式，将 3 种模式运用于闲置院落中，增加土地的利用率，避免成熟作物无人收获的现象。

（5）为了传承和发扬锡伯族文化，于是将锡伯文化体验中心设计在村尾处，与稻梦小镇原有博物馆共同形成文化产业圈。利用了场地原有的两处水塘和木材料，结合水上栈台来营造建筑形象，其中锡伯文化体验中心可以提供文化体验、手作、住宿、餐饮等一站式游览服务。

辽宁省土木建筑学会高等院校"乡村振兴"主题竞赛（2020—2021）

永续乡村

竞赛模块	参赛高校、院系	参赛人员	张义	王伟佳	黄峥娴	王晗月	马永松
B理想乡居	沈阳理工大学艺术设计学院	指导教师	潘鑫晨	金连生	赵荣棵		
竞赛联系人	张义	联系方式		E-mail			

■提出问题 Raise questions

■乡村困境 Rural dilemma

■问题的提出 Raising questions

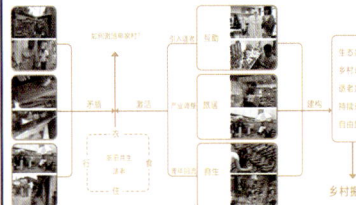

■分析问题 Analyze problems

■现状分析 Current situation analysis

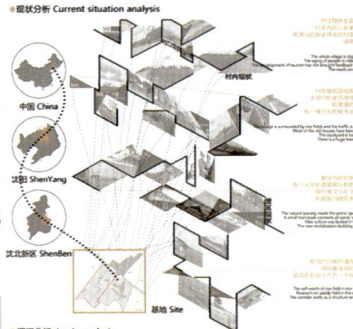

中国 China
沈阳 ShenYang
沈北新区 ShenBei
基地 Site

■逻辑分析 Logic analysis

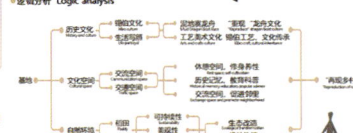

乡村振兴！

■解决问题 Problem solving

■概念的引出 Introduction of the concept

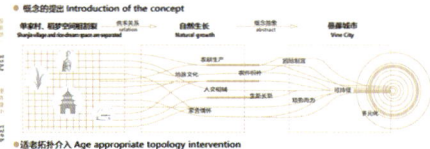

■适老拓扑介入 Age appropriate topology intervention

■功能组织系统分析 Functional organization system analysis

■想法概述 Idea overview

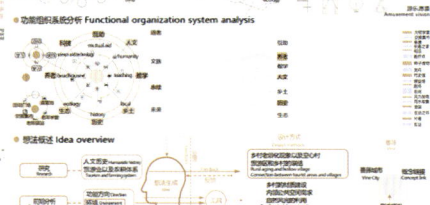

Preservation and Prospect in Ricefield

稻田里的 "守与望"

基于拓扑思想和适老化介入的可持续乡村再生——沈阳里家村集群活化概念设计
Sustainable rural regeneration design based on topology and aging adaptation

■方案形态生成 Scheme form generation

■原理概念 Principle concept

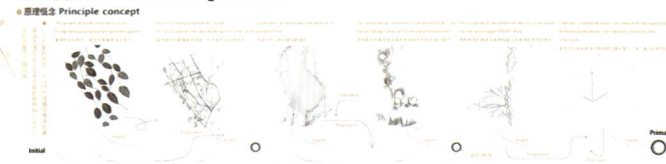

Initial — Primary

■场地元素提取 Site element extraction

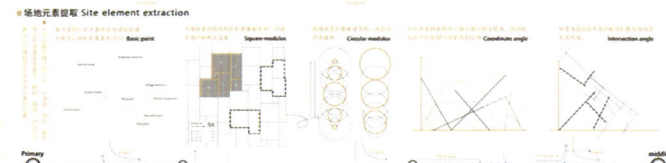

Basic point — Square modulus — Circular modulus — Coordinate angle — Intersection angle

Primary — middle

■路径口及中心拓扑 Spatial composition

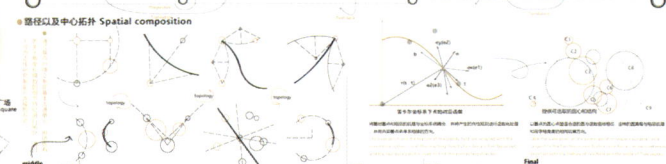

middle — Final

■形态生成 Morphogenesis

■设计说明 Design description

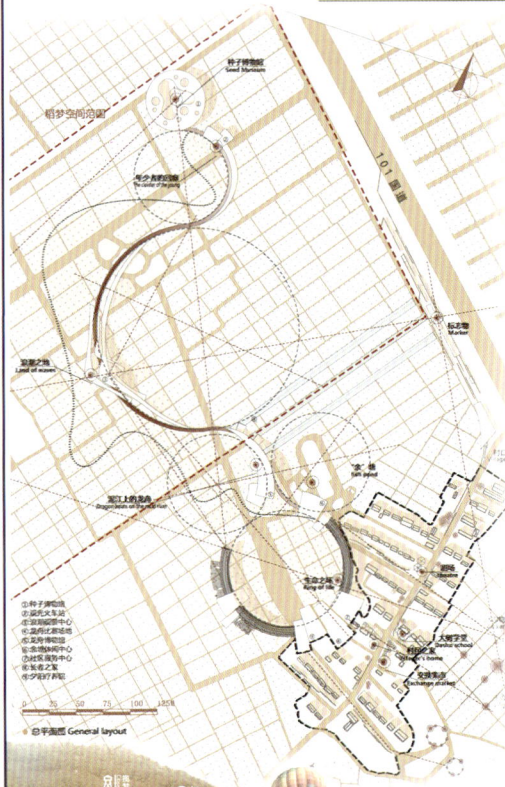

种子博物馆
稻梦空间竞技园

标志物 Marker
电影之地 Land of screen
宏塘 Fish pond
生态之环 Ring of life
广场 Square
大稻学堂 Dadao school
交换集市 Exchange stalls

① 种子博物馆
②稻梦空间竞技园
③标志物
④电影之地
⑤宏塘
⑥生态之环
⑦广场
⑧大稻学堂
⑨交换集市

■总平面图 General layout

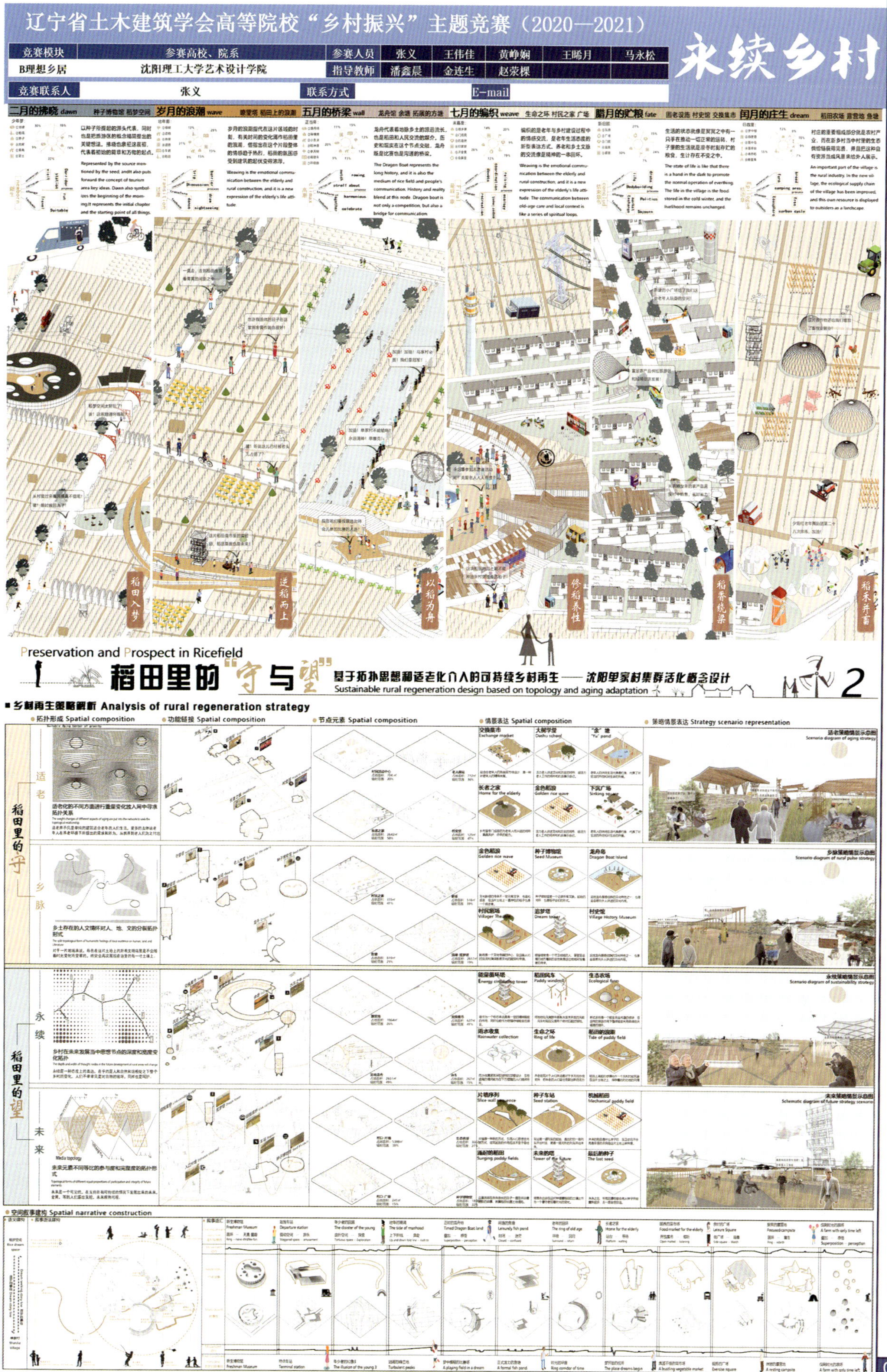

辽宁省土木建筑学会高等院校"乡村振兴"主题竞赛（2020—2021）

永续乡村

竞赛模块	参赛高校、院系	参赛人员	张义	王伟佳	黄峥娴	王晰月	马永松
B理想乡居	沈阳理工大学艺术设计学院	指导教师	潘鑫晨	金连生	赵荣棵		
竞赛联系人	张义	联系方式		E-mail			

Preservation and Prospect in Ricefield

稻田里的"守与望"

基于拓扑思想和适老化介入的可持续乡村再生——沈阳里家村集群活化概念设计
Sustainable rural regeneration design based on topology and aging adaptation

■ 乡村再生策略解析 Analysis of rural regeneration strategy

■ 空间叙事建构 Spatial narrative construction

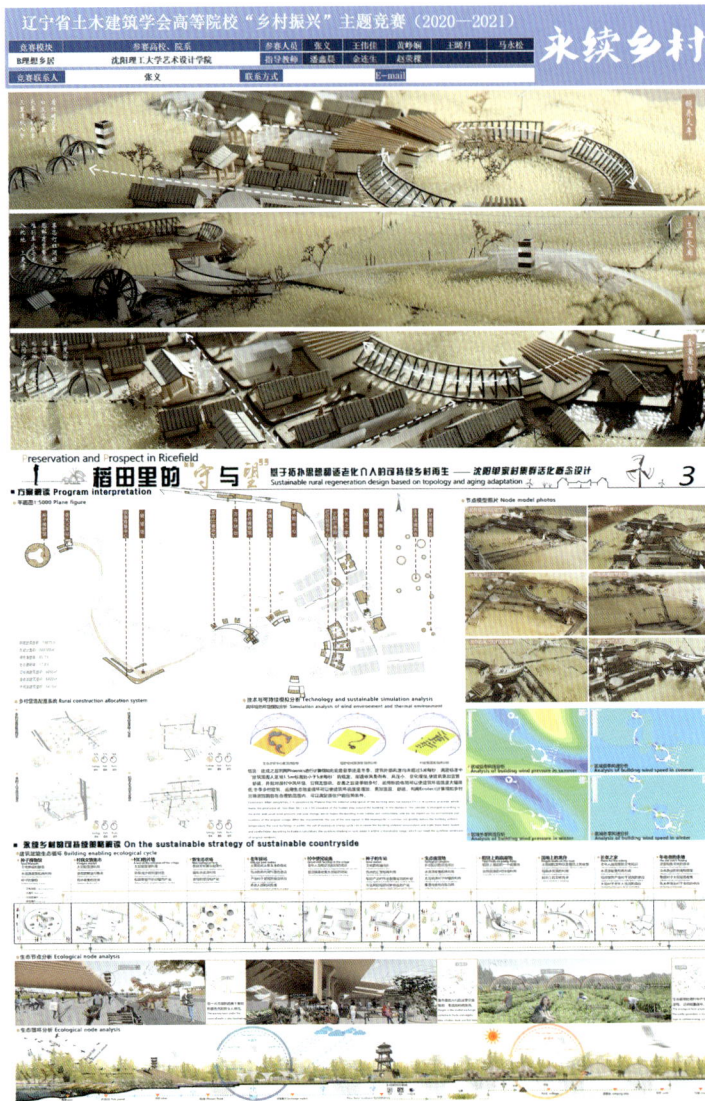

沈阳理工大学艺术设计学院

参赛人员：张义、王伟佳、黄峥娴、王晞月、马永松

指导教师：潘鑫晨、金连生、赵荥棵

设计说明：

1. 乡村困境

随着城市的快速发展，现代城市的日益更新对乡村的压迫限制了乡村的发展，乡村与现代城市之间的发展不平衡。乡村振兴也面临着种种问题：人口老龄化严重；活力缺失；乡村配套设施不完善；乡村改造未直击痛点，多为面子改造；乡村在后疫情时代下，无法满足医疗卫生使用要求，内部人群的身体健康无法得到保障。

2. 场地现状

对场地调查研究之后，村庄本身拥有一定的人文底蕴和旅游业农耕体系产业，这些元素我们希望在方案当中得到进一步的阐述和保留。保持着可持续发展和乡村永续的策略，再加入拓扑变化的思想和适老化的内容，能比较合适地解决乡村的一些共同问题。

3. 方案生成

稻梦空间风景区和村庄之间的割裂现状是我们第一步着手的问题，希望搭建一个场域来完成两者之间的联结，基于底图肌理的一些节点、模数、尺度和肌理，并且通过这些基点形成的路径进行拓扑研究，最终在不同的中心节点形成的圆进行取舍连接完成了第一步的联结搭建。

竞赛模块	参赛高校、院系	参赛人员	杜晓月	孟凡琦	张雪萌	侯嘉伟
B理想乡居	大连理工大学建筑与艺术学院	指导教师	李世芬	张宇	董丽	
竞赛联系人	杜晓月	联系方式		E-mail		

项目背景

在乡村规划过程中，遗址文化保护工程与乡村三生空间产生无法避免的矛盾。如何平衡乡村规划发展与小珠山遗址保护成为研究重点。当代乡村聚落如何面对各类发展与现代化进程是规划要考虑的重要问题。

本项目位于大连长海县獐子岛乡塘洼村，为典型的北方海岛型村落，社会组织和生活生产格局是以渔业和农林为主的一产业结构，相对独立，遗址面积属于大连长海县，具有丰富的海洋和悠游景观，被定位为国际旅游区，塘洼村地下挖掘出5000年前的人类生活遗址，其中小珠山遗址已经成为国家重点文物保护单位。

本项目是长海县政府投资建设的实际项目，小珠山位于长海县广鹿岛中部塘洼村的山珠山上，地处乡村腹地，农耕牧渔养殖业丰富。需要在现有的村庄空间内规划建设一个具有现代化和地域性的遗址公园和遗址博物馆，村庄、公园、博物馆、乡村振兴发展、岛屿游乡发展、历史文化保护、各类要素交织，需要一次规划，开创性的思考，是当代城乡发展多元价值碰撞的一次碰撞。

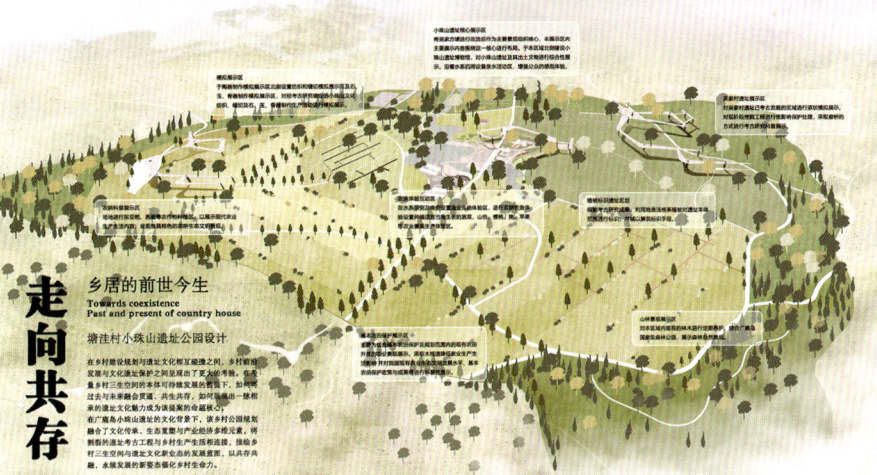

走向共存

乡居的前世今生
Towards coexistence
Past and present of country house
塘洼村小珠山遗址公园设计

在乡村建设规划与遗址文化相互碰撞之间，乡村前前发展与文化遗址保护之间呈现出了更大的考验。在乡村三生空间的本体与田保与自然生态之间。如何就过去与未来融合字。共生共存，如何将融合一脉相承的遗址文化魅力成为该课题的命题核心。在广鹿岛小珠山遗址的文化背景下，该乡村公园规划融合了文化传承、生态重塑与产业协作的要素，将刺毒生态考古工程与乡村生产生活相连接，接痕乡村三生空间与遗址文化保护生态的发展重要，以共存共生、永续发展的新姿态激活村村生命力。

策略分析

遗址文化资源　　遗址文物保护　　　　乡村生态资源　　　文旅开发

文物遗存（下层）	文物遗存（中层）	文物遗存（上层）	研究价值	保护措施	乡村生态	旅游价值

遗址文化模拟展示　石器磨光展　　　墨土地表模拟　公众参与科普　　遗址考古保护　　农田保护乡村体验　　　旅于体验旅游模式

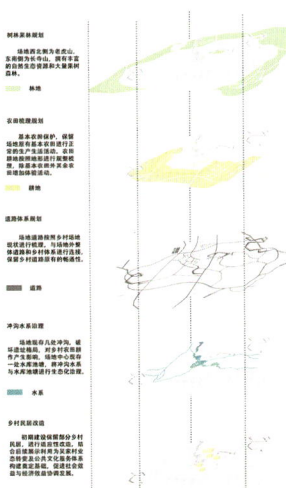

1	遗址博物馆
2	停车场
3	陈列营地
4	遗址模拟展示双廊
5	遗址石瓢展
6	求田问舍
7	东窑稻种体验
8	养麦种植体验
9	休闲菜林
10	墙陌耕稻
11	回演桥乡
12	鱼米之乡
13	农渔体验

辽宁省土木建筑学会高等院校"乡村振兴"主题竞赛（2020—2021）

竞赛模块	参赛高校、院系	参赛人员	杜晓月	孟凡琦	张雪萌	侯嘉伟
B理想乡居	大连理工大学建筑与艺术学院	指导教师	李世芬	张宇	董丽	
竞赛联系人	杜晓月	联系方式	E-mail			

永续乡村

走向共存

前世：觅迹寻根

Towards coexistence
In the past: exploring the relics

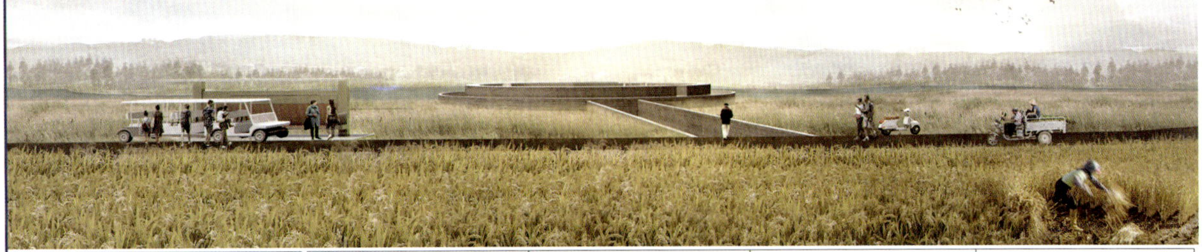

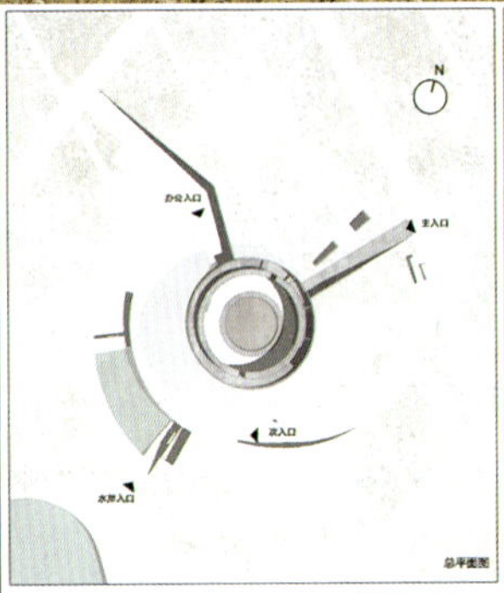

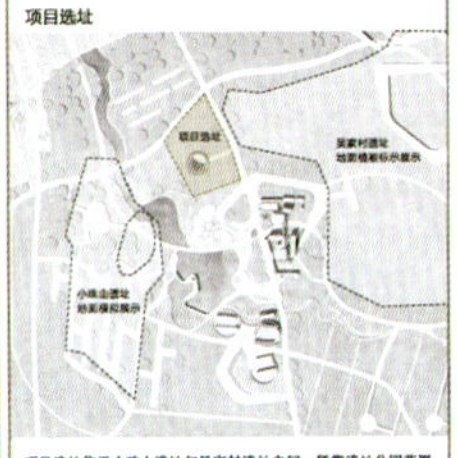

小珠山遗址博物馆设计

在当代乡居环境的搭设与存续融合中，我们该如何回顾与重拾村落的文化？原有的地域文化如何在新的乡村建筑中赓续力，建筑如何与乡村环境选共存永续？

在广袤高速挂行的整体根系之下，小珠山遗址公园成为乡村产业转型的新契机，遗址本体成为区域内生长的主角。而作为遗址展示防遗体，博物馆建筑以低影响的姿态遁地裹藏于地之下，让文化空间与乡村的三生空间和共存。

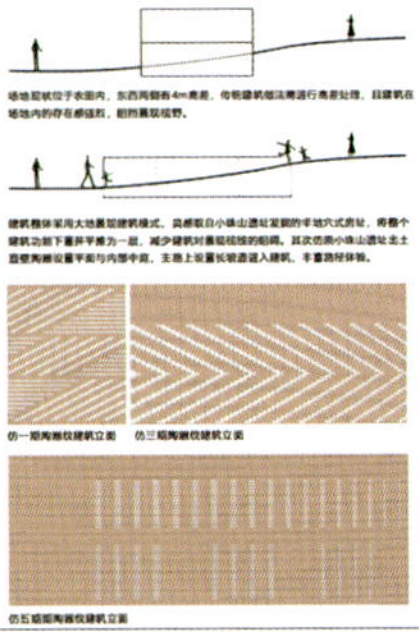

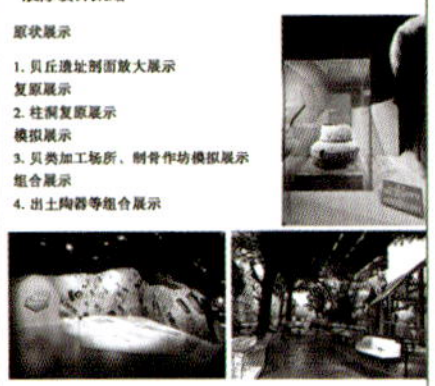

项目选址

小珠山遗址发掘概况

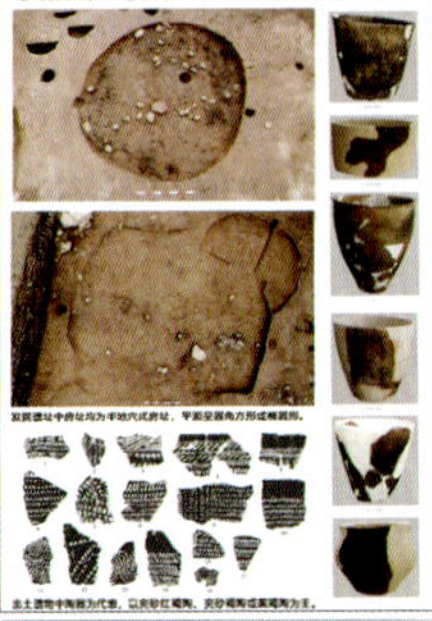

建筑方案设计

展陈设计策略

具体展陈内容

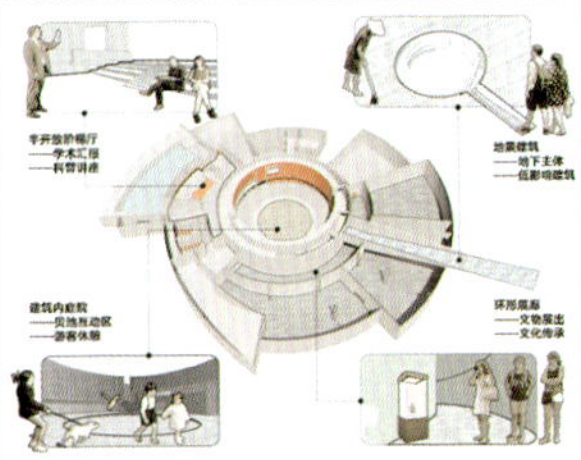

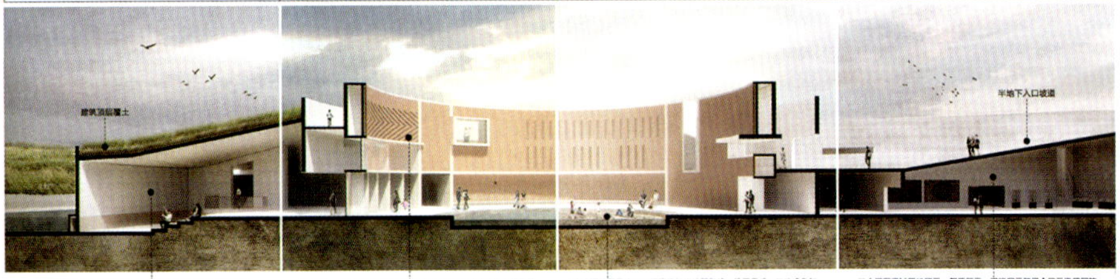

总平面图

入口·中庭连接空间效果图

展厅1室内效果图

7.5m平面图

4.5m平面图

一层平面图

1-1剖面图

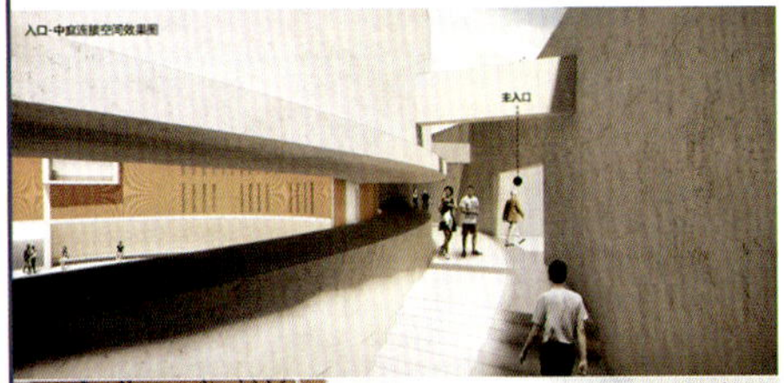

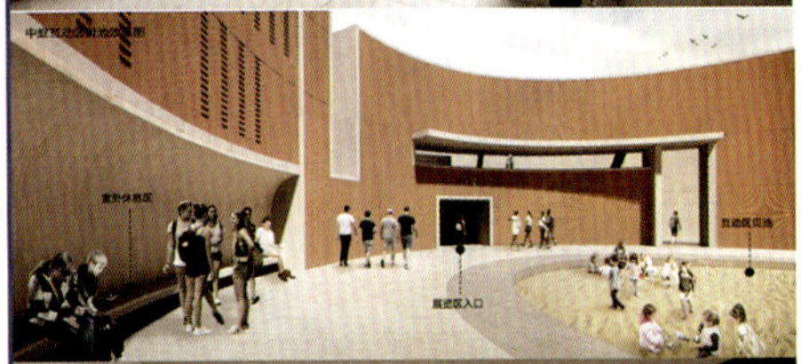

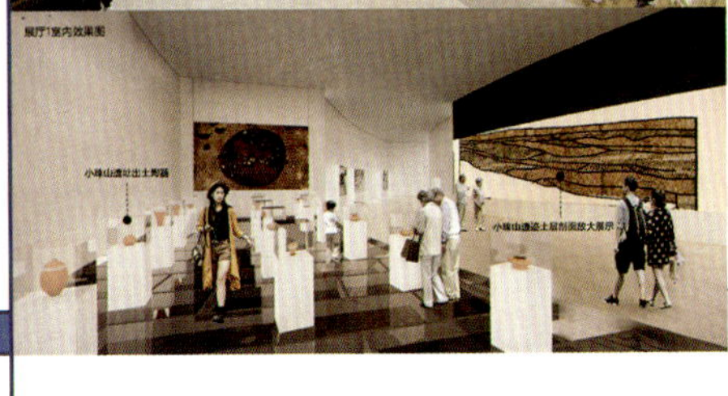

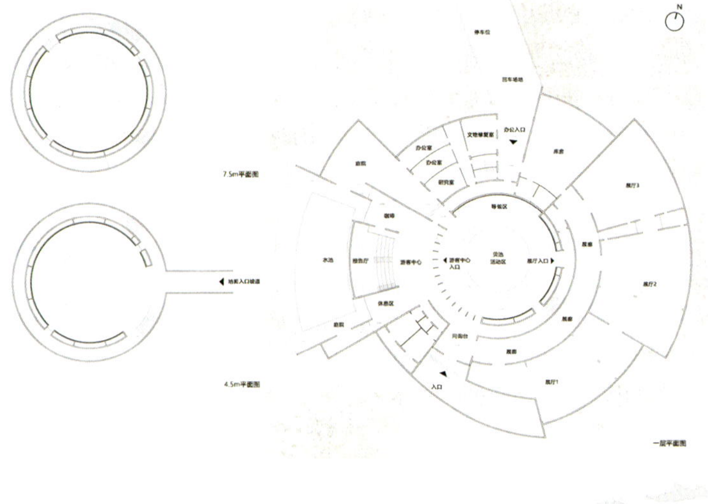

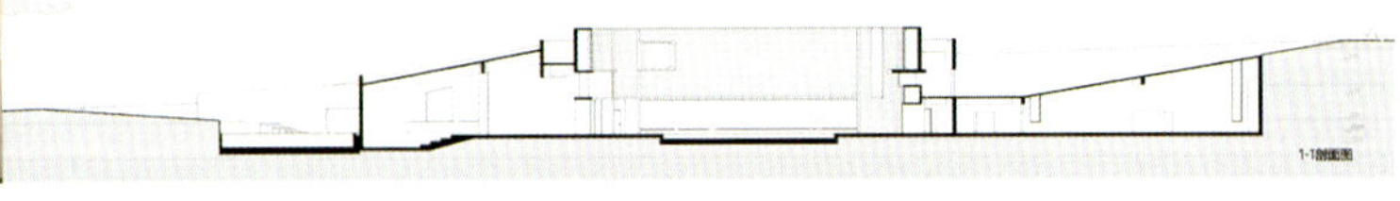

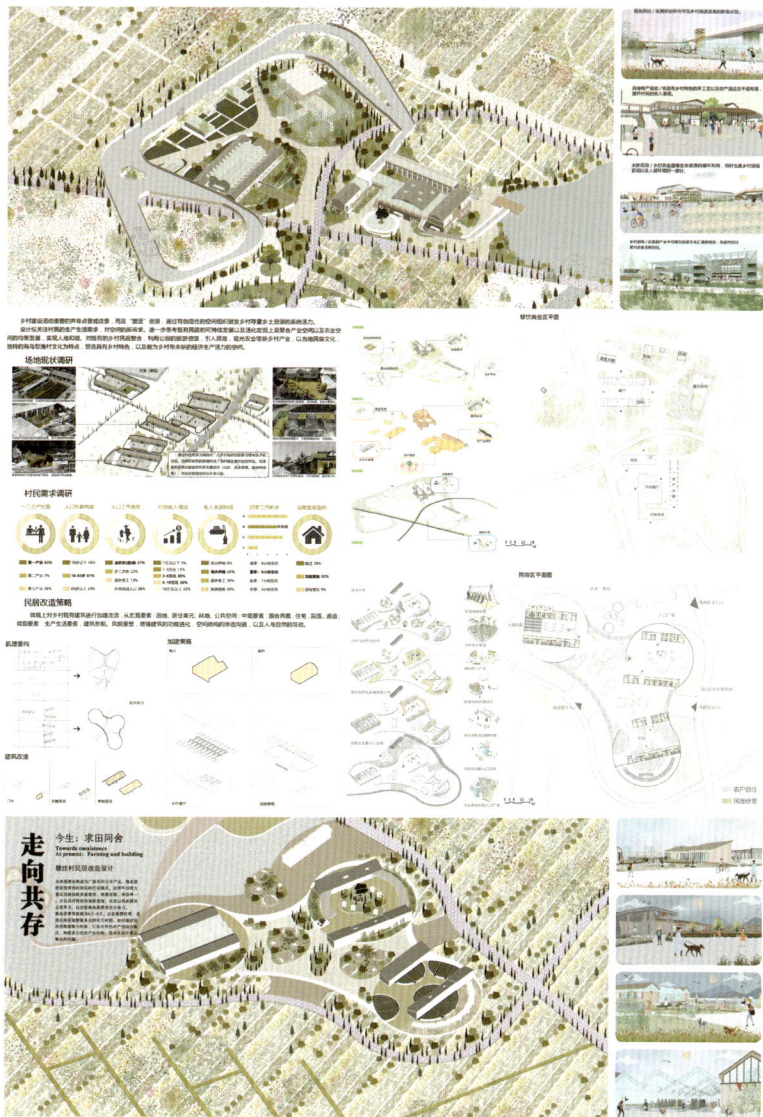

大连理工大学建筑与艺术学院

参赛人员： 杜晓月、孟凡琦、张雪萌、侯嘉伟

指导教师： 李世芬、张宇、董丽

设计说明：

在乡村规划过程中，遗址文化保护工程与乡村三生空间产生无法避免的矛盾，如何平衡乡村规划发展与小珠山遗址保护成为研究重点。当代乡村聚落如何面对各类发展与现代化进程是需要思考的重要问题。

本项目位于大连长海县广鹿岛唐洼村，为典型的北方海岛型村落，社会组织和生活生产格局是以渔业和农耕主导的第一产业架构，相对粗放，其所在的广鹿岛镇隶属于大连长海县，具有丰富的海洋和旅游资源，被定位为国际旅游岛。唐洼村地下挖掘出5000年前的人类生活遗址，其中小珠山遗址已经申报成为国家重点文物保护单位。

本项目是长海县政府预计投资建设的实际项目，小珠山遗址位于长海县广鹿岛中部塘洼村的小珠山上，地处乡村腹地，农耕牧鱼养殖业丰富。需要在现有的村庄空间内规划建设一个具有现代化和地域性的遗址公园和遗址博物馆。村庄、公园、博物馆、乡村振兴发展、岛屿旅游发展、历史文化保护，各类要素交织，需要一次综合性、开创性的思考，是当代城乡发展多元价值观的一次碰撞。

竞赛模块	鲁迅美术学院建筑艺术设计学院	参赛人员	耿赫岑	翟羽佳	邓颖倩
B理想乡居	鲁迅美术学院建筑艺术设计学院	指导教师	潘天阳		
竞赛联系人	耿赫岑	联系方式		E-mail	

永续乡村

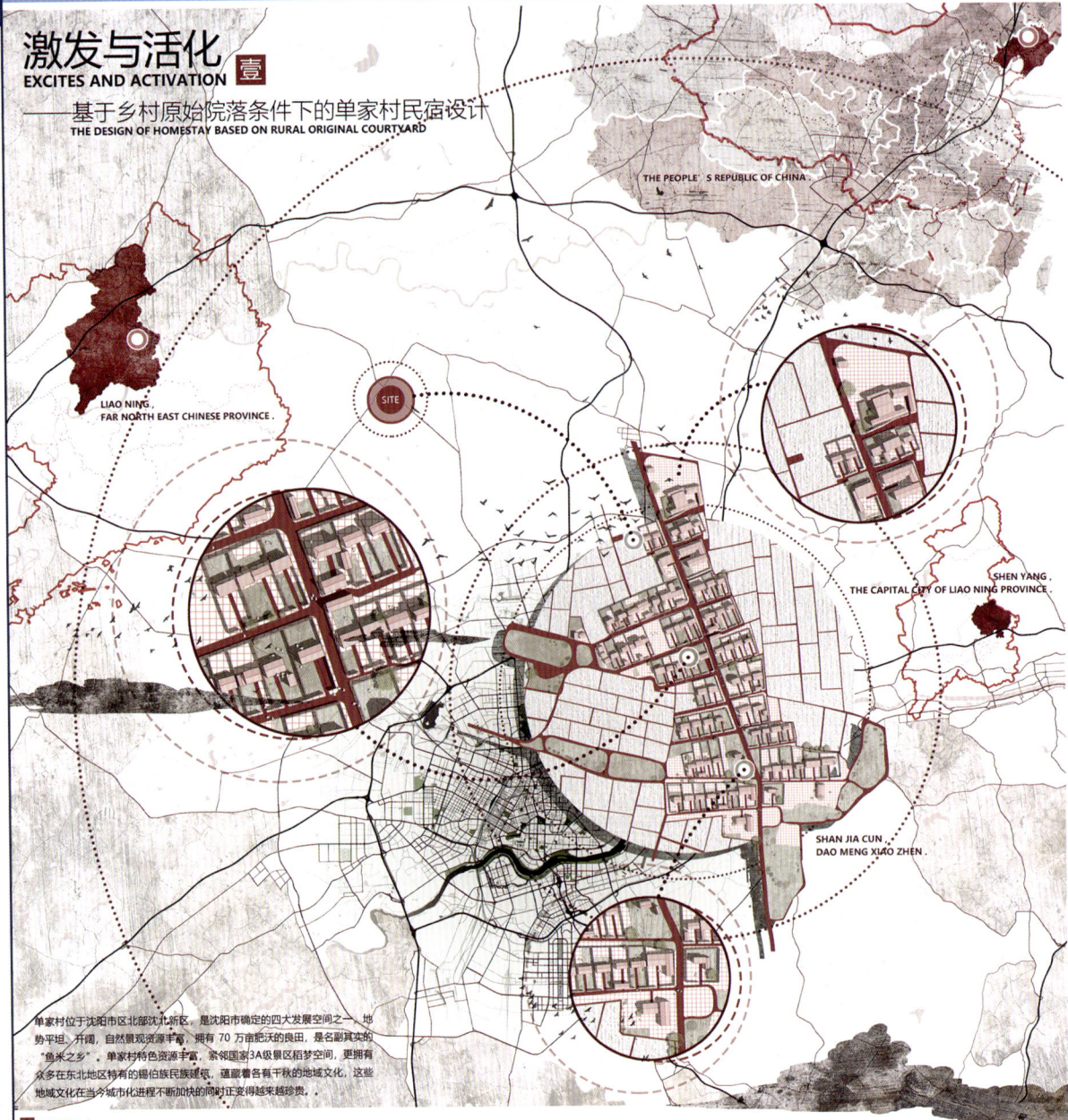

激发与活化 壹
EXCITES AND ACTIVATION
—— 基于乡村原始院落条件下的单家村民宿设计
THE DESIGN OF HOMESTAY BASED ON RURAL ORIGINAL COURTYARD

THE PEOPLE'S REPUBLIC OF CHINA

LIAO NING,
FAR NORTH EAST CHINESE PROVINCE.

SITE

SHEN YANG,
THE CAPITAL CITY OF LIAO NING PROVINCE.

SHAN JIA CUN
DAO MENG XIAO ZHEN.

单家村位于沈阳市区北部沈北新区，是沈阳市确定的四大发展空间之一，地势平坦、开阔，自然景观资源丰富，拥有70万亩肥沃的良田，是名副其实的"鱼米之乡"。单家村特色资源丰富，紧邻国家3A级景区稻梦空间，更拥有众多在东北地区特有的锡伯族民族建筑，蕴含着各有千秋的地域文化，这些地域文化在当今城市化进程不断加快的同时正变得越来越珍贵。

1 问题导向

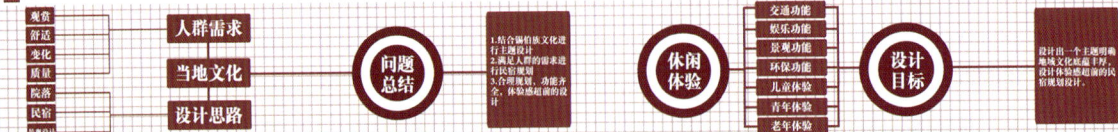

2 场地用地

一等奖

竞赛模块	鲁迅美术学院建筑艺术设计学院	参赛人员	耿赫岑	翟羽佳	邓颖倩		
B理想乡居	鲁迅美术学院建筑艺术设计学院	指导教师	潘天阳				
竞赛联系人	耿赫岑	联系方式		E-mail			

激发与活化 贰
EXCITES AND ACTIVATION

——基于乡村原始院落条件下的单家村民宿设计
THE DESIGN OF HOMESTAY BASED ON RURAL ORIGINAL COURTYARD

■ 天际线起伏示意图

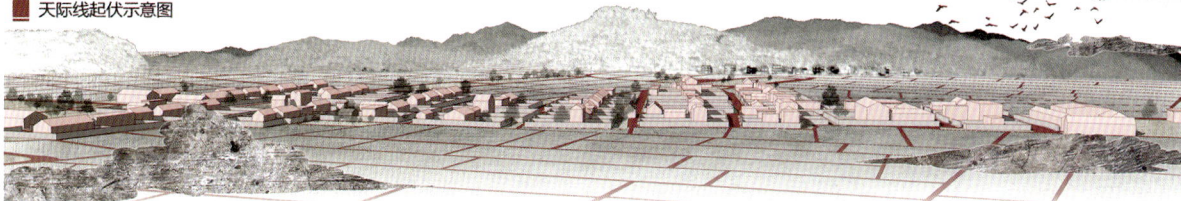

■ 建筑现状分布

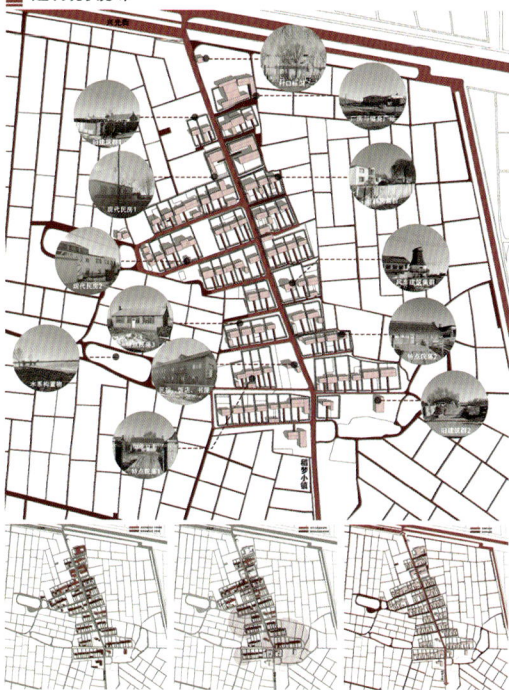

■ 原始院落建筑分析

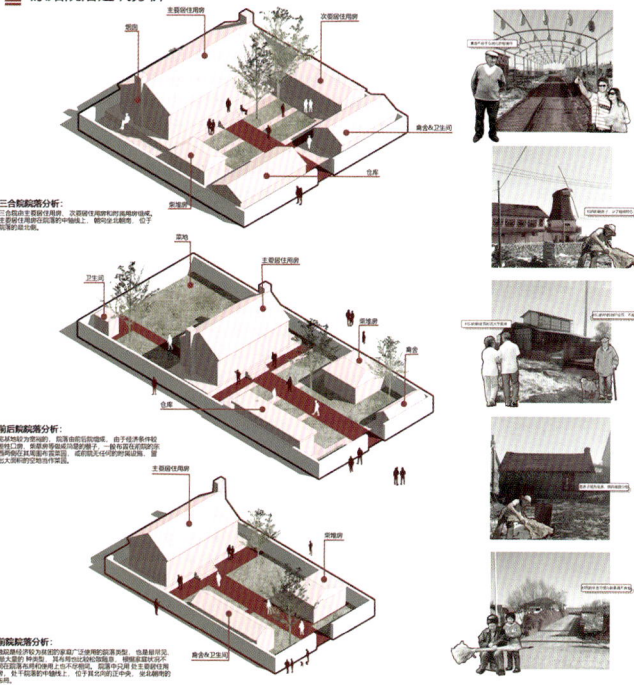

三合院院落分析

前后院院落分析

前院院落分析

■ 建筑装饰与结构典型特征

建筑装饰应用
ARCHITECTURAL DECORATION APPLICATION

锡伯族建筑装饰提取
EXTRACTION OF ARCHITECTURAL DECORATION

建筑结构应用
APPLICATION OF BUILDING STRUCTURE

锡伯族与现有建筑建筑结构提取
EXTRACTION OF BUILDING STRUCTURE

建筑特色融合
INTEGRATION OF ARCHITECTURAL FEATURES

MORSE SHELF THATCHED COTAGE

XIBO THATCHED COTAGE

锡伯砖瓦房
XIBO BRICK HOUSE

辽宁省土木建筑学会高等院校"乡村振兴"主题竞赛（2020—2021）

永续乡村

激发与活化
EXCITES AND ACTIVATION 叁
——基于乡村原始院落条件下的单家村民宿设计
THE DESIGN OF HOMESTAY BASED ON RURAL ORIGINAL COURTYARD

鲁迅美术学院建筑艺术设计学院

参赛人员： 耿赫岑、翟羽佳、邓颖倩
指导教师： 潘天阳

设计说明：

　　沈阳地区传统锡伯族的院落按围合方式可分为独院、三合院和四合院。沈阳地区传统锡伯族的院落往往由主要居住用房、次要居住用房、院门、院墙、菜地、卫生间、牲畜圈和柴草棚等组成，锡伯族院落的组成与汉族类似，体现了一个以游牧打猎为主的民族在沈阳定居后开始以种植农业为主的生产方式。

　　传统锡伯族院落在四周设立高大封闭的夯土实墙，来满足防御的需求。院落全部为一院一户，房屋多为三到五开间，院门多向南开。总体来看，院落的总面积约为100m²，前后院的面积之和是房屋的3倍左右，前院的面积约2.5个后院大小。前院和后院均设有菜园，一般后院在秋季时为打粮的场所，院中会设有粮仓，供暂时储存秋收的粮食。

竞赛模块	参赛高校、院系		参赛人员	娄海峰	张敏	吴坤
B理想乡居	大连理工大学建筑与艺术学院		指导教师	李世芬老师	张宇老师	周博老师
竞赛联系人	娄海峰	联系方式		E-mail		

永续乡村

一等奖

风林巷园 01
大连广鹿岛唐洼村乡村振兴及小珠山遗址公园设计

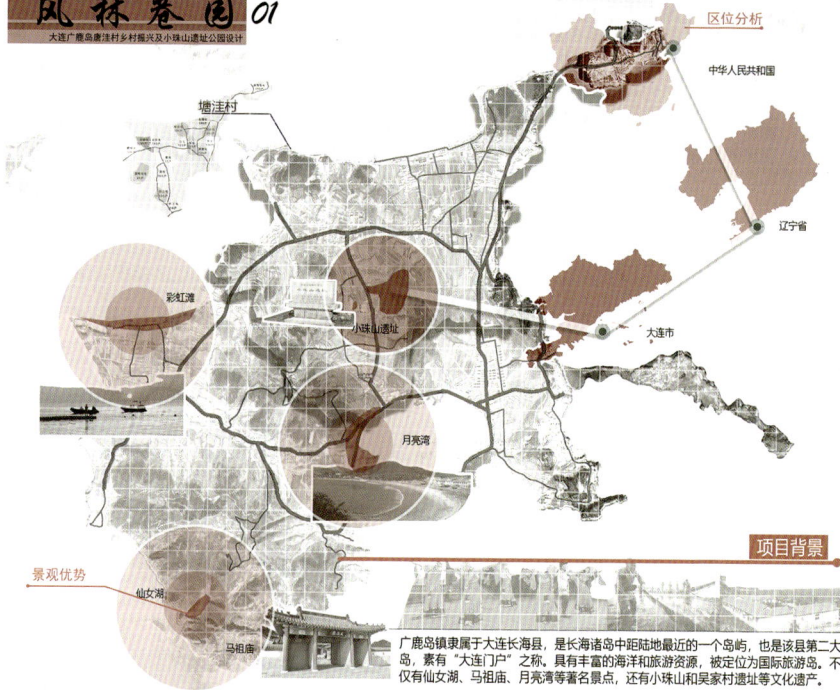

区位分析

塘洼村

中华人民共和国

彩虹滩

小珠山遗址

辽宁省

大连市

月亮湾

景观优势

仙女湖

马祖庙

项目背景

广鹿岛镇隶属于大连长海县，是长海诸岛中距陆地最近的一个岛屿，也是该县第二大岛，素有"大连门户"之称。具有丰富的海洋和旅游资源，被定位为国际旅游岛。不仅有仙女湖、马祖庙、月亮湾等著名景点，还有小珠山和吴家村遗址等文化遗产。

场地现状及问题分析

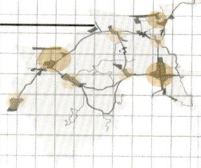

民居分布现状

受农业生产服务半径影响，村落布局分散，规模均衡。建筑风格基本上一致，屋顶形式为坡屋顶或是平屋顶。公共服务配置数量较少，有待进一步完善。

旅游设施分布现状

广鹿岛旅游业发达，农家乐、酒店、民宿很多，配套服务设施相对较少，大部分靠近景点区和港口。

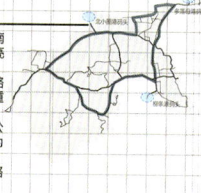

交通现状

岛上主要道路有：南大线、东许线、月亮湾路、多塘线。四条主路形成主干路网，连接起港口和重要的风景区月亮湾。目前岛内已有三条公交线路，形成了较为完整的闭环结构。部分偏僻村庄内道路可达性较差。

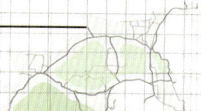

生态绿地现状

广鹿岛内绿地基本分布在中部和南部地区，生态绿化保留良好，尤其是南侧南台山区域。

场地全貌

广鹿岛地形特征为山地丘陵，地势南高北缓，最高点位于南侧南台山。建设遗址公园的小珠山遗址区高差也较大。

人群策略

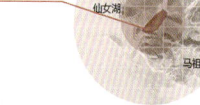

生态化　　游景观路　　遗址参观　　生态农园　　滨水休闲

美丽乡村　　休闲娱乐　　垂钓体验　　特色农庄

居民　　　　　　　　游客

完善居民服务系统　　居民活动多样化　　融合游客居民共用的功能和需求　　保护生态，打造海岛旅游　　结合小珠山遗址，打造文化旅游
打造渔业旅游特色小镇

产业布局

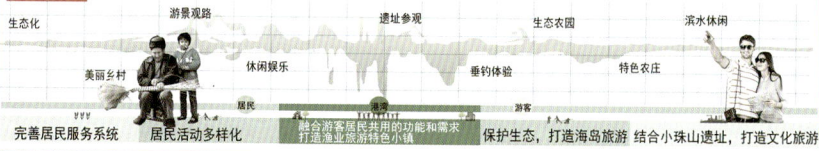

渔业

广鹿岛海域辽阔，特产丰富。适宜发展浮筏养殖水面达5万公顷，盛产海参，素有"海参之乡"的美誉。适宜海参、扇贝、魁蚶等海珍品和经济贝类类发流增的潮下带面积达4万公顷，特别是年产虾夷贝可达1.6万吨。

农业

广鹿岛镇的粮食作物以玉米为主，另外还有玉米、大豆等，至18年末，耕地面积1367.79公顷、园地77公顷、水果种植多为桃和苹果。

旅游业

广鹿岛旅游业发达，岛上旅游服务机构、酒店、渔家乐、民宿酒店等旅游服务设施数量众多，旅游综合收入可观。

产业规划策略

遗址公园　　　　　　　　教育改造　　　交通整治提升　　公共商业品质提升
农田景观　　　　　　　　博物馆　　　　Travel&residence sharing
特色文化　　文化旅游　　　　　　　　民宿　　　广鹿岛全域规划
旅游习惯　　Cultural Tourism　　　　　　　　　　月亮湾滨海休闲度假
文创产品发展　　　　　　　　　水田农业产业
民俗文化遗产　　　　　　　　Demonstration of Eco-culture　　　海岛旅游
Island Tourism
产业发展　　绿色生态体验旅游
Industrial Development

广鹿岛全域规划梳理

"一核"

综合服务核心，围绕月亮湾设置的滨海综合服务区和镇域集中建设区的公共服务设施，为旅游和生活提供综合服务。

"两环"

旅游内环：文化遗址环
围绕小珠山遗址和吴家村遗址区建设遗址公园，打造文化旅游
旅游外环：自然景观环
彩虹滩、南台山、月亮湾、洪子东等沿海海岸线的景区，以及北侧渔业体验串联，打造一体化特色滨海体验旅游

"三湾"

综合打造三个旅游湾：
月亮湾、彩虹滩、洪子东湾，作为旅游度假、滨海休闲活动岸线。结合主要景点、农家乐、餐旅馆以及配套旅游娱乐设施，其他海岸线则作为生活生产岸线使用。

"六区"

根据地势、自然资源和现状建设将广鹿岛全域划分为六个片区，分别赋予不同功能，利用各区域特色发展不同产业。

交通规划

将三个码头进行功能划分，游客和居民运输分开，加强岛上目前已有的综合交通骨架建设，完善路网配置，实现偏僻村庄的可达性。统筹自行车、电动车租赁点，满足游客和居民的出行需求。

服务设施

依据民居和旅游分区增加公共服务设施数量，提升居住环境品质。在当地主要居民新增设商业、医疗等设施，旅游发展区增设文化、民俗等设施。

辽宁省土木建筑学会高等院校"乡村振兴"主题竞赛（2020—2021）

竞赛模块	参赛高校、院系	参赛人员	娄海峰	张敏	吴坤
B理想乡居	大连理工大学建筑与艺术学院	指导教师	李世芬老师	张宇老师	周博老师
竞赛联系人	娄海峰	联系方式		E-mail	

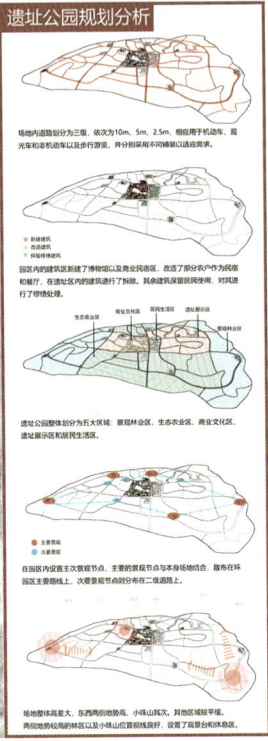

永续乡村

1 遗址博物馆
2 民俗馆
3 综合服务区
4 居民生活区
5 野外露营地
6 民宿餐饮商业区
7 小服务区
8 林地景观广场
9 观光车换乘点
10 停车场
11 生态采摘体验处
12 小珠山登高观景台
13 林地栈道
14 遗址观光广场

遗址公园规划分析

场地内道路划分为三级，依次为10m、5m、2.5m，相应用于机动车、观光车和非机动车以及步行游览，并分别端末不同辅能以达成需求。

园区内遗址建筑群体以及业民俗馆，改造了部分农户作为民居和村行，在遗址区内建筑进行了拆除，其余建筑保留居民使用，对遗址进行了修饰处理。

遗址公园整体划分为五大区域：景观林业区、生态农业区、商业区、遗址展示区和居民生活区。

在园区内设置主次观览节点，主要的景观节点与本身场地结合，散布在环园区主要游线上，次要景观节点则分布在二级游览线上。

场地整体地势高差大，东西两侧向地势高，小珠山其次，其他区域较平缓，两侧地势较高端的林区以及小珠山位置视线良好，设置了观景平台和体验区。

风 林 巷 园 02
大连广鹿岛唐流村乡村振兴及小珠山遗址公园设计

基于广鹿岛整体规划以及当地产业发展的遗址公园功能多样，应全面考虑其发展和功能定位，全面服务游客和当地居民。

使用人群　创业者　外来游客　当地居民

使用者需求行为　休憩　餐饮　消费　文化　参观　运动　钓鱼　采摘　种植

活动类别　文化民俗　主题餐饮　休闲商业　遗址文化　民俗文化　运动游乐　田园休闲

遗址公园的功能需求

遗址保护　　休闲娱乐
民俗展示　　商业经营
生态维护

设计策略

河道　冲沟治理　河流水系　水塘重塑　生态农业　渔业　商业

生态　能源利用　环境治理　林木维护　乡村振兴　文化　教育

经济

社会

景观节点效果图

景观节点效果图

大连理工大学建筑与艺术学院

参赛人员： 娄海峰、张敏、吴坤

指导教师： 李世芬、张宇、周博

设计说明：

特色商业区以中国古典园林的造园手法为依据，结合场地内的方塘进行风景园林式布局。以场地内的两个核心建筑——博物馆与民俗馆为要素进行建筑空间分布，特色鲜明，动线有趣。特色商业区是以文化产业为核心、结合特色商业形成的综合型服务区，也是乡村振兴发展的引擎，该区以民俗馆为核心建筑组团式环绕，北侧打开空间以获得景观朝向。建筑围合形成多个院落空间，其中东西侧院落空间起到缓冲停留作用，南北侧的院落空间则是交通和导引功能占主导地位。特色商业区内部的景观节点各具特色是配合建筑所设计，从主入口的景观节点依次深入，不同的层次感将游客引入更深的空间，临水侧豁然打开，欲扬先抑。

辽宁省土木建筑学会高等院校"乡村振兴"主题竞赛（2020—2021）

永续乡村

竞赛模块	参赛高校、院系		参赛人员	梁璐仪	邓倚婕	雷蕾	王玲	
B理想乡居	沈阳城市建设学院建筑与规划学院		指导教师	朱林	冯路	郝轶	
竞赛联系人	邓倚婕	联系方式		E-mail		

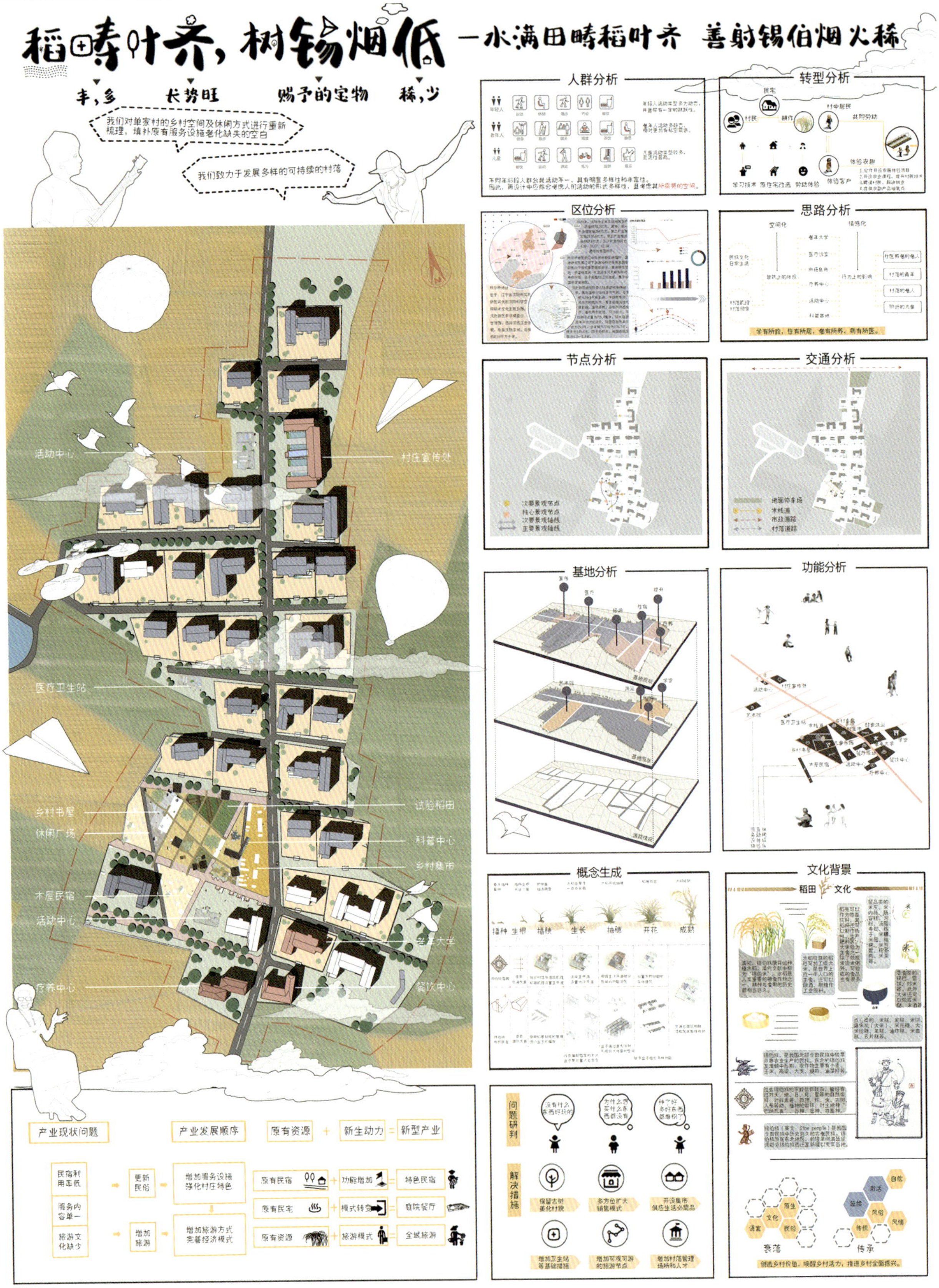

稻畴叶齐，树锡烟低 —水满田畴稻叶齐 善射锡伯烟火稀

丰，多　　长势旺　　赐予的宝物　　稀，少

人群分析

转型分析

区位分析

思路分析

节点分析

交通分析

基地分析

功能分析

概念生成

文化背景

稻田　文化

产业现状问题

产业发展顺序

原有资源 + 新生动力 = 新型产业

竞赛模块	参赛高校、院系		参赛人员	梁璐仪	邓倚婕	雷蕾	王玲
B理想乡居	沈阳城市建设学院建筑与规划学院		指导教师	朱林	冯路	郝轶	
竞赛联系人	邓倚婕	联系方式			E-mail		

管理中枢－宣传三部曲

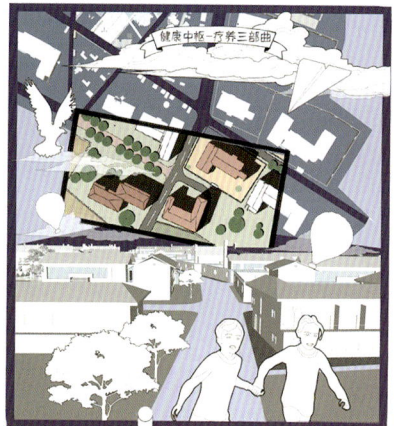

健康中枢－疗养三部曲

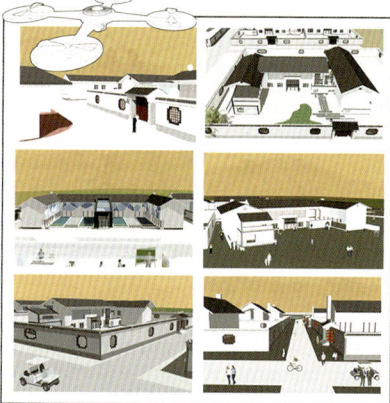

村庄宣传处

疗养中心

文化要素提取　　原有建筑颜色提取

原有建筑元素提取　　原有建筑材质提取

体块生成

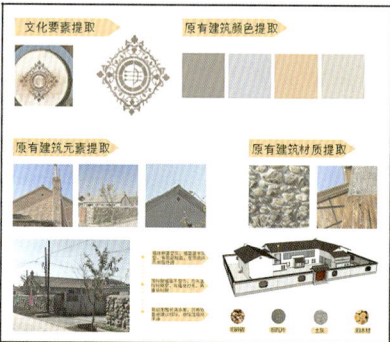

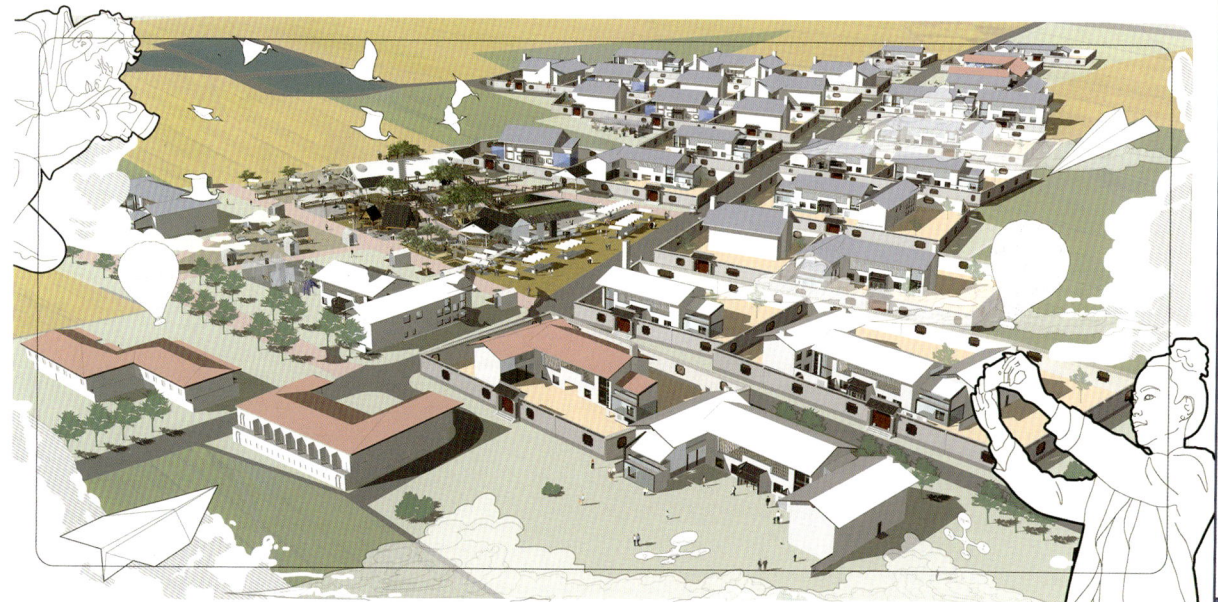

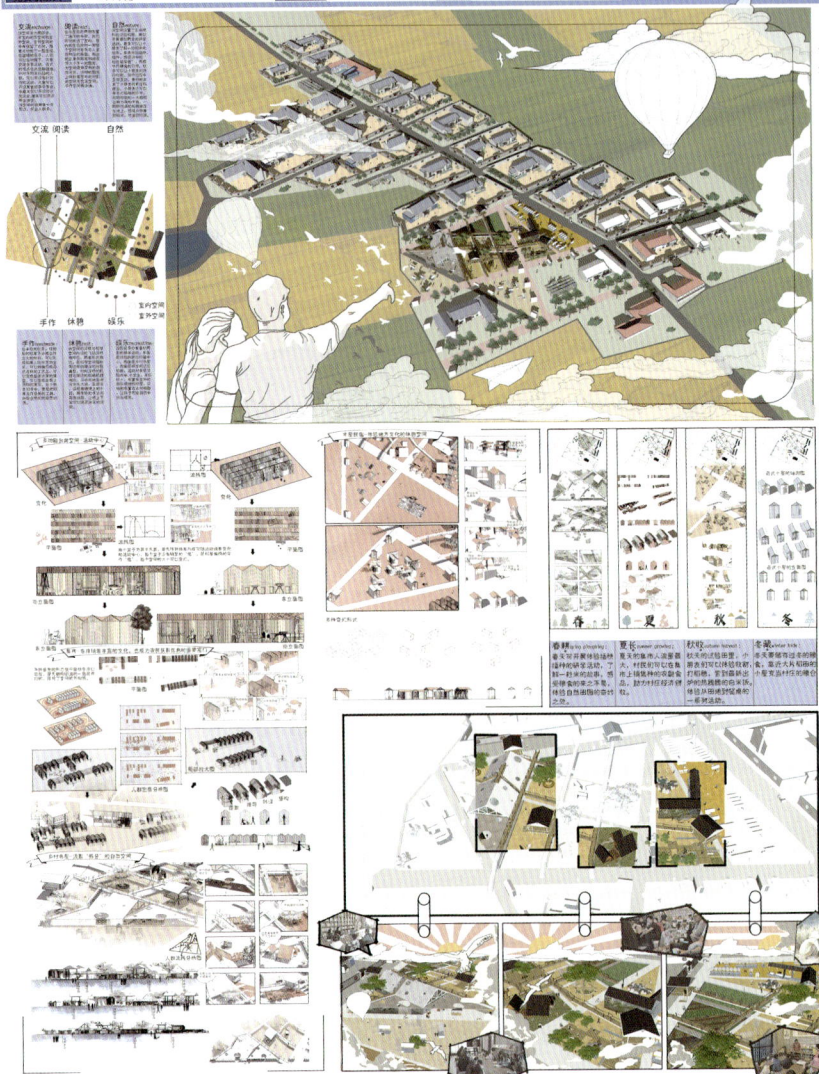

沈阳城市建设学院建筑与规划学院

参赛人员： 梁璐仪、邓倚婕、雷蕾、王玲

指导教师： 朱林、冯路、郝轶

设计说明：

我们小组组员的家乡恰好是开展乡村振兴的试点，例如湖南郴州的仰天湖，江西南昌的太平镇，在乡村振兴战略的推动下，已初现雏形。从前，我们是受益者，现在身份转变，我们成了乡村振兴的推动者。写到这心里涌上一股强烈的责任感和使命感，小组夜以继日地推敲修改，不是为了交一份高分的作业，而是为了给心中的家国情怀交一份无愧的答卷，是为了续写一代一代振兴人的篇章。

在小组去单家村实地调研时，我们也去了仅有一田之隔的稻梦空间，在电影里的圆塔上我看清了隔着的稻田上的画，用稻田绘制的四个大字"乡村振兴"随着风肆意摆动，再往远一点眺去，是单家村的风貌。

每个人溯源起来都有一个乡村老家，乡村是一个人记忆的一种物体化和空间化，是对一个地方的认同感和归属感，它承载着我们对于童年、亲人的那些记忆，地理位置不同乡村的风貌肌理也就不同，每个乡村都有着它独特的味道，是让村民们忘却不了的"乡土情"，每一片土地都有着它无限的潜能，你无法预见它前后三五年是什么模样，我认为最好的振兴模式是"创造乡村价值，唤醒乡村活力，发展多样化、可持续的村落"。

竞赛模块	参赛高校、院系	参赛人员	江林宸	李美芳	马欣怡	杜锦彪	李超琪
B理想乡居	大连民族大学建筑学院	指导教师	姜乃煊	侯兆铭			
竞赛联系人	江林宸	联系方式	E-mail				

永续乡村

一等奖

家·融·圆

沈阳石佛寺村锡伯族新西迁广场规划设计

场地分析：

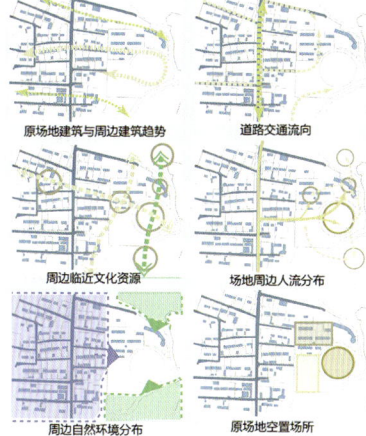

原场地建筑与周边建筑趋势　道路交通流向

周边临近文化资源　场地周边人流分布

周边自然环境分布　原场地空置场所

区位分析：

民族文化分析：

周边建筑分析：

场地节点分析：

文化分析：

原游牧民族，后被归为清朝八旗

有骑射、打猎等民族传统

锡伯族民族建筑以人字坡、四合院、前后院为主

锡伯族民族精神愿望是四海族人团圆

为家国千里迁途，卫山河，牺牲小我

为戍边疆，强烈的家国情怀和家国意识

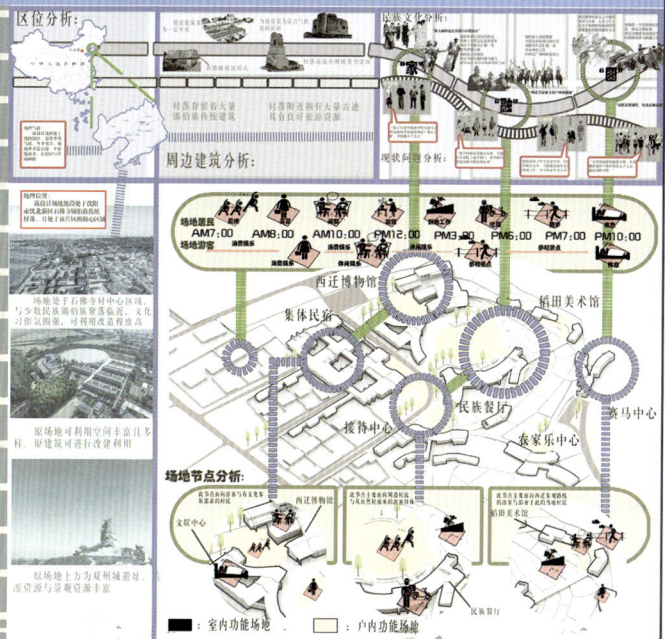

鸟瞰图

当地困境：

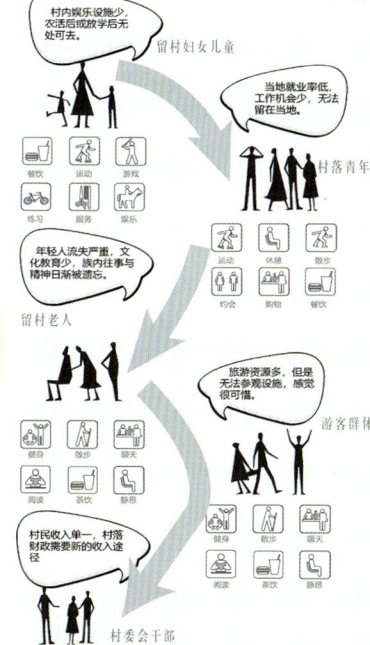

村内娱乐设施少，农活后或放学后无处可去。

留村妇女儿童

当地就业率低，工作机会少，无法留在当地。

村落青年

年轻人流失严重，文化教育少，族内往事与精神日渐被遗忘。

留村老人

旅游资源多，但是无法参观设施，感觉很可惜。

游客群体

村民收入单一，村落财政需要新的收入途径

村委会干部

村落新经济体的建立与生成：

跑马养殖经济

与场地下方跑马场合作开设跑马节点为周边居民合作经营并辅以有养殖经济为次要

采摘稻田经济

将场地内空地与坡地地形种植上稻田与种植园，与周边居民合作开放其自家果园加入至集体采摘园内

个体经营经济

在场地的多功能广场内通过可移动组件在不同时间段下的、拼接组合来形成不同的售卖空间来达到乡村个体经营的

民宿集体经济

在原有的民宿建筑上进行改造，鼓励周边居民开放自家庭院增设客房供民宿使用管理，形成"全民宿半民居"的新鲜住宿环境

新经济的确立意向与循环建立意图：

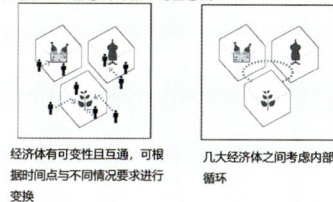

经济体有可变性且互通，可根据时间点与不同情况要求进行变换

几大经济体之间考虑内部循环

多功能广场上可移动组件说明：

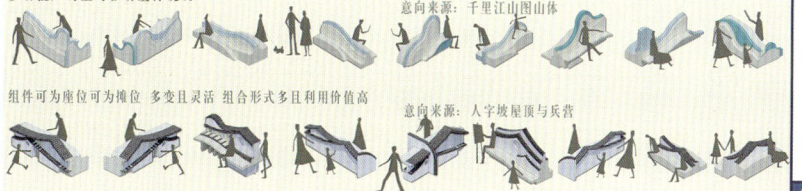

意向来源：千里江山图山体

组件可为座位可为憩位 多变且灵活 组合形式多且利用价值高

意向来源：人字坡屋顶与兵营

竞赛模块B「理想乡居」

辽宁省土木建筑学会高等院校"乡村振兴"主题竞赛（2020—2021）

竞赛模块	参赛高校、院系	参赛人员	江林宸	李美芳	马欣怡	杜锦彪	李超琪
B理想乡居	大连民族大学建筑学院	指导教师	姜乃煊	侯兆铭			
竞赛联系人	江林宸	联系方式		E-mail			

永续乡村

稻田美术馆效果图

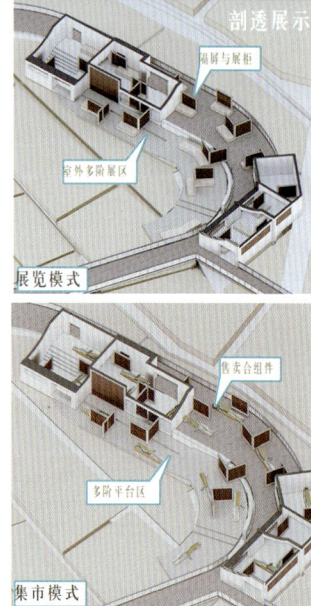

剖透展示

祠屏与展柜

室外多阶展区

展览模式

售卖合组件

多阶平台区

集市模式

家·融·圆

沈阳石佛寺村锡伯族新西迁广场规划设计

总平面图

伊犁卫园

西迁征程

拜别家祠

N

节点剖透图

节点剖透图

西迁参观路线设计简介：
设计时在原场地的空旷田野上种植季节性景观稻田。来增加场地的印象观性和自然旅游方式，且结合锡伯族西迁历史与精神。在稻田上设计出一条结合历史与现实、且因地制宜的参观路线
其中节点的展览分为三大主题：拜别家祠、西迁征程、伊犁卫园代表锡伯族当年西迁征程的三个经过。让参观人员根据这个路线亲自体验一遍

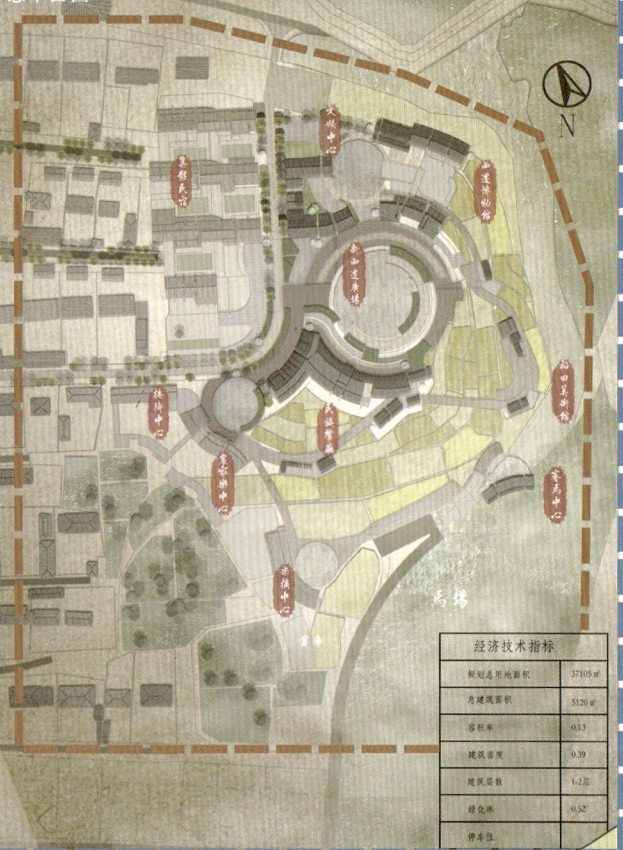

经济技术指标	
规划总用地面积	37105㎡
总建筑面积	5120㎡
容积率	0.13
建筑密度	0.39
建筑层数	1-2层
绿化率	0.52
停车位	

节点剖透图

稻田上平台组建细节展示：

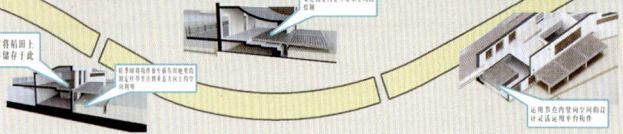

西迁路线的演变：
西迁路线的初始

参观路线的生成：
将锡伯族西迁路线的符号与设计之中

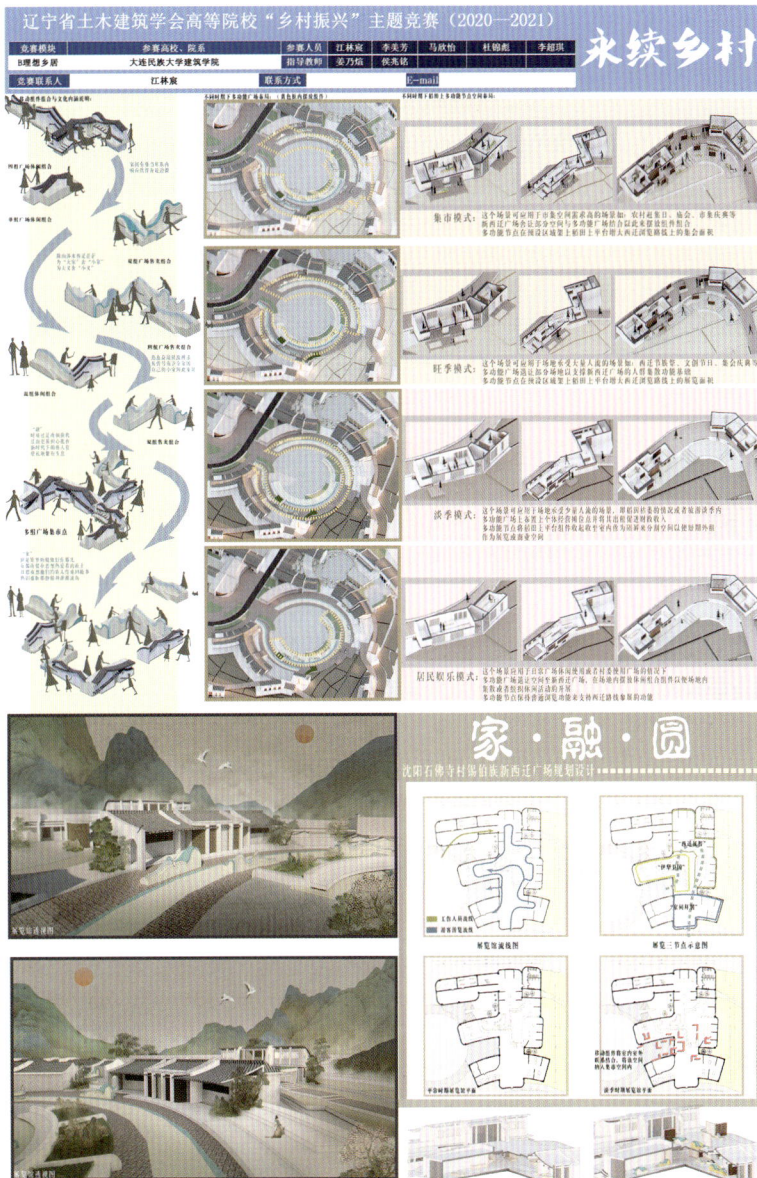

大连民族大学建筑学院

参赛人员：江林宸、李美芳、马欣怡、杜锦彪、李超琪

指导教师：姜乃煊、侯兆铭

设计说明：

当前锡伯族西迁广场存在着功能单一、利用效率不高、广场中锡伯族博物馆闲置、服务设施不足等问题。

通过"家"的策略，挖掘锡伯族的传统文化，使其成为人们日常交流互动的空间、承载着乡村文化生活的载体、情感情绪互动的纽带。

通过"融"的策略，结合历史文化和自然资源，整合广场公共空间游览路线；结合"锡伯族的西迁史"，构建"西迁廊道"，结合产业资源，激活公共空间的活力。设计融入不同产业经济、提供农产品、民族特色产品、手工业产品等售卖的场所和平台，发挥其民族文化价值，成为村落文化、民风民俗的聚集地。通过特色文化的展示，还可发展文创品牌效应，吸引更多有情怀、有创造力的企业和个人参与到村落的建设中来，为乡村的传统公共空间注入活力，构建生态化、多元化、情感化的广场空间。

通过"圆"的策略，构筑多层次、多功能、多样化的广场公共空间，既满足西迁节、抹黑节等节日庆典，成为承载民族文化、历史文化和民族活动的载体，又满足现代日常生活需求，实现乡土情感的延续。

辽宁省土木建筑学会高等院校"乡村振兴"主题竞赛（2020—2021）

永续乡村

竞赛模块	参赛高校、院系	参赛人员	徐璐	庞博遥
B理想乡居	沈阳城市建设学院建筑与规划学院	指导教师	尤美莘	张娜 吉燕宁
竞赛联系人	徐璐	联系方式		E-mail

续·梦

孟冬十月，北风徘徊，天气肃清，繁霜霏霏。
鹍鸡晨鸣，鸿雁南飞，鸷鸟潜藏，熊罴窟栖。
钱镈停置，农收积场，逆旅整设，以通贾商。
幸甚至哉！歌以咏志。

《冬十月》——两汉：曹操

从当地村民口中了解，冬季时，稻田收割，整个场地变成溜冰、滑雪场。风景怡人，会吸引游客到来。

生态保护 | Ecological protection
因为选择地块的特殊，使大部分建筑落在了稻田里。于是我们将建筑整体架空，在建筑底下落柱，以此来保护稻田。

可移动建筑 | Movable building

让整个建筑不单单只能存在于单家村是我们明确的目标。任何有需要的村落，都可以将其进行简单的组装和利用。
建筑所使用的材料和技术都体现了明亮、施工迅速、易于装配的主要属性。可变与共享是建筑的主要属性。整体建筑设计灵活，识别性强，构件之间局部采用钢构件进行连接，易于建造、拆卸和搬运，体现出数字化时代的装配式生产方式。同时，每个空间又是一个共享盒子"，如锻炼、阅读、休息、娱乐的空间区域，都可以进行改装再生。作为生活交往的公共空间节点，营造出村中的意象和趣味。丰富了空间层次。

观景台 | Viewing platform
与盗梦小镇的瞭望台相邻，可借助其景观优势，与其共享。

道路加宽处理 | road
因当地老人反映道路窄，于是我们在设计时将道路做了加宽处理。

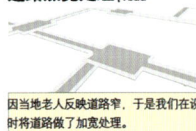

无障碍设计 | Barrier free design
因使用者老人居多 故交通方式都采用无障碍坡道与电梯的形式。

平面图 | plan

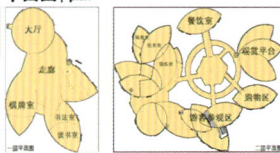

剖透视 | Section Perspective

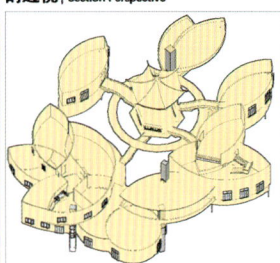

剖面图 | profile

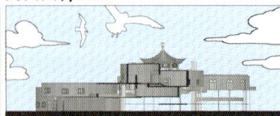

有机 | Organic
场地周围有一间窝棚，我们将其改为有机采摘园。

推陈出新 | bring forth the new through the old
日本在乡村模式的发展上走在我们的前面，体系已经相当系统且完善，故我们在游客参览的流线方面效仿其发展模式，让人们在游览时置身其中，先体验下当地水稻所带来的米制品，再浏览其形成过程与发展方式，使人的体验感增强，感受更加丰富。

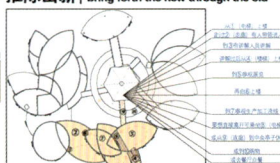

功能分区 | Functional partition

老人活动中心

游客活动中心

公共平台

疫情常态化 | Normalization
体块多样 功能分区 明确且细化减少人与人之间不必要的接触。

持续发展 | development
因只有四个月的丰收季，故为了让其乡村模式持续发展在当地人民的精神生活得到提升的同时，让物质生活得到经济保障，设置些游客参览，纪念品售卖，咖啡馆、餐厅等。

村子尽头 | At the end
所选地块处于乡村道路的尽端，但却是乡村景观的起点。稻田、空地、祥龙、景观。通过道路、平台、开口、转折，把游客引入广阔的乡村风景中。

场景分析图 | Scene analysis diagram

安静的环境让人放松

可以交到更多的朋友了

提供阅读室，可以让老人享受宁静的时光

为儿童打造一个良好的娱乐环境

可以和朋友好好锻炼身体

每天都有地方锻炼身体了

设有餐厅和咖啡厅，让老人和游客更加的方便

给老人建设锻炼室，放松身体强身健体

来和朋友一起下棋

物美价廉

休息和下棋室能让老人在平时的劳动中体验身心

购物区给游客体现出当地的特色

立面图 | Elevation

建筑的外形喜有趣，都是架在柱子上的这话不会破坏稻子的生长！真是不错的造型！虽然是影有看当地稻的特色！

以前的老人家有了更多的活动 其乐也大好了！

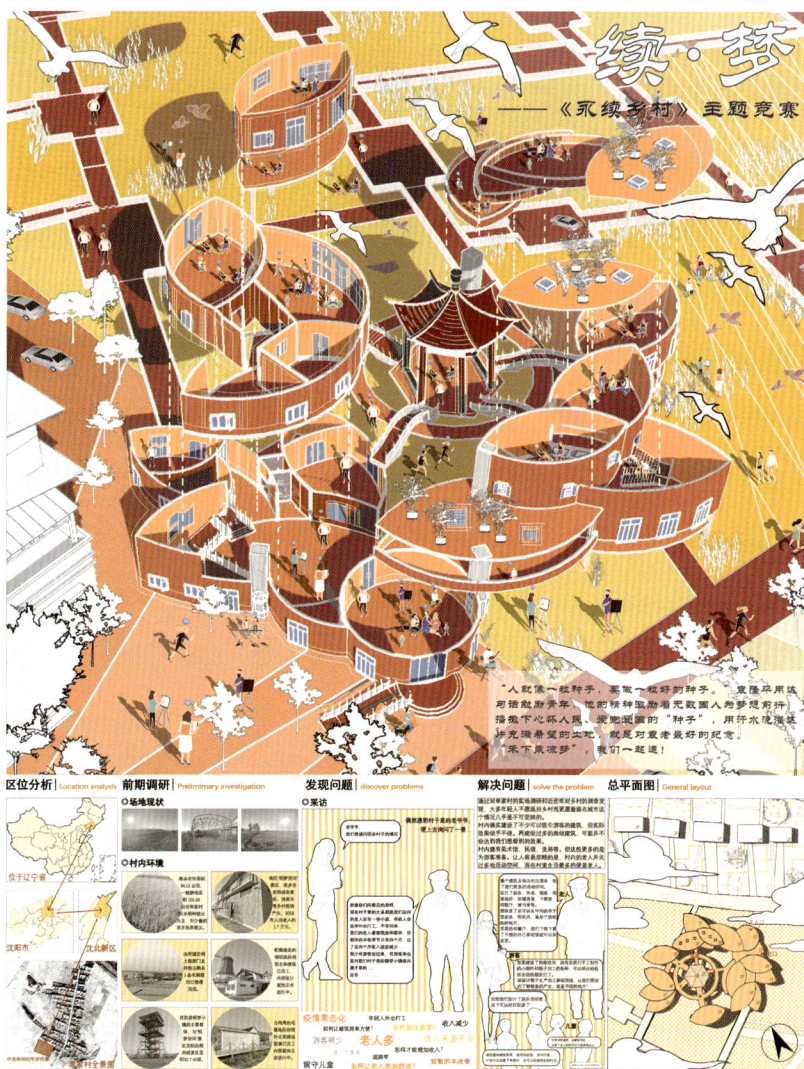

沈阳城市建设学院建筑与规划学院

参赛人员： 徐璐、庞博遥

指导教师： 尤美苹、张娜、吉燕宁

设计说明：

山有小口，仿佛若有光。便舍船，从口入。初极狭，才通人。复行数十步，豁然开朗。——《桃花源记》

本次竞赛我组选用的地块处于乡村道路的尽端，但却是乡村景观的起始，与桃花源有着相似的意境。该地是大片的稻田，稻田上有着一个用稻草编织的祥龙，右侧临着稻梦小镇的瞭望塔，与稻梦小镇共享着稻田画的美景。此外，据当地村民口中了解，这片区域在冬季时，稻田收割，整个场地变为溜冰、滑雪场，风景宜人，会吸引游客到来。在建筑外观上，我组结合当地水稻特征致敬袁老，采用水稻造型的外立面，延续袁老的禾下乘凉梦，让人们真正有种在禾下生活的感受，故将题目取名为"续梦"。并顺应疫情常态化的发展形势，建筑体块多样，功能分区明确且细化，减少人与人之间不必要的接触。此外为了防止破坏原生水稻的生长，建筑采用了架空的方式位于水稻之上。据近些年报道发现，年轻人比起回乡创业，更愿意留在城市打拼，所以年轻人不回乡，村里只剩下老人和小孩，并在很多年后，这批原有的老人和小孩也不在时，乡村就会走旅游业的发展方式，这已经是一种不可逆的乡村发展模式。让整个建筑不单单只存在于单家村是我们明确的目标。任何有需要的村落都可以将其进行简单的组装和利用。

永续乡村

竞赛模块	参赛高校、院系		参赛人员	刘昊	邹雨洁	周嘉珺
B理想乡居	大连理工大学建筑与艺术学院		指导教师	李世芬	张宇	范熙晅
竞赛联系人	刘昊		联系方式		E-mail	

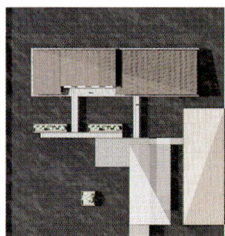
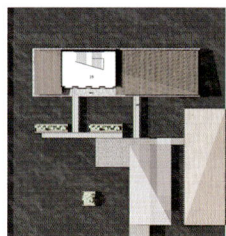
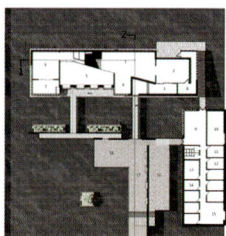

总平面　　二层平面　　首层平面

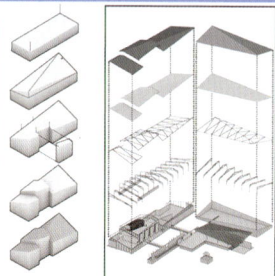

1. 前厅
2. 序厅
3. 主题展厅A
4. 休息
5. 主题展厅B
6. 主题展厅C
7. 观景厅
8. 游客服务
9. 休息处
10. 仓储
11. 办公
12. 办公
13. 修复
14. 研究
15. 门厅
16. 室外展厅
17. 过廊
18. 观景台
19. 主题展厅D

Design of XiaoZhuShan Site Museum

小珠山遗址博物馆设计 -刘昊 邹雨洁 周嘉珺-

小珠山遗址是我国北方新石器时代的贝丘遗址，遗址南北长100米，东西宽50米，现存部分全部为地下遗址，经过三次发掘，已揭露的遗存包括房址、灰坑、野外灶址及柱洞等，出土大量的陶石器及骨角器和贝器等，文化层叠压清晰，部分地层包含物中可见大量贝壳。其中一处发现大量骨器及骨器加工工具的房址推测为辽东半岛迄今为止发现的年代最早的制骨作坊遗址。

● 设计倾向以材料、空间与布局为出发点营建宁静素檍的氛围，以传达千年遗迹与周边村落的精神特质，建筑的亲和力与深沉性格是我们最终想要取得的成果。

建筑面积≈2887㎡ 展示面积≈2000㎡ 研究辅助面积≈800㎡

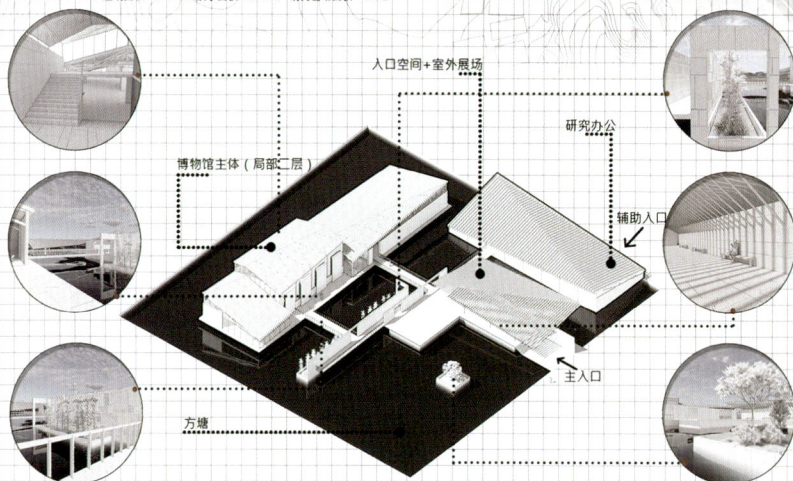

入口空间+室外展场
研究办公
博物馆主体（局部二层）
辅助入口
主入口
方塘

东立面图　　　　　　　南立面图

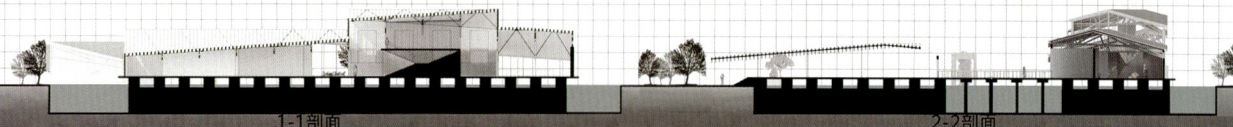

1-1剖面　　　　　　　2-2剖面

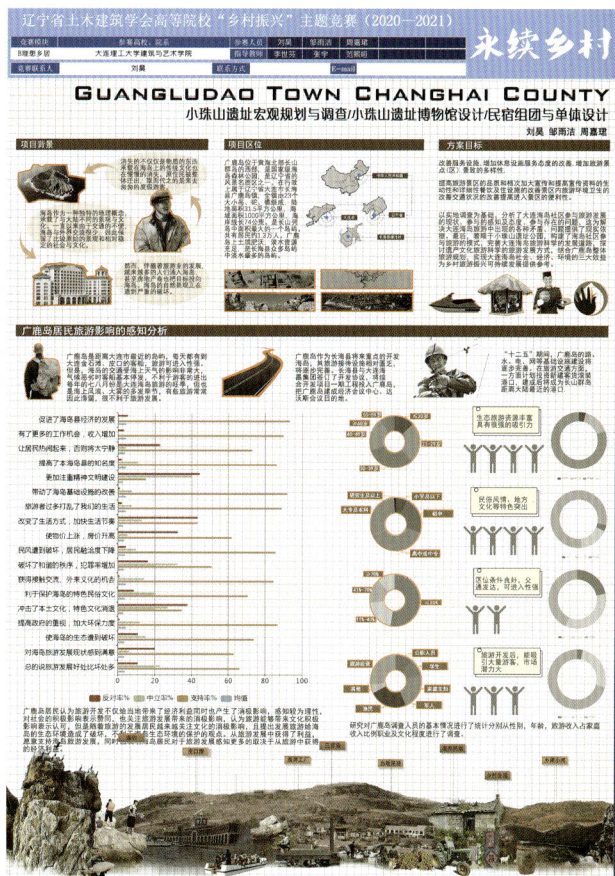

大连理工大学建筑与艺术学院

参赛人员： 刘昊、邹雨洁、周嘉珺

指导教师： 李世芬、张宇、范熙晅

设计说明：

当代乡村聚落如何面对各类发展与现代化进程是需要思考的重要问题。本项目位于大连长海县广鹿岛唐洼村，为典型的北方海岛型村落，社会组织和生活生产格局是以渔业和农耕主导的第一产业架构，相对粗放，其所在的广鹿岛镇隶属于大连长海县，具有丰富的海洋和海旅游资源，被定位为国际旅游岛。

唐洼村地下挖掘出 5000 年前的人类生活遗址，其中小珠山遗址已经申报成为国家重点文物保护单位。2017年，中国文化遗产研究院针对两处遗址做了详细的保护规划，要求远期规划区内的所有村落进行整体搬迁，然而近期不具备整体拆迁的条件，需要形成共存。

本项目是长海县政府预计投资建设的实际项目，在现有的村庄空间内规划建设一个具有现代化和地域性的遗址公园和遗址博物馆。村庄、公园、博物馆，乡村振兴发展、岛屿旅游发展、历史文化保护，各类要素交织，需要一次综合性、开创性的思考，是当代城乡发展多元价值观的一次碰撞。

竞赛模块	参赛高校、院系	参赛人员	王擎宇	刘璐	曹曼琪	杨芊睿	刘新城
B理想乡居	沈阳城市建设学院建筑与规划学院	指导教师	林瑞雪	潘颖	王丹		
竞赛联系人	王擎宇	联系方式		E-mail			

永续乡村

遼金古塔龍鳳盤踞地 大美遼岸生態人文鄉

——乡村改造："村落整体风貌提升"

I

村落现状概况

小塔子村：如今的小塔子村，依托生态建设成果，逐步由种植业、养殖业单一型产业向多层次、多链条产业发展，拥有大片的杨树、柳树林和牛、羊、兔、鸡、鸭、鹅等农户庭园经济，与农家乐、生态观光等旅游产业有机结合、互促共进；小塔子乡有农业耕地面积27492亩，以种植玉米、高粱、大豆谷子，辣椒为主。

胡家屯：胡屯村文化底蕴丰厚，文艺人才众多。近年来，胡屯镇在做好传统小麦、玉米种植方式的前提下，实施设施蔬菜高效栽培，陆地规模化蔬菜种植，林果业生产及林下经济养殖，实现多种形式的土地轮作，通过多种农业种植模式，实现农业种植结构优化调整、农村集体经济壮大和农业社会化服务组织加快发展的良好局面。

相关政策解读

2017.10	2018.07	2018.12	2019.05	2019.06	2020
国家提出"乡村振兴"战略	辽宁省农村人居环境整治三年行动实施方案	沈阳市人居环境治理三年行动实施方案	《中共中央国务院关于建立国土空间规划体系并监督实施的若干意见》	沈阳"白村美"干村整洁行动方案	国家表示乡村振兴取得重要进展，制度框架和政策体系基本形成

文化内涵特色

①乡村文化 ②遗址文化 ③建筑文化 ④民俗文化

相关专项数据统计

项目	小塔子	胡家屯
人口	800	210
户数	460	150
合计	1260	360

民族	人口	比例
汉族	834	66.2%
满族	144	11.4%
蒙古族	282	22.4%

资源策划方向

场地位于沈阳市康平县，临近辽河，具有自然滩地景观 ➡ 打造美丽滨水风光，利用现状场地地形，营造自然生态观赏区。

小塔子村为祺州古城遗址所在地，其中还有古遗古塔，可吸引人前来观赏。 ➡ 恢复古城遗迹，利用原有建筑进行改造翻新，打造特色民宿.

场地现状分析及现状问题总结

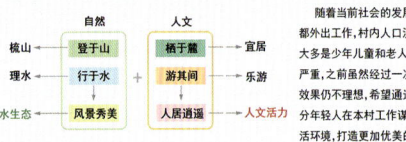

自然
梳山 ➡ 登于山 ➡ 宜居
理水 ➡ 行于水 ➡ 乐游
山水生态 ➡ 风景秀美

人文
栖于臺
游其间 ➡ 人居逍遥 ➡ 人文活力

随着当前社会的发展，村内多数成年人都外出工作，村内人口流出严重，居住人群大多是少年儿童和老人，村民老龄化情况严重，之前虽然经过一次居住环境改造，但效果不理想，希望通过改造，能召回一部分年轻人在本村工作谋生，改善本村的生活环境，打造更加优美的景观环境。

产业特色解读

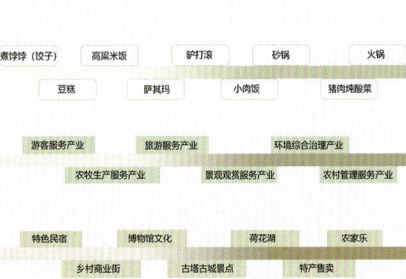

煮饽饽（饺子）	高粱米饭	驴打滚	砂锅	火锅	**特色民食类**
豆糕	萨其玛	小肉饭	猪肉炖酸菜		

游客服务产业	旅游服务产业	环境综合治理产业	**村落经济**
农牧生产服务产业	景观观赏服务产业	农村管理服务产业	

特色民宿	博物馆文化	荷花湖	农家乐	**旅游产业**
乡村商业街	古城古遗景点	特产售卖		

区域位置分析

康平县 | 沈阳市

小塔子村

北四家子乡
二牛所口乡
康平县
沙金台蒙古族满族乡
法库县

现状布局分析

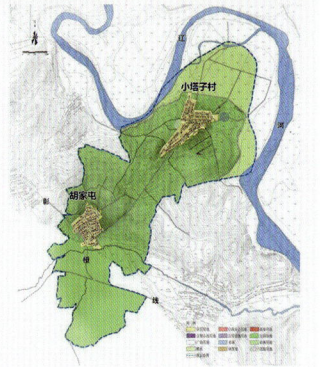

小塔子村

胡家屯

资源特色分析

文化特点：小塔子村满族文化浓郁，多处建筑采用了满族特点的风格，村内有满族所用的"索罗杆子"，植物种植与饮食方面也处处体现着满族的风俗特点。

古城遗址：小塔子村城址为辽代开国皇帝耶律阿保机创建的祺州城，城址呈正方形，南北长380米，东西宽260米，东、南、西辟有城门，现城门清晰可辨，现存城墙墙基宽10米，墙高2-5米，顶宽1-2米，城南有护城河遗迹，现在城址内外也辟为农田。由城址西门外辽代佛塔因名小塔子。塔东50米处，即祺州城址。古城筑此，证实了这里是古今东西往来的要路—辽河渡口。

活动行为分析

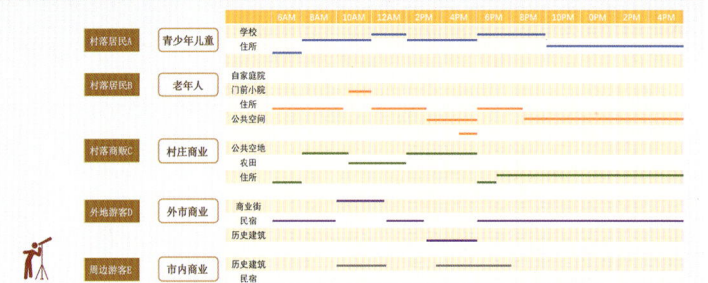

		6AM	8AM	10AM	12AM	2PM	4PM	6PM	8PM	10PM	12PM	2AM	4PM
村落居民A	青少年儿童	学校 住所											
村落居民B	老年人	自家庭院 门前小栽 住所 公共空间											
村落商贩C	村庄商业	公共空地 农田 住所											
外地游客D	外市商业	商业街 民宿 历史建筑											
周边游客E	市内商业	历史建筑 民宿											

现状风貌问题解读

序号	类别	特点	问题	定位与发展方向
1	水系	滩地保护好	竟废地块未被利用	加强生态滨水美化建设
2	农田	村民安居乐业	民居环境一般，没有特色	加强农村风貌控制引导
3	耕地	耕地面积大	缺乏观赏性	可整理周边环境，做适当景观提升
4	道路	路线四通八达	道路老化，缺乏道路管理	提度优化道路空间
5	农贸	农贸产品丰富	缺少销售管理	加强新农村的产业化，吸引投资者
6	已建住宅	住宅形式多	建筑风格混乱	需做整体优化
7	古迹	历史悠久	周边环境杂乱简单，无特色	需做景观整治，加强保护措施

产业体系分析

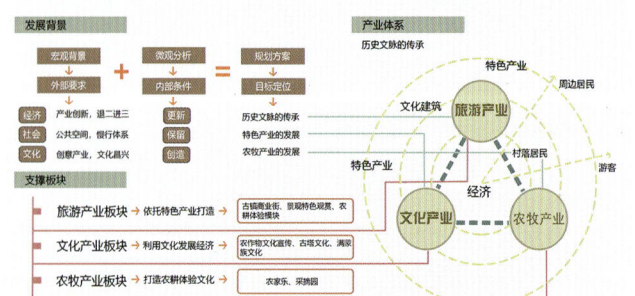

发展背景

宏观背景 / 外部要求 + 微观分析 / 内部条件 = 规划方案 / 目标定位

经济 产业间断，退二进三 更新 历史文脉的传承
社会 公共空间，慢行体系 保留 特色产业的发展
文化 创意产业，文脉复兴 创造 农牧产业的发展

支撑板块
旅游产业板块 ➡ 依托特色产业打造 ➡ 古镇商业街，景观特色观赏，农耕体验模块
文化产业板块 ➡ 利用文化发展经济 ➡ 农作物文化宣传、古镇文化、满族文化
农牧产业板块 ➡ 打造农耕体验文化 ➡ 农家乐、采摘园

产业体系
历史文脉的传承
特色产业 旅游产业 周边居民
文化建筑 村落居民 游客
经济
文化产业 农牧产业

辽宁省土木建筑学会高等院校"乡村振兴"主题竞赛（2020—2021）

永续乡村

速金古塔龙凤蟠踞地 大美速牵生态人文乡 II

——乡村改造："村落整体风貌提升"

规划平面布局

Technical and economical index 经济技术指标

规划用地面积：　　　18.9公顷
总建筑面积：　　　　215400 平方米
建筑占地面积：　　　52000 平方米
容积率：　　　　　　1：14
绿地率：　　　　　　52%
停车位：　　　　　　600

Design specification 设计说明

场地位于辽宁省东康平东南角，东北方向紧临辽河，主要定位为在满足原有村民的使用和居住的前提下，打造一个现代又不失朴实、大气又不失乡野趣味、旅游和人文情怀共存的村落风景区。设计挖掘区域内的文化资源和生态景观资源，将资源深入场地内，形成古迹、滨水、生态、文创集合的综合空间形态模式。提出复兴的概念——文化复兴、生态复兴、活力复兴，通过对乡村功能与自然环境有机结合，形成不同功能形态的功能片区，唤醒乡村应有的活力特征；通过对建筑功能和风格的重新改良打造，形成风格统一的民居天地。

小塔子平面图

胡屯平面图

A 滩地生态区　　C 滨水购物区　　E 宜居民宿区
1. 中央广场　　　7. 休闲茶楼　　　13. 度假旅游民宿区
2. 康体广场　　　8. 酒馆　　　　　14. 观景平台
3. 滩地景观区　　9. 创意工坊　　　15. 健身广场
B 特色服务区　　10. 滨水交流区　　F 入口展示区
4. 游客服务中心　D 历史文化区　　16. 村口大门
5. 民俗文化馆　　11. 辽代古塔　　　17. 村民集会场地
6. 特色民宿　　　12. 荷花湖景区　　18. 入口广场

辽宁省土木建筑学会高等院校"乡村振兴"主题竞赛（2020—2021）　永续乡村

速金古塔龙凤蟠踞地 大美速牵生态人文乡 III

——乡村改造："村落整体风貌提升"

辽宁省土木建筑学会高等院校"乡村振兴"主题竞赛（2020—2021）　永续乡村

速金古塔龙凤蟠踞地 大美速牵生态人文乡 IV

——乡村改造："村落整体风貌提升"

沈阳城市建设学院建筑与规划学院

参赛人员： 王擎宇、刘璐、曹曼琪、杨芊睿、刘新城
指导教师： 林瑞雪、潘颖、王丹

设计说明：

　　场地位于辽宁省康平县东南角，东北方向紧邻辽河，主要定位为在满足原有村民的使用和居住的前提下，打造一个现代又不失朴实、大气又不失乡野趣味、旅游和人文情怀共存的村落风景区。设计挖掘区域内的文化资源和生态景观资源，将资源深入场地内，形成古迹、滨水、生态、文创集合的综合空间形态模式。

　　通过设计进而体现出对社会、经济、生态和文化元素的综合考虑，从尊重习俗、保护风貌、提升适用、改善使用的角度做作出创新性的设计方案。同时设计总体表现具有规划、建筑、景观、生态等多元化视点，系统地挖掘设计目标的资源并对其进行充分利用，并且结合乡村现状发展特点、历史文化、原有建筑风貌，尊重村庄发展客观规律、场地和自然环境特点，对此次需要改造的村庄进行体系化的设计。

　　通过一轴两区多景点的设计，打造了主要以旅游观赏为重的古塔游览区和以居民生活、种植与体验为主的农家体验区，由于原始场地村落空间的失落与建筑风格的混乱，形成萧条、遗忘以及破败的乡村空间，因此提出复兴的概念——文化复兴、生态复兴、活力复兴。通过乡村功能与自然环境的有机结合，形成不同功能形态的功能片区，唤醒乡村应有的活力特征；通过对建筑功能和风格的重新改良打造，形成风格统一的民居天地。

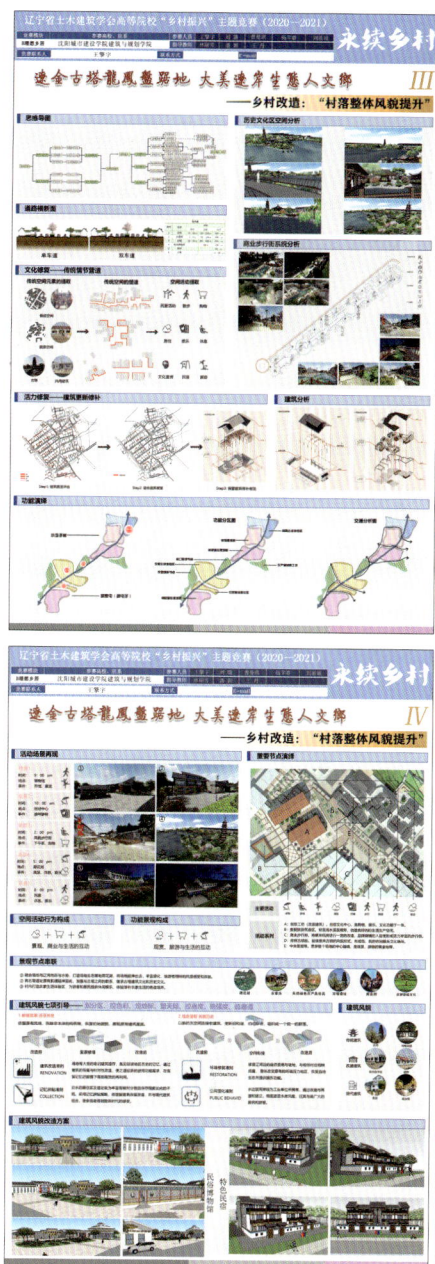

一等奖

竞赛模块	参赛高校、院系	参赛人员	郭莹	李品颉	梁靖榕	陈平瑞	李有成
B理想乡居	大连理工大学城市学院建筑工程学院	指导教师	宋文慧	姜立婷			
竞赛联系人	郭莹	联系方式		E-mail			

永续乡村

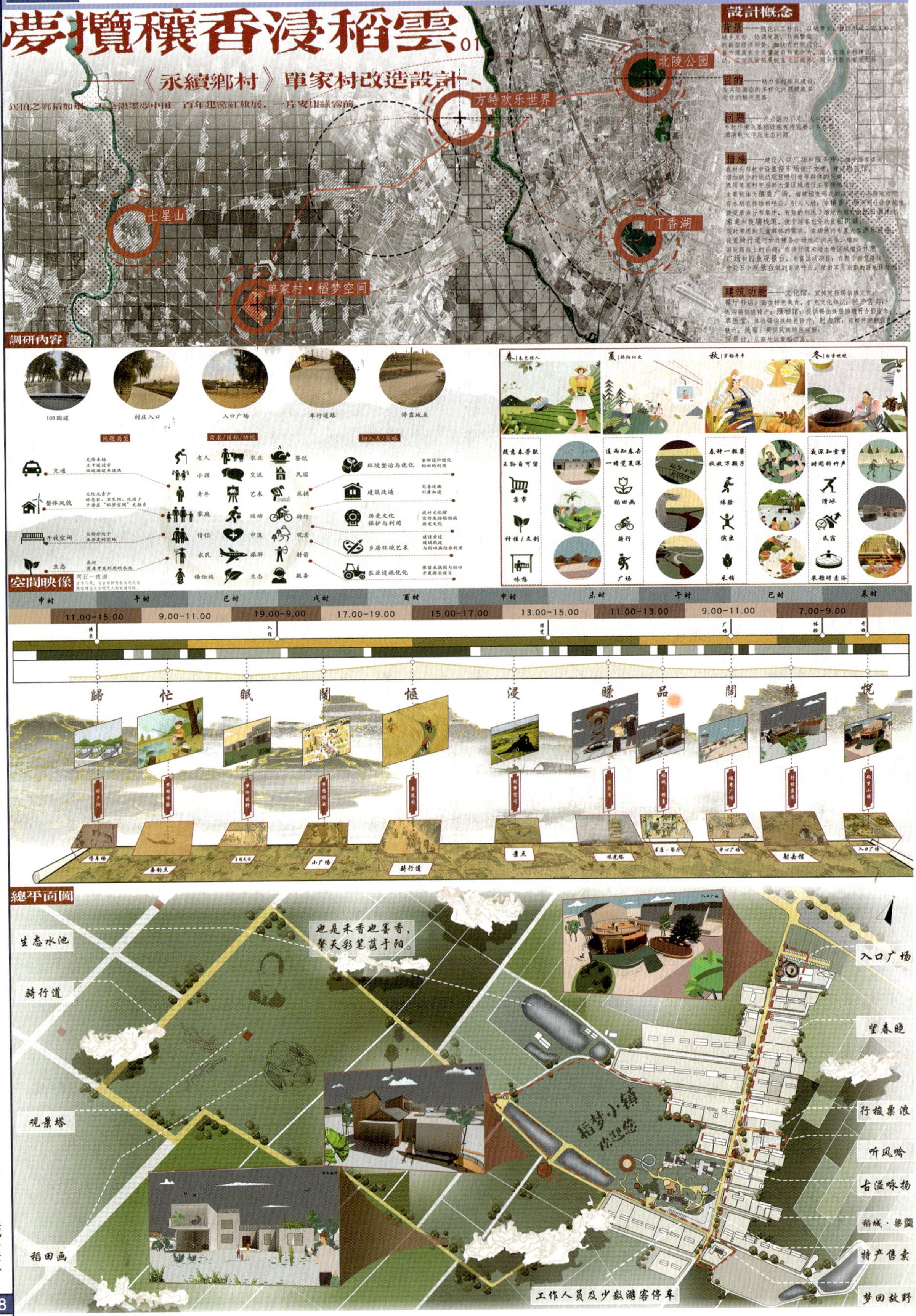

夢攬穰香浸稻雲 01

《永續鄉村》單家村改造設計

設計概念

調研內容

空間映像

總平面圖

也是禾香迎舉香，
肇天彩筆蕉于陽。

生态水池
骑行道
观景塔
稻田画

稻梦小镇
欢迎您

入口广场
望春晚
行板荡漾
听风吟
古溢咏扬
稻城·暴羹
特产信赛
梦回故野

工作人员及少数游客停车

大连理工大学城市学院建筑工程学院

参赛人员： 郭莹、李品颉、梁彧榕、陈平瑞、李有成

指导教师： 宋文慧、姜立婷

设计说明：

对单家村的总体规划是建立在此项目所处的地理环境的基础，以及如何充分利用其原有的特色稻田画的优势的综合考虑上的。与特色稻田画进行巧妙结合，设计了 5 座可以在高处欣赏稻田画的观景台。首先，从功能上出发，考虑到了运用合理、简洁、便于穿行的道路系统连接景区内的主要景观点；同时连接了邻近的稻梦小镇景区，游客也可以很方便地通过骑行道进入稻梦小镇景区。设计了不同时长的游览路线进行布置，使旅途过程充实且有趣；通过加建一些景观节点，使整个规划设计创造出简洁合理且具有实用性，能够吸引不同年龄层兴趣的特色乡村体验景区。

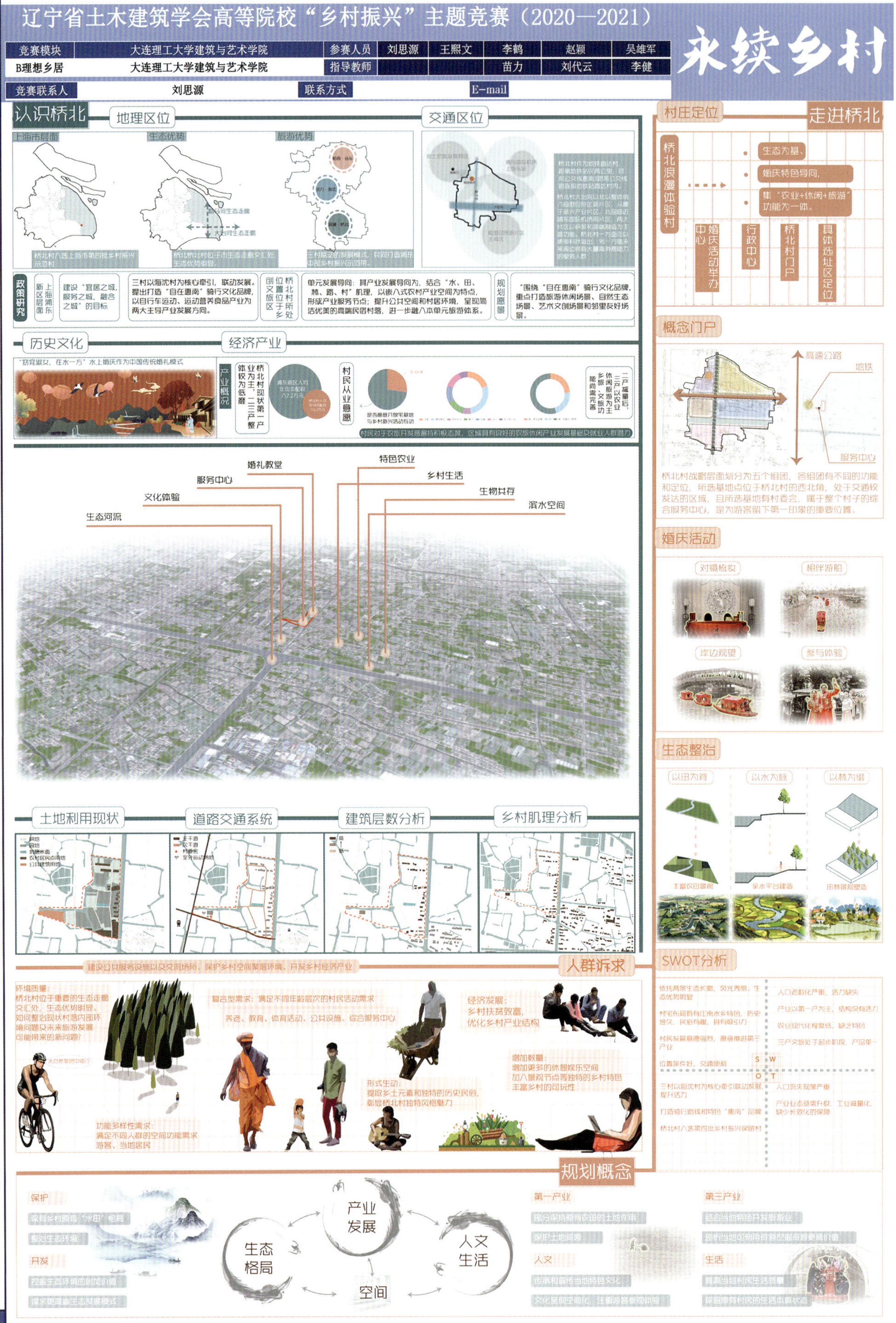

辽宁省土木建筑学会高等院校"乡村振兴"主题竞赛（2020—2021）

竞赛模块	大连理工大学建筑与艺术学院	参赛人员	刘思源	王熙文	李鹤	赵颖	吴雄军
B理想乡居	大连理工大学建筑与艺术学院	指导教师	苗力	刘代云	李健		
竞赛联系人	刘思源	联系方式		E-mail			

永续乡村

认识桥北

地理区位 **交通区位**

上海市层面　生态优势　旅游优势

政策研究

历史文化 **经济产业**

"窈窕淑女，在水一方"水上婚庆作为中国传统婚礼模式

生态河流　文化体验　婚礼教堂　服务中心　特色农业　乡村生活　生物共存　滨水空间

土地利用现状　道路交通系统　建筑层数分析　乡村肌理分析

人群诉求

规划概念

保护　开发　生态格局　产业发展　人文生活　空间

第一产业　第三产业

走进桥北

村庄定位

桥北浪漫体验村

概念门户

婚庆活动

对镜梳妆　相伴游船　崖边观望　整体体验

生态整治

以田为育　以水为脉　以林为缘

SWOT分析

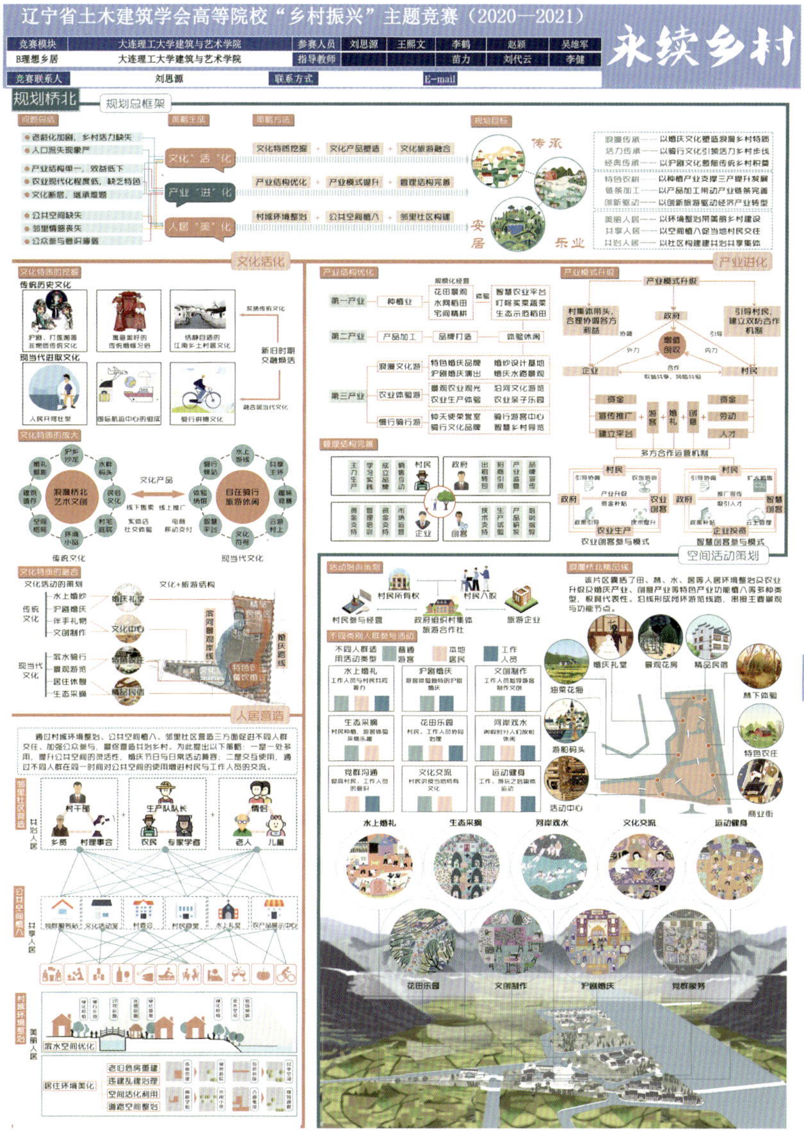

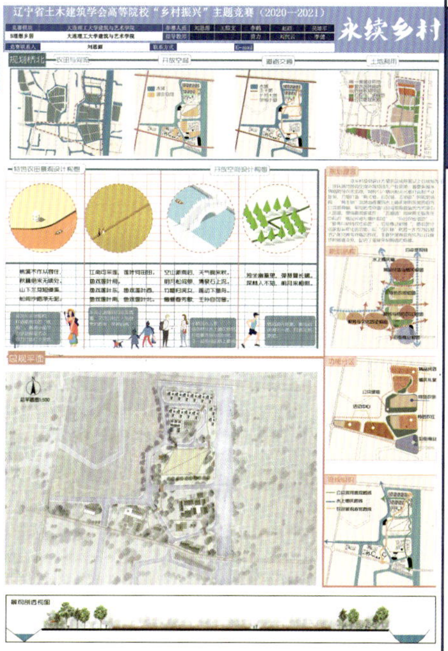

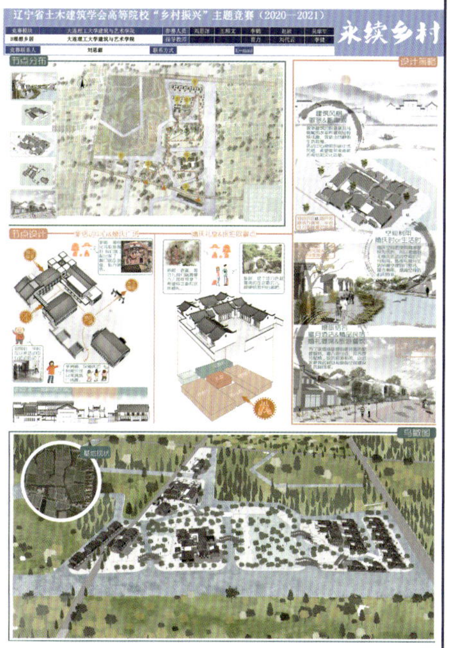

大连理工大学建筑与艺术学院

参赛人员： 刘思源、王熙文、李鹤、赵颖、吴雄军

指导教师： 苗力、刘代云、李健

设计说明：

设计基地所辖上海市桥北村，上海市桥北村入选第四批乡村振兴保留村，桥北村地处浦东新区惠南镇黄路社区，东临老港镇，南邻双店村，北接海沈村，西邻轨交 16 号线、G1503，周边旅游资源丰富，临近野生动物园、迪士尼、新场古镇、大团桃园等多个旅游景点，整个村庄特色明显，水网密布，农田生态基质好，独具浪漫田园乡村气息。

上海设计基地所在区域水网密布，水面形态多样，有大治河、泐马河等区级河道；农田生态基质良好，田园风光秀丽；地形平坦，拥有特色的乡村文化风俗，村内自然景观资源丰富，在旅游、农业体验等产业发展上具有很大潜力。

上海市桥北村地理区位生态优势明显，产业发展潜力巨大，目前开发程度不强，人口外流程度较高，产业结构为倒三角形，需要进行结构优化。

竞赛模块	参赛高校、院系	参赛人员	张一卓	李静茹	邢淑敏	秦云鹏	- -
B理想乡居	大连理工大学建筑与艺术学院	指导教师	李世芬	张宇	范熙晅	- -	- -
竞赛联系人	张一卓	联系方式		E-mail			

往古来今，三生共融
Then-Now Traveling，Production-Life-Ecosystem Blessing

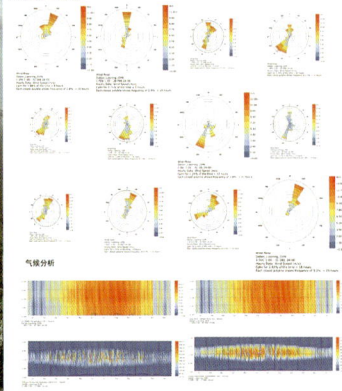

问题发现

气候分析

建造办法   功能分区及道路规划   基于gis的路网、可达性分析

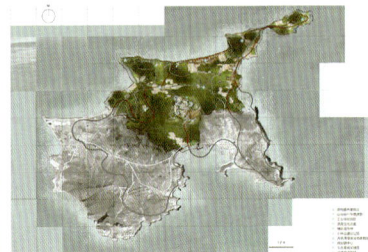

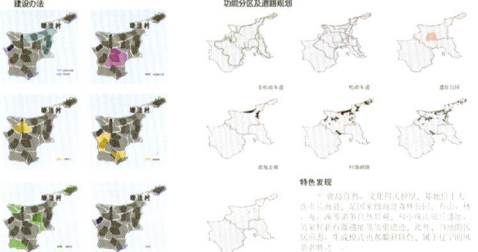

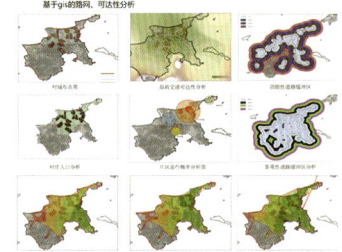

特色发现

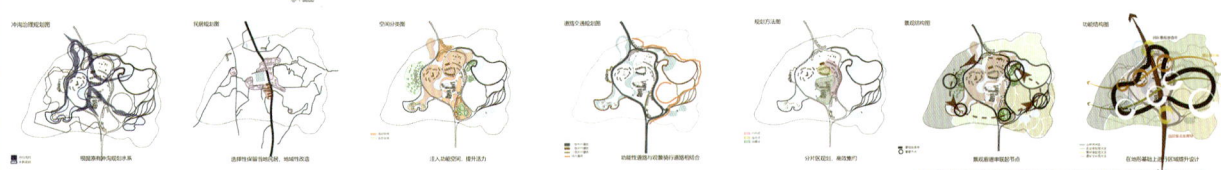

规划总平面图

模型照片

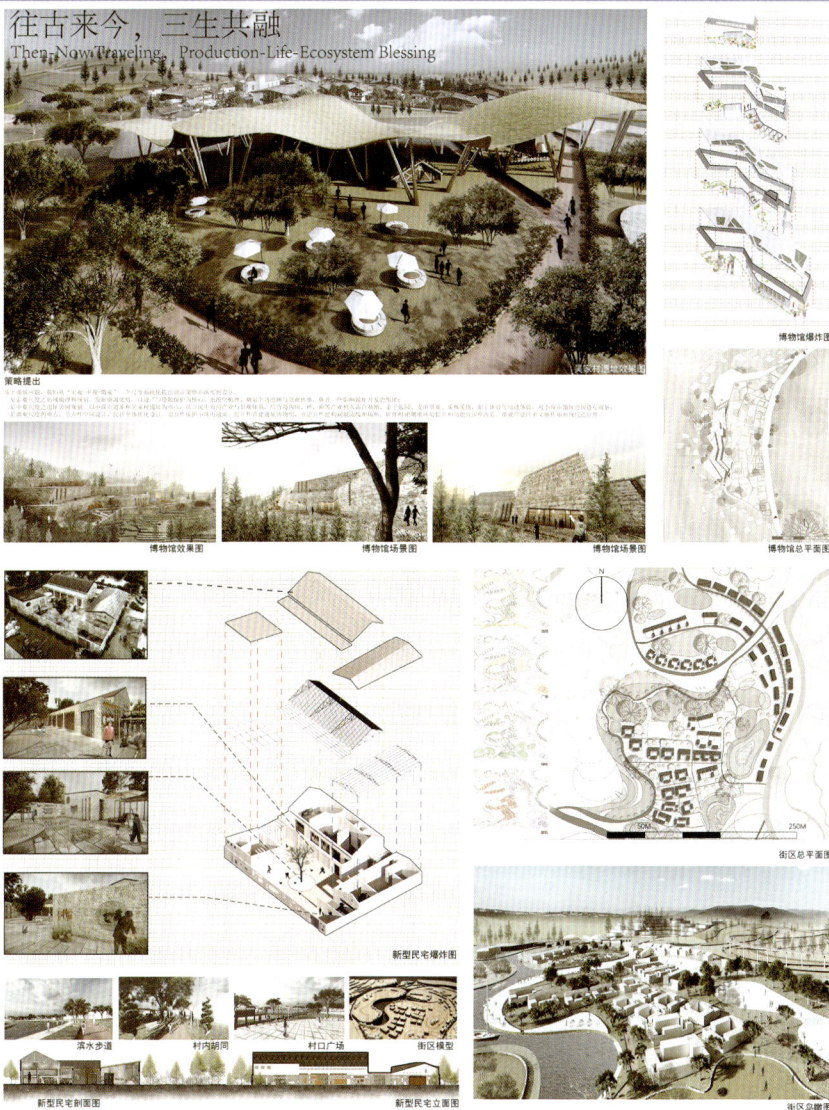

大连理工大学建筑与艺术学院

参赛人员：张一卓、李静茹、邢淑敏、秦云鹏

指导教师：李世芬、张宇、范熙晅

设计说明：

本设计基于广鹿岛塘洼村小珠山规划实际建设项目，依托"十三五"国家重点研发计划课题（2019YDF1100801），旨在围绕广鹿岛塘洼村资源、产业、环境等问题展开研究，从专业角度促动城乡互补协调，提高该地区产业效益和竞争力、吸引力。

往古来今，指的是设计思路及方法根植于历史，着力于当下，展望于未来。

"三生"共融，融的是生活、生产、生态。设计希望以建筑学手段将岛内三生要素进行联系，使其发生有机共生，助力当地振兴发展。

广鹿岛自然、文化得天独厚，基地位于大连市长海县，是国家级海岛森林公园，有山、林、海、溪等诸多自然景观，和小珠山贝丘遗址、吴家村新石器遗址等历史遗迹，此外，当地的民居形态、生成模式也都颇具特色，属于辽宁的风景名胜之一。

辽宁省土木建筑学会高等院校"乡村振兴"主题竞赛（2020—2021）

竞赛模块	参赛高校、院系	参赛人员	张雅轩	苗翼鹏	孟霏	李浩	王露潼
B理想乡居	沈阳理工大学艺术设计学院	指导教师	金连生老师	洪菊华老师			
竞赛联系人	张雅轩	联系方式		E—mail			

永续乡村

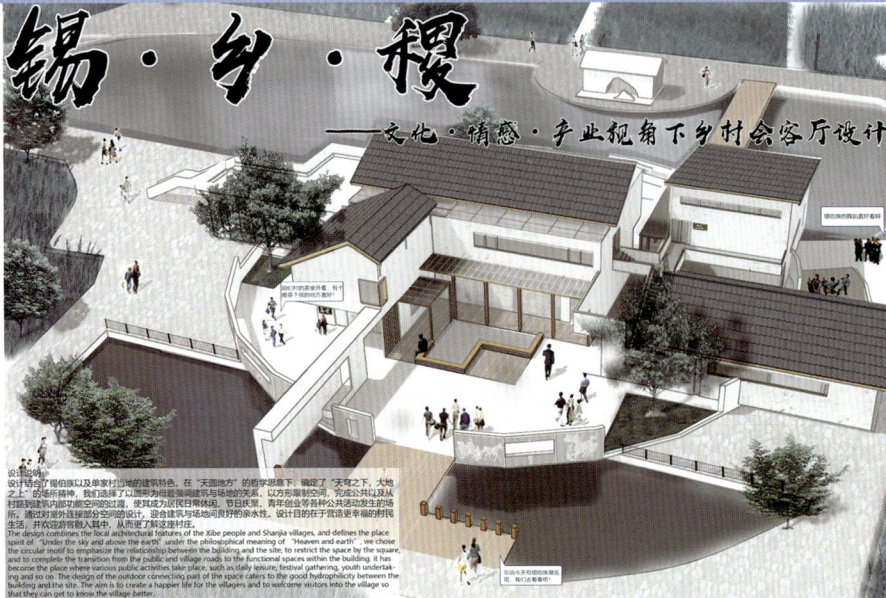

锡·乡·樱

——文化·情感·产业视角下乡村会客厅设计

设计说明
设计结合了锡伯族以及单家村当地的建筑特色，在"天圆地方"的哲学思想下，确立了"天穹之下，大地之上"的场所精神，我们选择了以圆形为母题强调建筑与地的关系，以方形限制空间，完成公共性以及村路到建筑内部空间的过渡，使其成为村民日常休闲、节日庆祝、青年创业等各种公共活动发生的场所。通过对室外外连接部分空间的设计，迎合建筑与场地间良好的亲水性。设计目的在于营造更幸福的村民生活，并欢迎游客融入其中，从而更了解这座村庄。
The design combines the local architectural features of the Xibe people and Shanjia villages, and defines the place spirit of "Under the sky and above the earth" under the philosophical meaning of "Heaven and earth", we choose the circular motif to emphasize the relationship between the building and the site, to restrict the space by the square, and to complete the transition from the public and village roads to the functional spaces within the building. it has become the place where various public activities take place, such as daily leisure, festival gathering, youth undertaking and so on. The design of the outdoor connecting part of the space caters to the good hydrophilicity between the building and the site. The aim is to create a happier life for the villagers and to welcome visitors into the village so that they can get to know the village better.

思维导图 Mind Map

基地选址 Site selection

村庄现状 Status of the village

基地现状 Status of the base

实地调研 Field research

需求分析 Demand analysis

问题提出 Question posed

解决问题 Problem solved

整体规划 Overall planning

设计理念 Design concept

总平面图1：1000/General Plan1：1000

理念来源 Source of ideas

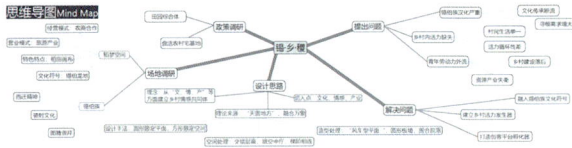

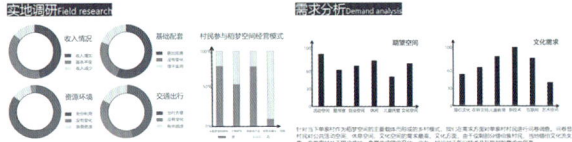

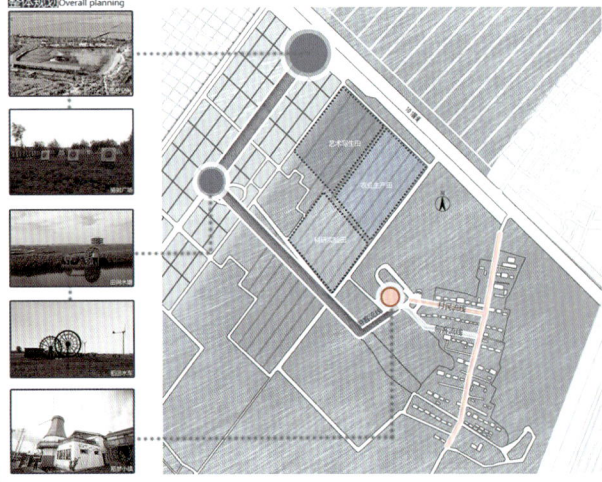

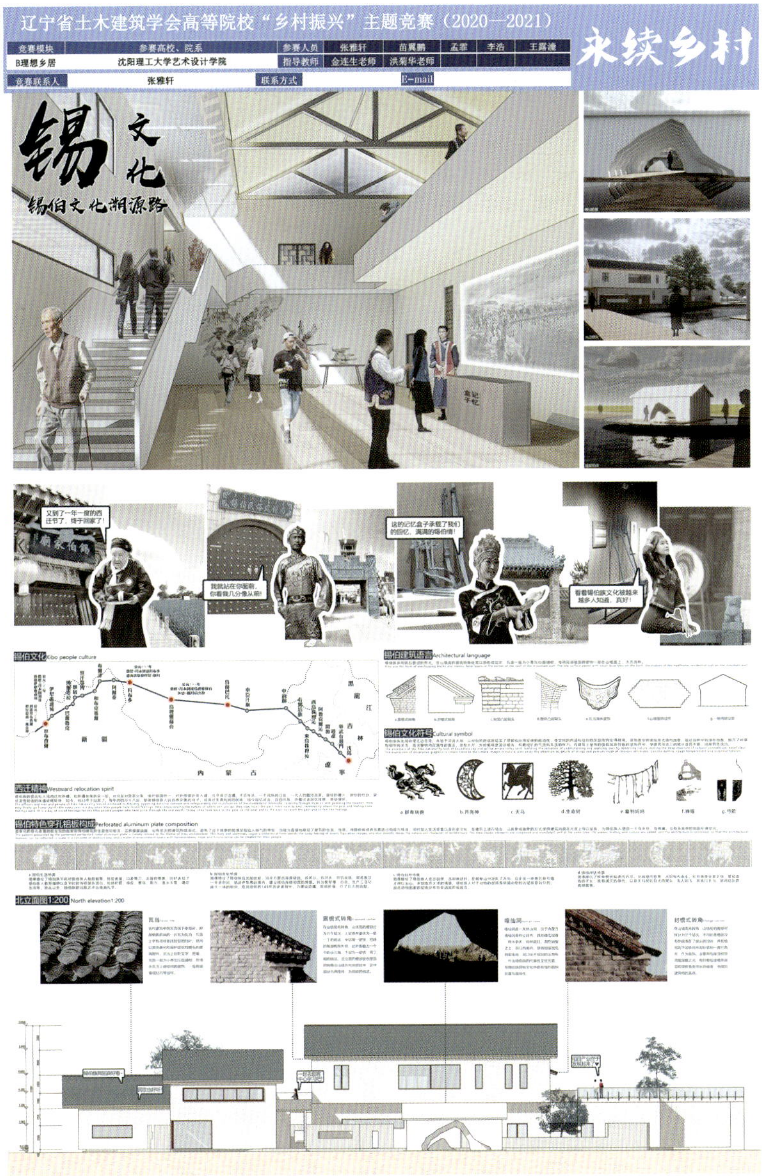

沈阳理工大学艺术设计学院

参赛人员： 张雅轩、苗翼鹏、孟霏、李浩、王露潼

指导教师： 金连生、洪菊华

设计说明：

设计结合了锡伯族以及单家村当地的建筑特色，在"天圆地方"的哲学思想下，确定了"天穹之下，大地之上"的场所精神。我们选择了以圆形为主体强调建筑与场地的关系；以方形限制空间，从传统四合院中转译出风车型空间结构，完成公共以及从村路到建筑内部功能空间的过渡，使其成为居民日常休闲、节日庆聚、青年创业等各种公共活动发生的场所。通过对室外连接部分空间的设计，迎合建筑与场地间良好的亲水性。设计目的在于营造更幸福的村民生活，并欢迎游客融入其中，从而更了解这座村庄。我们想要做的就是"把乡村还给村民"。

在了解单家村的人文环境之后，将单家村的故事分为 3 个部分，分别对应 3 种群体和 3 个方面：

文化上：锡伯人的"锡稷路"文化溯源；

情感上：村民的乡村活力凝聚；

产业上：青年人的创客基地建设。

辽宁省土木建筑学会高等院校"乡村振兴"主题竞赛（2020—2021）

竞赛模块	参赛高校、院系	参赛人员	李慧欣	刘慧姣	薛静	刘同轩	赵祎琛
B理想乡居	辽宁工业大学土木建筑工程学院	指导教师	赵氏兵老师	牛笑老师	吴琦老师		
竞赛联系人	李慧欣	联系方式		E-mail			

永续乡村

二等奖

解题

此次设计要求阆山茶园服务综合体建筑具有多功能、多变化等特点，但最重要的还是要结合当地民居建筑特色，所以建筑要结合哪些要素？从哪里切入？

茶道

时间

"空山新雨后，天色晚来秋。""菩提本无树，明镜亦非台。本字无一物，何处染尘埃。""曲径通幽处，禅房花木深。"

茶具

"曲水流觞画茶心"李白诗云"开琼筵以坐花，飞羽觞而醉月。"

状态

"竹杖芒鞋轻胜马，谁怕？一蓑烟雨任平生。"

光

"巧剃明月染春水，轻旋薄冰盛绿云。"

声音

"二十四桥明月夜，玉人何处教吹箫。"
"大弦嘈嘈如急雨，小弦切切如私语。嘈嘈切切错杂弹，大珠小珠落玉盘。"

基地分析

中国　　锦州　　北镇　　理想的风水模式　　阆山茶园入口位置

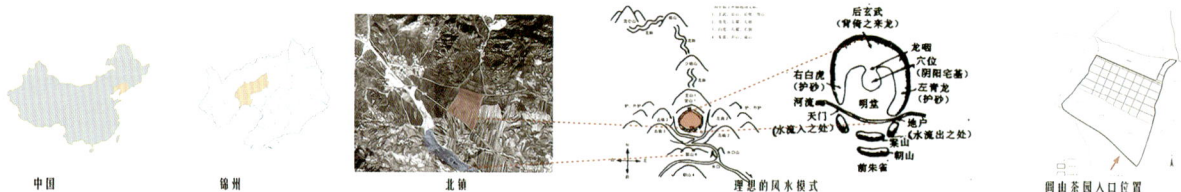

阆山茶园的位置，它位于辽宁省北镇市医巫闾山脚下的罗罗堡镇，该镇下设10个村落，而罗罗堡镇小三十块叶小白屯长条基地就是阆山茶园坐落的风水宝地。罗罗堡镇山川奇秀、风景秀丽，西邻闾山雄，南侧与307省道相邻，气候温和，背风向阳，雨量适中，日照充足，具有独有的山区小气候，这也是茶园选在此处的重要原因之一。

在山地丘陵地区以山脉为龙脉，好风水必定是"左青龙，右白虎，前朱雀，后玄武"，并且"玄武垂头，朱雀头翔舞，青龙蜿蜒，白虎驯俯"。用现代的话来说就是：背阔连靠山脉为屏，前临平敞，两侧水流蜿蜒抱环，水质清澈，流过于面前；左右护山环抱，山上林木茂郁；"穴"就位于山脉的止落之处，为阳宅或阴宅的宅基。

基地现状分析

冬季茶时种植情况　　夏季茶时种植状况与闾　　基地旁苹果树林　　基地上现存的高压电线　　当地民居屋顶形式　　又县民居院落形式　　又县民居选用的材料

阆山茶园的位置，它位于辽宁省北镇市医巫闾山脚下的罗罗堡镇，该镇下设10个村落，而罗罗堡镇小三十块叶小白屯长条基地就是阆山茶园坐落的风水宝地。

又县居民活动调研

饮茶　　饭后散步　　太极拳　　集市　　广场舞　　小孩捉迷藏　　午后下象棋

罗罗堡镇山川奇秀、风景秀丽，西邻闾山雄，南侧与307省道相邻，气候温和，背风向阳，雨量适中，日照充足，具有独有的山区小气候，这也是茶园选在此处的重要原因之一。

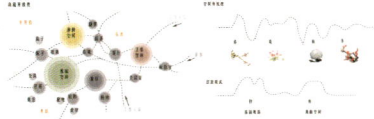

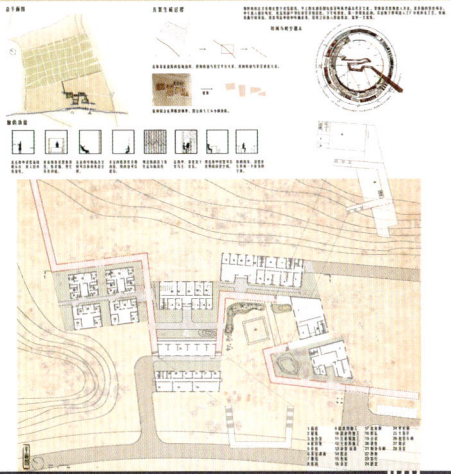

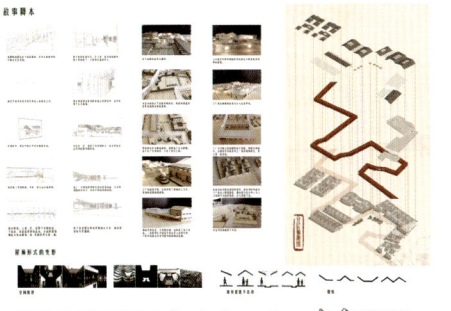

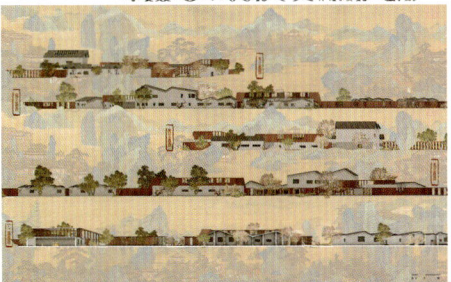

辽宁工业大学土木建筑工程学院

参赛人员： 李慧欣、刘慧姣、薛静、刘同轩、赵祎琛

指导教师： 赵兵兵、牛笑、吴琦

设计说明：

此次设计要求闾山茶园服务综合体建筑具有多功能、多变化等特点，但最重要的还是要结合当地民居建筑特色，所以建筑要结合哪些要素？从哪里切入？

我先从时间、茶具、状态、光、声音5种角度对于茶道进行解读，选取中国国代名画，进行调研学习。引用中国古代诗词对于意境的描写。如"空山新雨后，天气晚来秋""菩提本无树，明镜亦非台。本来无一物，何处染尘埃""曲径通幽处，禅房花木深""曲水流觞话茶心""开琼筵以坐花，飞羽觞而醉月""竹杖芒鞋轻胜马，谁怕？一蓑烟雨任平生""巧剜明月染春水，轻旋薄冰盛绿云""二十四桥明月夜，玉人何处教吹箫""大弦嘈嘈如急雨，小弦切切如私语。嘈嘈切切错杂弹，大珠小珠落玉盘"。

我从中国古代名画的元素提取中总结了"行望留游"。行，在连廊中游走；望，在廊上望向茶林；留，驻足于每个建筑之间；游，观景、观山。

二等奖

竞赛模块		参赛高校、院系		参赛人员	孙腾	
B理想乡居		鲁迅美术学院建筑艺术设计学院		指导教师	潘天阳	刘健
竞赛联系人		孙腾		联系方式		E-mail

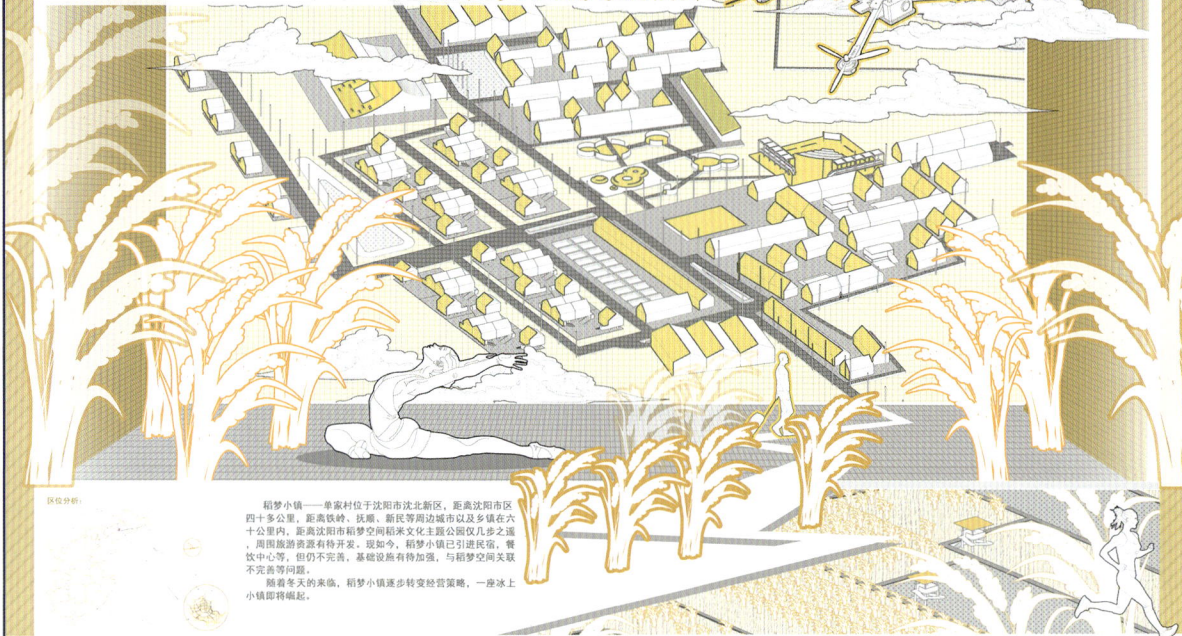

稻香拾梦

沈阳市稻梦小镇理想乡居概念性设计

区位分析：

稻梦小镇——单家村位于沈阳市沈北新区，距离沈阳市区四十多公里，距离铁岭、抚顺、新民等周边城市以及乡镇仅六十公里内，距离沈阳市稻梦空间稻米文化主题公园仅几步之遥，周围旅游资源有待开发。现如今，稻梦小镇己引进民宿、餐饮中心等，但仍不完善，基础设施有待加强，与稻梦空间关联不完善等问题。

随着冬天的来临，稻梦小镇逐步转变经营策略，一座冰上小镇即将崛起。

农家原住宅

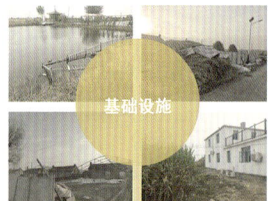

基础设施

现存的农家住宅大多已年久失修，裸露出内部结构，同时多数已经荒废，门窗残破不堪，毫无生气。

基础设施还不完善，人工湖缺少维修，有多处后翻新房屋也缺少维修，亮现崭墙新房屋与旧场地连接较为突兀。

概念提出：将原住房与景区管理用地分离，新建农家院以当地传统建筑形式翻新利用，民宿设计来源于农家传统玉米架子，充分利用东北方住宅建筑特点，在谋取新材料的同时减少对原有自然形态的变形。博物馆、文创体验中心、餐饮中心的造型源自风吹麦浪留下的涟漪，层层起伏，波澜壮阔的景象，两座建筑宛如大地上，在不破坏原有自然景观的情况下，被稻田包围，形成大地艺术景观。

传统民居	民宿	餐饮中心	博物馆文创体验中心

稻田	水田

观赏	采收	主题	稻田蟹	垂钓	水上游乐

亲子郊游	农家乐餐	文创设计	修身养性	教育研习

稻梦小镇以稻梦空间为背景，提供各项活动，满足人们节假日放松、游玩的需求，是缓解城市压力，弥补乡村动力发展不足的有效途径，凭借稻梦小镇未来发展逐步提高，基础设施不断完善，稻梦空间不断扩展，定会打造一属属于沈阳的文化品牌。

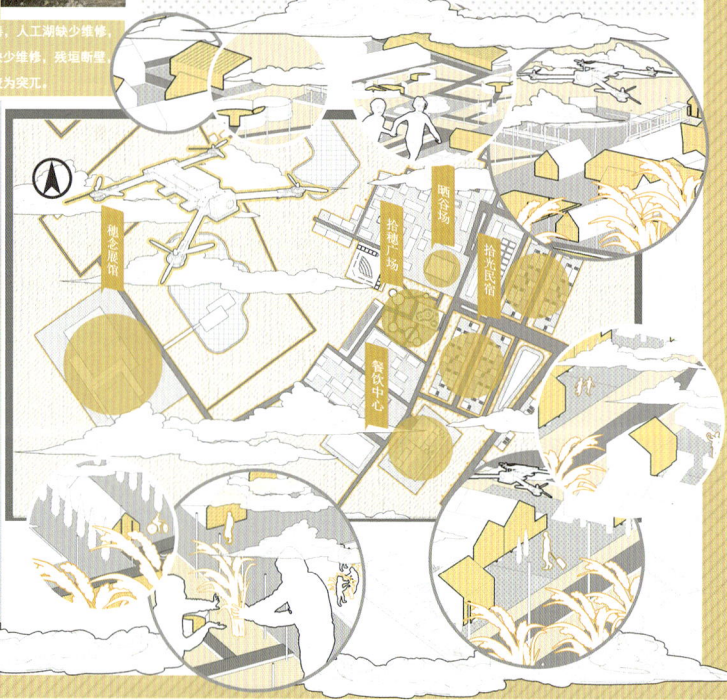

稻梦展馆

拾穗广场

晒谷场

拾光民宿

餐饮中心

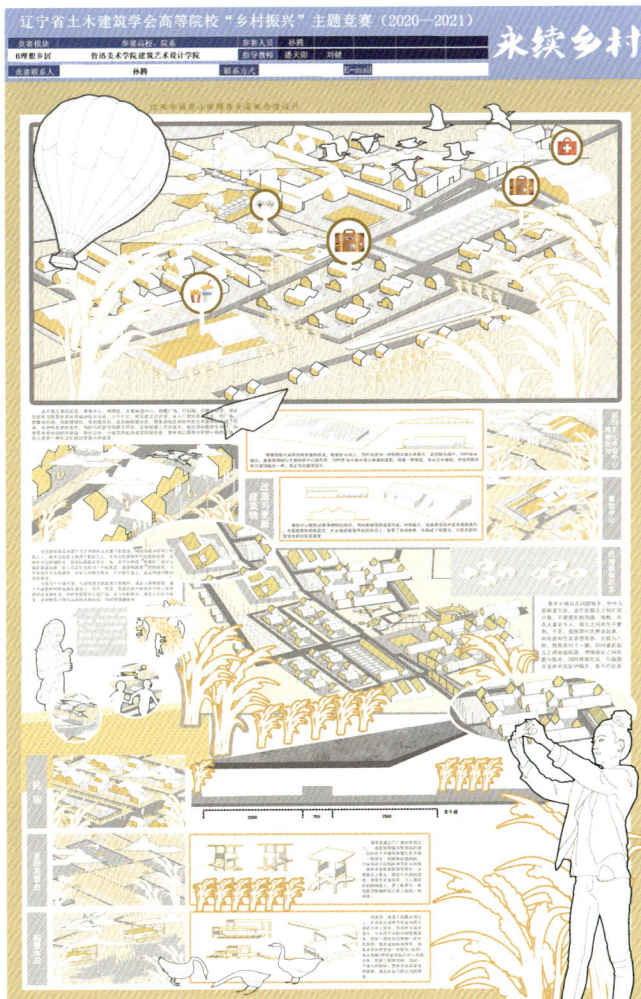

鲁迅美术学院建筑艺术设计学院

参赛人员： 孙腾

指导教师： 潘天阳、刘健

设计说明：

　　该方案将原住房与景区管理用地分离，新建农家院以当地传统建筑形式翻新利用而成，民宿设计来源于农家传统玉米笼子，建筑物整体被驾于稻田之上，既可以感觉悬浮于稻田之上，又可以欣赏到梦幻的稻田风景，同时还可以防潮防水。民宿以群聚式存在，每三座可以构成一处庭院，既满足家庭出游，家人可以生活在同一个院落里，感受到跟家一样的感觉，同时也适合企业团建等，彼此之间相互联系，但又相互独立，以此形成完整的民宿体系。充分利用北方住宅建造特点，在运用新材料的同时减少对原有自然形态的变形。博物馆、文创体验中心、餐饮中心的造型取自"风吹麦浪"留下的痕迹，层层起伏，波澜壮阔的景象，两座建筑匍匐在大地上，在不破坏原有自然景观的情况下，被稻田包围，形成大地艺术景观。

　　民宿位于小镇中部，与周围景点的距离大致相同，满足人群的需要，在路途上减少不必要的时间浪费，现代、明亮、简洁的设计使都市中的人更好地适应农家生活，同时也搭配有几处广场，且与水稻相关，满足人们在小镇里，更好地学习到与水稻相关的知识，同时增强趣味感。

　　此方案主要以民宿、餐饮中心、博物馆、文创体验中心、拾穗广场、打稻场、稻蟹水田等为主，从入口到民居、民宿，到广场，到餐饮空间，再到博物馆，再到观景台，最后到稻蟹水田，整条路线有秩序且有规划地表现了出来，各处有各处的景色，同时与稻梦空间相互呼应，在体验感上充分放大，焕活场地新的生命力，以便带来更好的经济效益。除此以外，小镇里四处的观赏稻田景象，整体也比较符合稻梦小镇的主题，给人营造一种生活在稻田梦境中的感受。

辽宁省土木建筑学会高等院校"乡村振兴"主题竞赛（2020—2021）

竞赛模块	参赛高校、院系	参赛人员	张泽	苏博文	汪紫晨	宋娇	马宏业
B理想乡居	大连理工大学城市学院建筑工程学院	指导教师	李茉	杨婉婧	崔筱曼		
竞赛联系人	张泽	联系方式		E-mail			

永续乡村

"驿"口同音——基于文化基因转译的乡村振兴设计战略

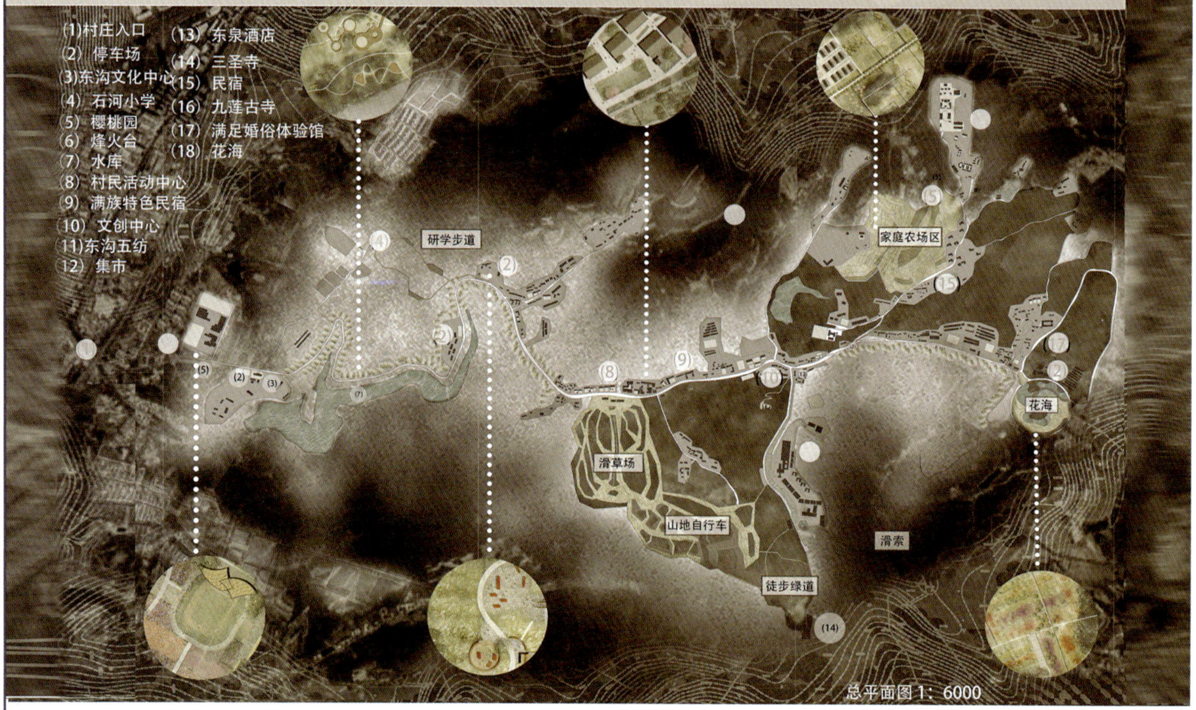

(1)村庄入口 (13)东泉酒店
(2)停车场 (14)三圣寺
(3)东沟文化中心 (15)民宿
(4)石河小学 (16)九莲古寺
(5)樱桃园 (17)满足婚俗体验馆
(6)烽火台 (18)花海
(7)水库
(8)村民活动中心
(9)满族特色民宿
(10)文创中心
(11)东沟五纺
(12)集市

研学步道

家庭农场区

花海

滑草场

山地自行车

滑索

徒步绿道

总平面图1：6000

区位分析

产业解读

手工搾油技艺 传统木雕技艺 赵永祥陶艺 辽南皮影 满族特色剪纸 手工艺产业

包子馅 白肉 满族八大碗 水团子 笨子 特色民食类

烽火台 三圣寺 九莲古寺 历史文化建筑
连泽书院

野森乐园 五纺、集市 温泉酒店、动物园 农家乐 旅游产业
山地运动区、小黑山 农林体验区 民宿 花海、满族婚俗体验馆

产业分析

活动行为分析

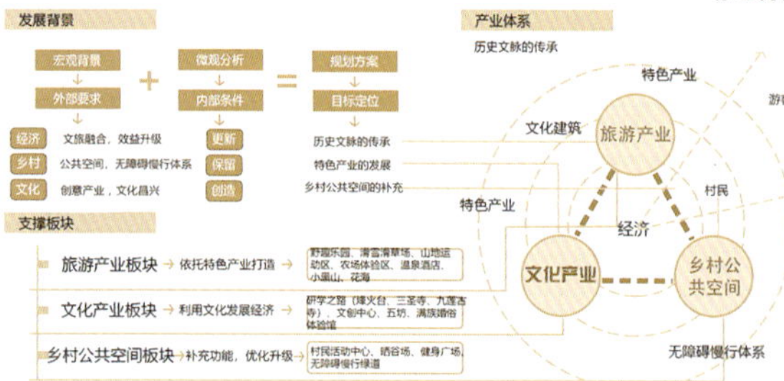

场地现状分析

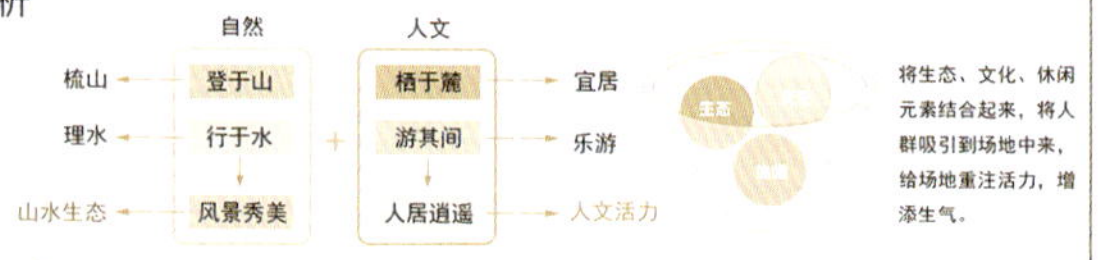

概念框架

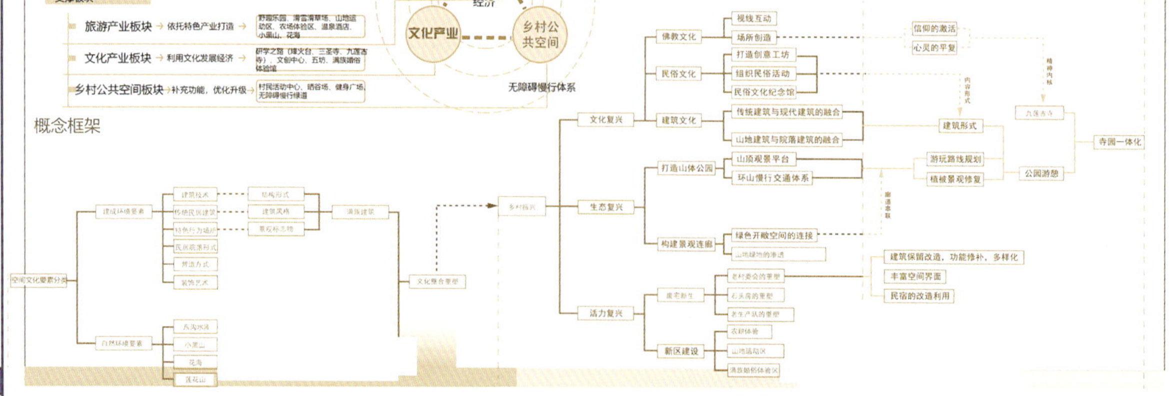

「永续乡村」辽宁省土木建筑学会高等院校「乡村振兴」主题竞赛获奖作品集（2021—2022）——城建杯

大连理工大学城市学院建筑工程学院

参赛人员：张泽、苏博文、汪紫晨、宋娇、马宏业

指导教师：李茉、杨婉婧、崔筱曼

设计说明：

在城镇化、市场化和现代化的进程中，乡村文化面对城市文化的冲击，日益呈现出衰落之势。如果农民对乡村文化失去信心，乡村社会将丧失文化强有力的支撑，承载着农民美好愿望的乡村振兴是难以实施和实现的。

如何重塑乡村文化、建设好乡村文化，理应成为当下乡村社会发展的核心问题与价值诉求，是实现乡村振兴目标的重要诉求。

本设计将建筑文化比作基因，对乡村文化进行再梳理、再认识。

乡村文化既是农村居民的精神支柱，更是为中华民族留下了丰富的文化遗产，其中既包括农业生产遗迹、古宅民居、石刻、剪纸等物质文化遗产，也包括节庆、民俗等非物质文化遗产。在此次设计里，我们将村中百年老宅以及村中废旧建筑遗址进行简单规划及改造，在改造过程中，秉持着无建斯建的原则，将建筑基因化，对建筑拆解再重组，既保留了原有的建筑特色，又增添了新的建筑风味，既保证村民心中的怀旧情怀不会破灭，又能够使建筑焕然一新，为乡村带去新的活力，让建筑文化更好地流传下去。

对于乡村振兴来说，复兴乡土文化，建筑文化是极其重要的，若没有文化作支撑，即使物质再发达、再丰富，也只是一个躯壳，没有内涵，缺乏灵魂，建筑文化是灵魂的注入，也是文化的提炼，乡村的振兴需要这些存于百年千年的灵魂，不仅仅提升生活的品质，对于任何乡村，文化都是抹不去的符号，是振兴的根。

所以，本设计，以基因为概念，将基因的特性赋予在建筑之中，让文化有灵魂地流传下去。

辽宁省土木建筑学会高等院校"乡村振兴"主题竞赛（2020—2021）

永续乡村

竞赛模块		参赛高校、院系		参赛人员	李海鑫	李峰辉	沈思莹	刘翌赢	郭林威
B理想乡居		沈阳城市建设学院建筑与规划学院		指导教师	于业龙	孙佳宁	李牧		
竞赛联系人		李海鑫		联系方式		E-mail			

锡游记

基于人文关怀下沉浸式文化的理想乡居建筑新建与改造设计

Based on humanistic care and immersion culture of the ideal rural housing new renovation design

区位分析

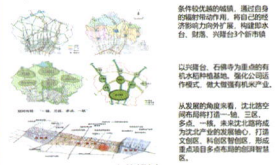

历史沿革

| 历史 | 改革 | 兴建 | 发展 | 新生 |

场地分析

上位规划

思维导图

碧马时代　自行车时代　中心城市　汽车时代　锡伯族

人群分析

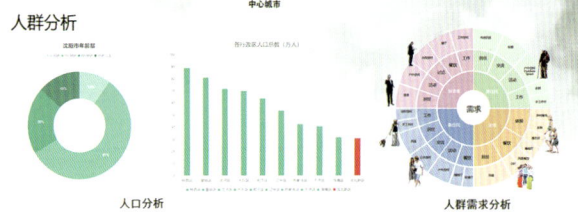

人口分析　　人群需求分析

现状问题分析

SWTO分析

思维构思

STRENGTHS 优势
WEAKNESSES 劣势
OPPORTUNITY 机遇
THREATEN 威胁

现状分析

初步构想

农业增效农民增收

新农村建设

推进基础设施建设，实现稳定增长

改革创新

地块评估

产业构思

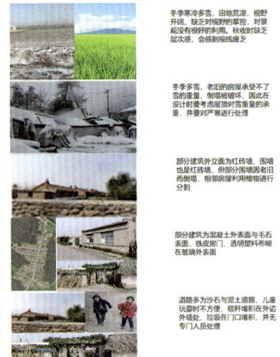

辽宁省土木建筑学会高等院校"乡村振兴"主题竞赛（2020—2021）

永续乡村

锡游记　基于人文关怀下沉浸式文化的理想乡居建筑新建与改造设计
Based on humanistic care and immersion culture of the ideal rural housing new renovation design

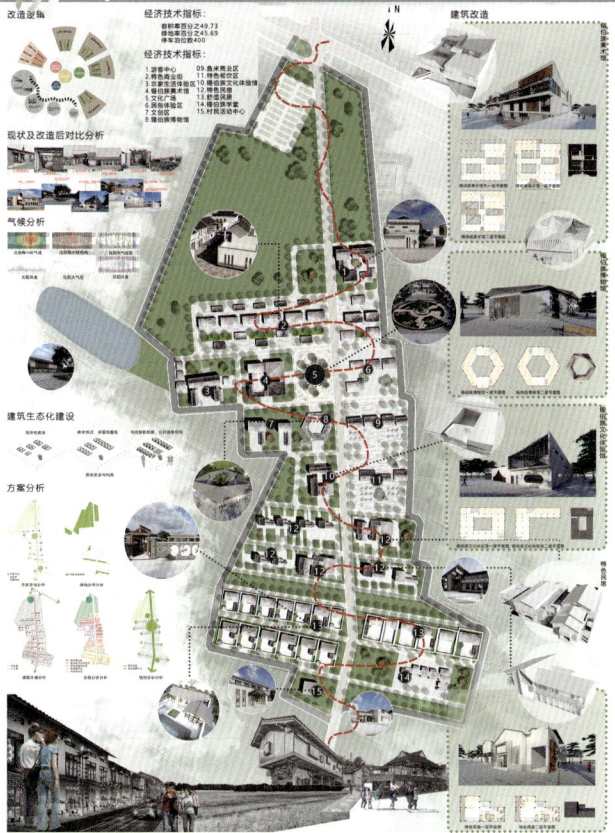

沈阳城市建设学院建筑与规划学院

参赛人员： 李海鑫、李峰辉、沈思莹、刘曌赢、郭林威

指导教师： 于业龙、孙佳宁、李牧

设计说明：

"锡"游记基于人文关怀下沉浸式文化的理想乡居建筑新建与改造，项目基地位于沈北新区兴隆台单元单家村，单家村为沈阳市锡伯族少数民族聚集区，有着浓厚乡土气息，而今因为产业结构单一、地理位置偏远等原因，逐渐与社会脱节，近年来随着一部电影《我和我的家乡》，让拍摄地之一沈阳市沈北新区稻梦空间景区及周边单家民宿成为网红打卡地，这毫无疑问是一个机会——使单家村完成从旧到新的蜕变，重新绽放出耀眼的光芒。

"锡"游记是寻找单家村当地失落的历史脉络体系，面对渐渐消逝的文化，理出文化发展原，重新探索文化本质与人文交集，同时为当地居民打造出一个宜居乡村，唤醒当地居民的历史自豪感。

寻找从古至今锡伯民族文化特色，在原有的结构上，规划再布置，业态的再重组，产业的新引进，复兴整个地域，以历史弘扬助力产业推进。让所有的产业与历史文脉结合，泵发出新的活力与生机。

（1）特色商业区包含：①游客中心；②特色商业街；③鱼米商业区。

（2）历史文化区：文化广场。

（3）农家生活体验区：①锡伯族美术馆；②锡伯族博物馆；③稻米文化体验馆。

（4）民宿体验区：①特色餐饮区；②特色民宿。

（5）①舒适民居；②锡伯族学堂；③村民活动中心。

辽宁省土木建筑学会高等院校"乡村振兴"主题竞赛（2020—2021）

永续乡村

沈阳农业大学林学院

参赛人员： 徐溢彤、于婉君、宋洪艳、李爱芮

指导教师： 金煜

设计说明：

随着社会主义新农村建设的不断加快，加大乡村景观的规划和设计成为建设新农村的热点问题。为了适应新的发展需要，融入现代发展的趋势，我们必须重视乡村景观的规划与设计。单家村应该积极促进制度创新与实践探索相结合，顶层设计与基层落实相统筹，利益联结机制行之有效，按照"宜工则工、宜商则商、宜农则农、宜游则游"的原则，支持返乡人员依托自有和闲置农房发展乡村产业，支持和引导工商资本参与闲置宅基地和农房盘活利用，不断壮大农村集体经济，促进农民持续增收，打造乡村振兴新样板。在美丽乡村战略、乡村振兴战略的宏观背景引导下，单家村基础设施建设逐步完善，农村人居环境不断提升；民族文化特色日益凸显，民俗活动丰富多彩；乡村特色产业蓬勃发展，乡村现代旅游雏形初现。

本设计主题为禾下稻田说，重点聚焦创新视角下的乡居环境建设与存续问题。深入研究挖掘文化价值点，提取具有特质的民俗文化点，并加以巩固、修复、增添，落位于建筑、服饰、餐饮等硬件方面和礼仪、乐舞、节事等软件方面，全方位重塑锡伯民俗风貌。单家村旅游产品单一松散，应以民族文化、田园农耕和生态环境为基石，在产业升级的动力下，增强旅游产品的体验性和系统化，形成完善的现代旅游产品体系，打造锡伯民俗农创旅游目的地。以村庄建设为载体，规划方案重点面向乡村全域范围内的宜居乡村环境整治与优化。以沈阳市"稻梦田园综合

辽宁省土木建筑学会高等院校"乡村振兴"主题竞赛（2020—2021）

永续乡村

禾下稻田说

体"为载体，以农业旅游文化资源为依托，传承农耕文化，如同袁隆平院士那般一生践行"一稻一人生"的耕耘精神。种出一片风景，带热乡村旅游，本设计方案整体规划结构为"一环两轴四区"，其中一环为游览交通环线；两轴为单家村生态稻田核心轴线和锡伯民俗文化轴线；四区分别为民俗文化体验区、稻梦农作体验区、亲子野趣体验区、农耕隐宿体验区。

民俗文化体验区：挖掘锡伯文化价值点，提取具有单家村特质的民俗文化点，在乡村街巷、民宅空间中，全方位重塑、体验化演绎单家村的锡伯族民俗风貌。

稻梦农作体验区：以单家村的水稻文化为基点，通过创新的"稻田艺术"方式，打造可远赏近观、四季体验的稻田农作空间，同时具备生产功能。

亲子野趣体验区：合理拓展、梳理水系资源，形成亲子体验空间，可远观碧水、趣玩亲水、捉鱼摸虾。同时整合田园林地，放牧采摘，打造野趣体验。

农耕隐宿体验区：充分利用地形及空间，以丰富的植被环境，以锡伯民居特征打造建筑风貌，满足现代度假需求，打造隐宿体验功能空间。

单家村延续传统农耕生活方式，所形成的产业构成较为单一薄弱，本设计将对其文化、生态、农业等方面的优势资源进行整合联动，将一产和三产协同发展，形成合理、有效、可持续的产业模式，优化产业结构，促进产业升级发展。以整个乡村的整体系统为对象，建立系统的完整和统一，形成乡村自然体系机制、乡土文化机制、社会结构机制、生产模式机制相结合的规划设计运行机制。

辽宁省土木建筑学会高等院校"乡村振兴"主题竞赛（2020—2021）

竞赛模块	参赛高校、院系		参赛人员	刘艾琦	高歌	于小淇	
B理想乡居	沈阳城市建设学院建筑与规划学院		指导教师	尤美萃			
竞赛联系人		刘艾琦	联系方式		E-mail		

二等奖

永续乡村

理想"家"

平面图　立面图

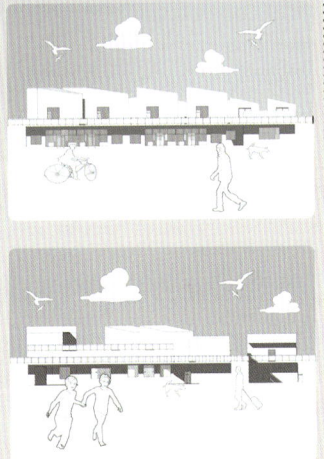

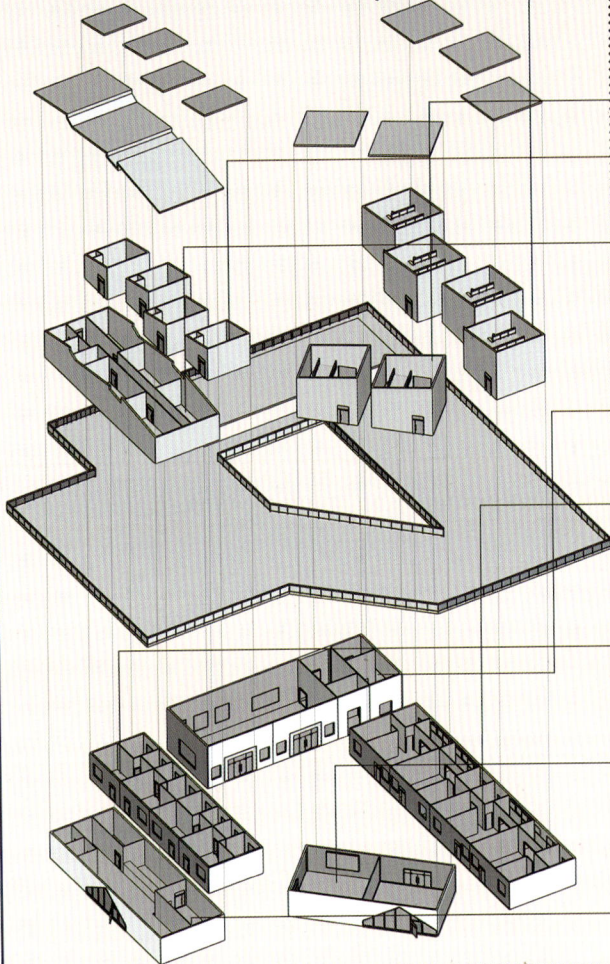

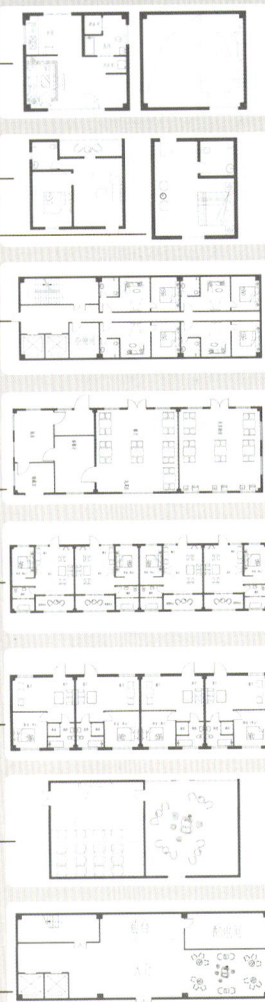

剖面图

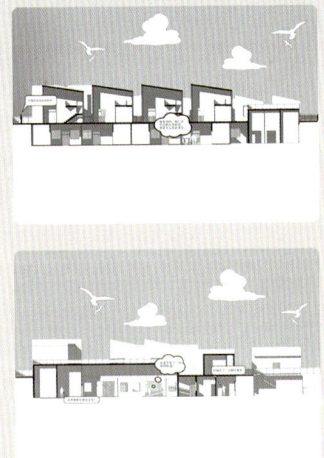

立面图　平面图

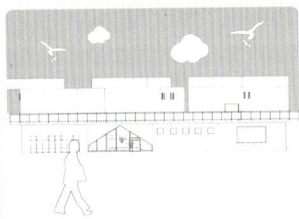

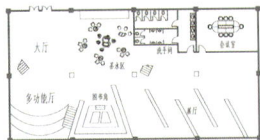

剖面图

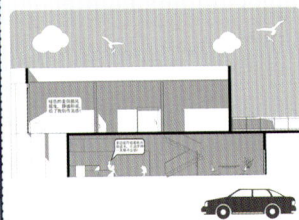

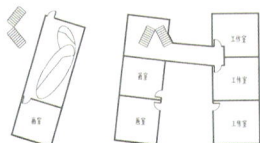

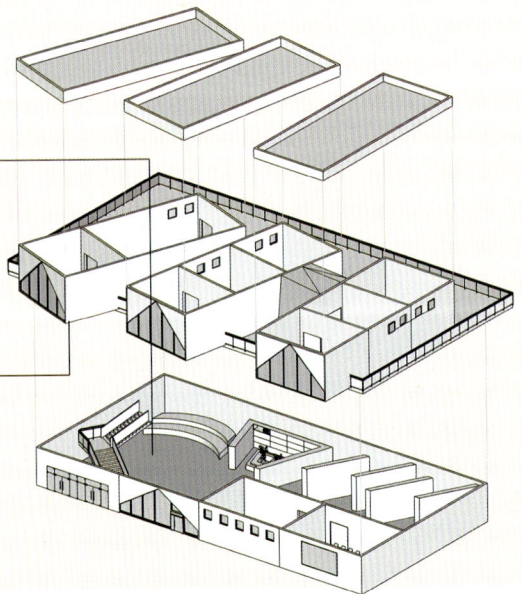

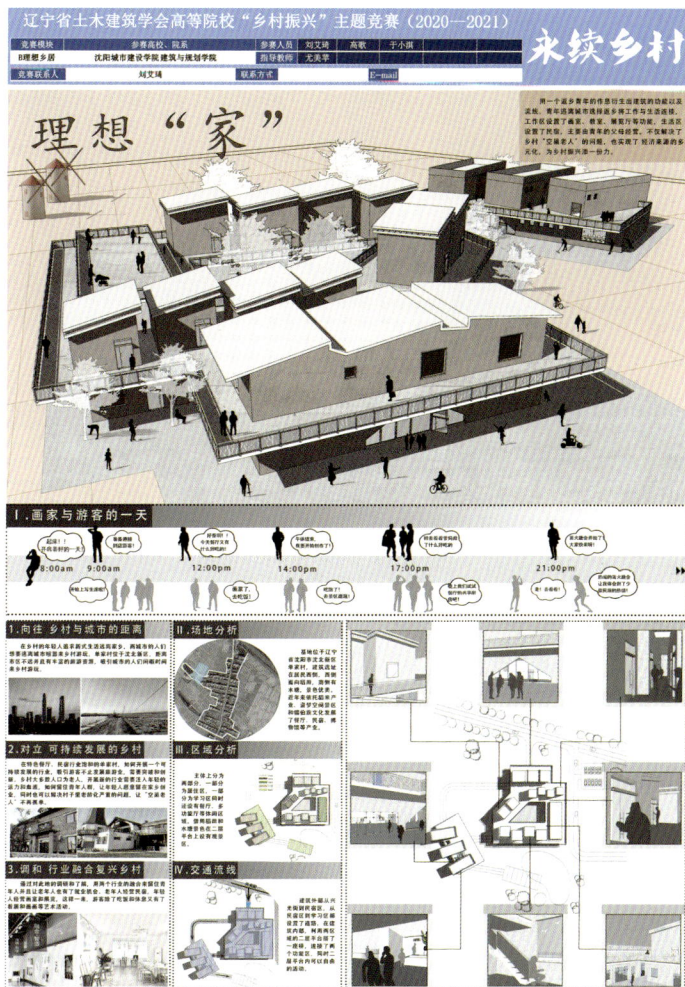

沈阳城市建设学院建筑与规划学院

参赛人员： 刘艾琦、高歌、于小淇
指导教师： 尤美苹

设计说明：

我们选择对辽宁省沈阳市沈北新区单家村的一块区域进行规划和设计。构思主线以一个返乡青年的一天作息为串联。从工作到生活都设置了场所，工作区含有工作室、画室、展览厅等功能。生活区设置了民宿，由青年的父母经营，含有客房、休闲室、餐厅等功能。两个功能解决了游客的休闲与住宿问题，同时也给家庭带来了多元收入，从而为乡村振兴添了一份活力。

通过对当地的旅游资源和人口现状设计出一个适合将青年行业和老年行业融合的空间。经历从向往到对立最后到调和的变化过程，用一种新的方式给家庭带来团聚，给生活带来富裕。

构思步骤分为以下3点：

（1）向往——乡村与城市的距离：在乡村的年轻人追求新式生活远离家乡，而城市的人们想要逃离城市喧嚣来乡村游玩。单家村位于沈北新区，距离市区不远并且有丰富的旅游资源，吸引城市的人们利用闲暇时间来乡村游玩。

（2）对立——可持续的发展乡村：在特色餐厅、民宿行业饱和的单家村，如何开展一个可持续发展的行业吸引游客，而不止于发展旅游业，需要突破和创新。乡村大多数人口为老人，开展新的行业需要注入年轻的活力和血液，如何留住青年人群，让年轻人愿意留在家乡创业？同时也可以解决村子里老龄化严重问题，让"空巢老人"不再孤单。

（3）调和——行业的融合复兴乡村：通过对此地的调研和了解，用两个行业的融合来留住青年人并且让老年人也有了就业机会。老年人经营民宿，年轻人经营画室和展览，这样一来游客除了吃饭和休息又多了看展和画画等艺术活动。

辽宁省土木建筑学会高等院校"乡村振兴"主题竞赛（2020—2021）

竞赛模块		参赛高校、院系	参赛人员	李媚婷	余文海	杨知善	白贺淇
B理想乡居		沈阳城市建设学院建筑与规划学院	指导教师	李诗	吕晶	刘诗倩	
竞赛联系人		李媚婷	联系方式		E-mail		

永续乡村

二等奖

"稻香"

理想乡居设计

项目介绍

建筑位于沈北新区单家村，是大孤柳社区的一个自然村，以稻梦小镇为主要载体。单家村以水稻种植业为主，有少量的淡水鱼养殖业，依托"稻梦空间"景区，逐步自发形成农家乐、渔家乐等乡村旅游产业，因此本设计宗旨在于：建筑与自然相结合。

以〈农村自然与生活方式〉相融合的手笔，将审美性、功能性与舒适性的人居理念注入空间，同时又注重生活细节的表达，力将〈稻田自然的写意生活〉进行完美的诠释，在日常中传递生活的朴实与喜悦。

下乡的"避世之所"，建筑主体采用木制结构，加强与稻田主体环境的联系，建筑立于稻田地之上，突出了人与自然的和谐统一，同时开阔的阳台，惬意的田园生活使人们忘却都市中的忙碌，融入自然的朴素与质朴的满足。

采用大量外露楼梯

该建筑交通空间采用大量户外交通连接。该建筑修建在稻田地上，四周无建筑物遮挡，保证游客从每一个角度向远处看都是一个田园画境的景象。

巧妙利用光影

五楼空间主要作为公共休闲区，运用木栈杆替代传统围护结构，构建光影关系，营造氛围感。

采用大面积坡屋顶

吸取锡伯族民居传统结构，采用大面积坡屋顶，传统与现代结合，自然与建筑结合，更有美感。

亲近自然，聆听麦浪

架空建于麦田之上。

经济技术指标

经济技术指标	
用地面积	850㎡
建筑面积	2705㎡
容积率	0.314
首层面积 125㎡ 二层面积 700㎡ 三层面积 730㎡	
四层面积 900㎡ 五层面积 250㎡	

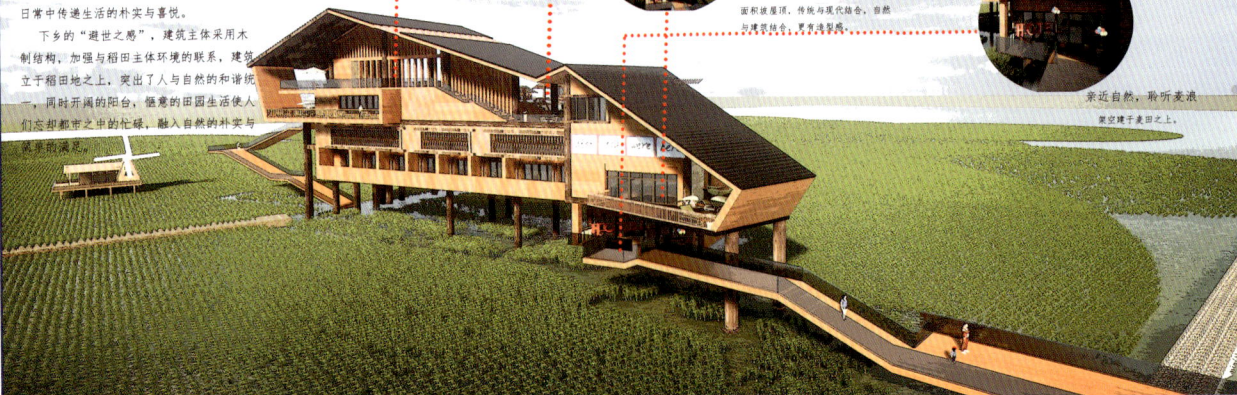

辽宁省土木建筑学会高等院校"乡村振兴"主题竞赛（2020—2021）

竞赛模块		参赛高校、院系	参赛人员	李媚婷	余文海	杨知善	白贺淇
B理想乡居		沈阳城市建设学院建筑与规划学院	指导教师	李诗	吕晶	刘诗倩	
竞赛联系人		李媚婷	联系方式		E-mail		

永续乡村

"稻香"

理想乡居设计

人流线分析

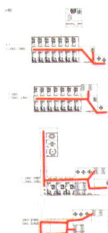

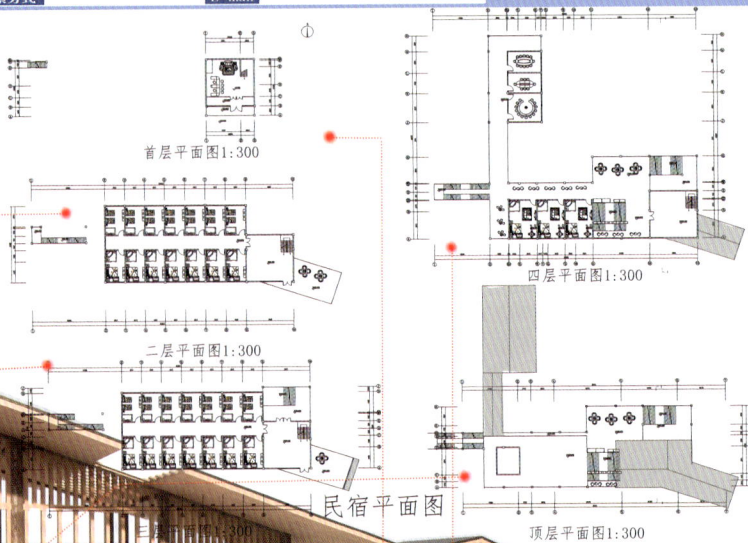

首层平面图1:300

二层平面图1:300

三层平面图1:300

四层平面图1:300

民宿平面图

顶层平面图1:300

辽宁省土木建筑学会高等院校"乡村振兴"主题竞赛（2020—2021）

竞赛模块		参赛高校、院系		参赛人员	李媚婷	余文海	杨知善	白贺淇
B理想乡居		沈阳城市建设学院建筑与规划学院		指导教师	李诗	吕晶	刘诗倩	
竞赛联系人		李媚婷		联系方式		E-mail		

永续乡村

"稻香"理想乡居设计

轴测图

当地民居特点

剖面图1:300

总平面图1:500

基地分析

沈阳城市建设学院建筑与规划学院

参赛人员： 李媚婷、余文海、杨知善、白贺淇

指导教师： 李诗、吕晶、刘诗倩

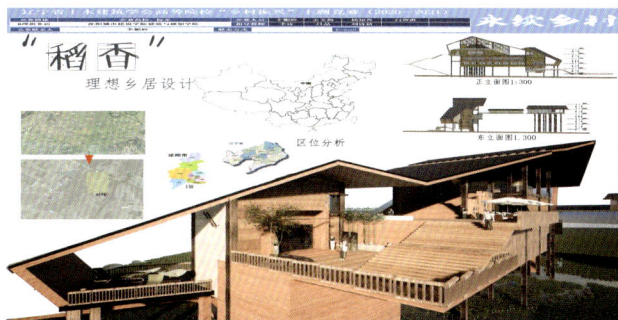

设计说明：

建筑位于沈北新区单家村，是大孤柳社区的一个自然村，以稻梦小镇为主要载体，是影视作品《向往中的生活》《我和我的祖国》等影视作品取景地。单家村以水稻种植业为主，有少量的淡水鱼养殖业，依托"稻梦空间"景区，逐步自发形成农家乐、渔家乐等乡村旅游产业，因此本设计宗旨在于：建筑与自然相结合，突出原有的稻田文化。

该设计以农村自然与生活方式相融合的手笔，将审美性、功能性与舒适性的人居理念注入空间，同时又注重生活细节的表达，力将《稻田自然的写意生活》进行完美诠释，在日常生活中传递生活的朴实与喜悦。

走在田间的小路上，皎洁的月光从树枝间掠过，惊飞了枝头喜鹊，清凉的晚风吹来仿佛听见了远处的蝉叫声。在稻花的香气里，耳边传来一阵阵青蛙的叫声，好像在讨论，说今年是一个丰收的好年景。天空中轻云飘浮，闪烁的星星忽明忽暗，田间下起了淅淅沥沥的小雨。往日童年记忆中小茅草屋似乎竖立在不远的田地边，道路转过溪水的源头，它便忽然出现在眼前。

建筑的主要灵感来自辛弃疾的词"稻花香里说丰年，听取蛙声呢一片"中的"避世之感"，所以主体采用木质结构，加强与稻田主体环境的联系，建筑立于稻田地之上，突出了人与自然的和谐统一，同时开阔的阳台、惬意的田园生活使人们忘却都市之中的忙碌，融入自然的朴实与简单的满足之中。

辽宁省土木建筑学会高等院校"乡村振兴"主题竞赛（2020—2021）

竞赛模块	参赛高校、院系	参赛人员	徐一帆	李彤	高嘉璐	刘雨婷	高康
B理想乡居	辽宁工程技术大学建筑与交通学院	指导教师	杜娟	于晶淼			
竞赛联系人	徐一帆	联系方式		E-mail			

永续乡村

溯古·存今·望远

基于乡村振兴下的博物馆设计

设计说明：

建筑不仅是供人们休憩活动的一个场所，在很多时候，建筑可以是一个地方记忆和文化的载体，人们也能通过建筑的语言对事物产生最直观的理解。乡村振兴是多层次、多类型的，在我们的设计中着重思考的是微观层面的村庄规划和村庄设计，我们提出的乡村博物馆设计，基于对乡村文化记忆的一个传承和发展。

▐ 区位分析

塔子沟村位于辽宁省阜新市太平区水泉镇，属医巫闾山尾峰余脉。该村是距市中心最近的一处自然风景区这里有泰汉遗址、古塔古庙以及藏传佛教寺院、塔子沟核心景区——积庆寺，浓缩阜新地区自然生态景观和宗教文化景观。

▐ 气候分析

风玫瑰图　干球年温度图

太阳日照图　湿球年温度图

夏季降水偏多，气温偏高，日照偏少。且常年大风，属于严寒地区。因此在设计中，应多考虑活动场地的设计。考虑夏季避暑和冬天保温。

▐ 场地分析

积庆寺
基地
村庄

入口处的水泉山庄　　村民生活环境

项目选址

唯一通往塔山风景区的路　特色文化—积庆寺

选址说明：
由于此处临近塔山风景区且是上山必经之路，人流量较大。且位于村民生活居住中心，可以更好地服务周围，且此处周边还有积庆寺，文化底蕴十足。

▐ 调研分析

人群分析

村内大多为老年人　　村民空余时间基本在家里看电视　　绝大多数教村民选有自己的土地　　多数时闲村民会选择在院子里活动

周边建筑占地比　　周边生态

基地周边多数为村庄，沿街有一部分餐饮商铺，基地对面有积庆寺，还有几栋正在修建的建筑物。

基地周边无广场，绿化较少，由于两边邻山，所以山坡上有大面积空地，周边有一山泉聚集处。

基地问题

55%
3%
5%
10%
27%

当地特色乡村文化正在被遗忘
村民缺少一个集体活动场地
村里老人多，缺乏年轻劳动力
建筑老化严重，风格不统一
街道狭窄缺乏照明设施

核心需求

邻居之间很少来往，没有锻炼休息的地方，想和老朋友一起喝茶聊聊

和我一样的年轻人都上外地务工，记忆中本地的文化，缺少对外文化输出的机会

· 缺少日常活动场所，得不到锻炼以及邻里交往机会。
· 村子文化正在消失，政府以及人民逐渐遗忘此地。

▐ 策略提出

增添村民活动场地

交谈、邻里沟通　　空闲场地锻炼　　日常聚会娱乐

建设特色文化博物馆

历史文化博物馆　　民族民俗博物馆　　颂思堂

▐ 概念生成

古

曾经的记忆不断消失遗忘

今

村民缺乏沟通无交往场所

特色博物馆展示村庄特色

唤醒回忆振兴文化

广场两侧布置交往空间

增强交流注入活力

溯古·存今·望远

▐ 文化提取

萨满文化　　玉龙文化　　阜新民俗

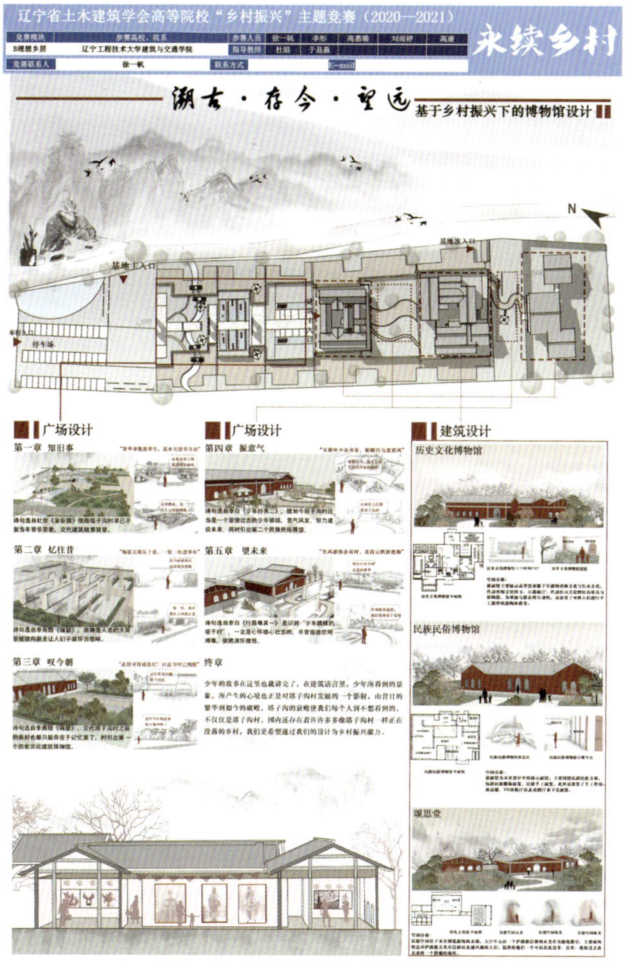

辽宁工程技术大学建筑与交通学院

参赛人员： 徐一帆、李彤、高嘉璐、刘雨婷、高康

指导教师： 杜娟、于晶淼

设计说明：

建筑不仅是供人们休憩活动的一个场所，在很多时候，建筑可以是一个地方记忆和文化的载体，人们也能通过建筑的语言对事物产生最直观的理解。乡村振兴是多层次、多类型的，在我们的设计中着重思考的是微观层面的村庄规划和村庄设计，我们提出的乡村博物馆设计，基于对乡村文化记忆的一个传承和发展。

在前期构思过程中，我们对项目所在地的村子进行了深度调研，发现了存在于村子内部的核心问题是乡村文化的逐渐流失，在老一辈的记忆中，村子是一个富有文化色彩的地方。我们设计博物馆的目的也是基于重新激活村子的文化内涵，让更多的人了解塔子沟村的文化、历史、民族民俗。

同时，在调研中，我们发现很多人都提到了塔子沟村在以前有活佛的存在，我们将这个点单独发掘，转化为建筑语言，在空间序列的收尾部分加入了冥想空间，以及讲解活佛文化的空间，在这个空间人们可以放空自己的思绪，感受着人与空间、与环境、与自然的种种关系。

在整个建筑平面上，我们营造了强烈的轴线感，运用空间位置的对称性设计，植入了丰富的寓意、吉祥的祈愿。在瞬息万变的大千世界中，"中轴对称"仿佛代表着温暖、质朴的本真，我们希望这种本真能唤醒村民们的记忆，更希望通过这种本真重新激活乡村内部的活力，重现昔日塔子沟村的深厚文化底蕴。

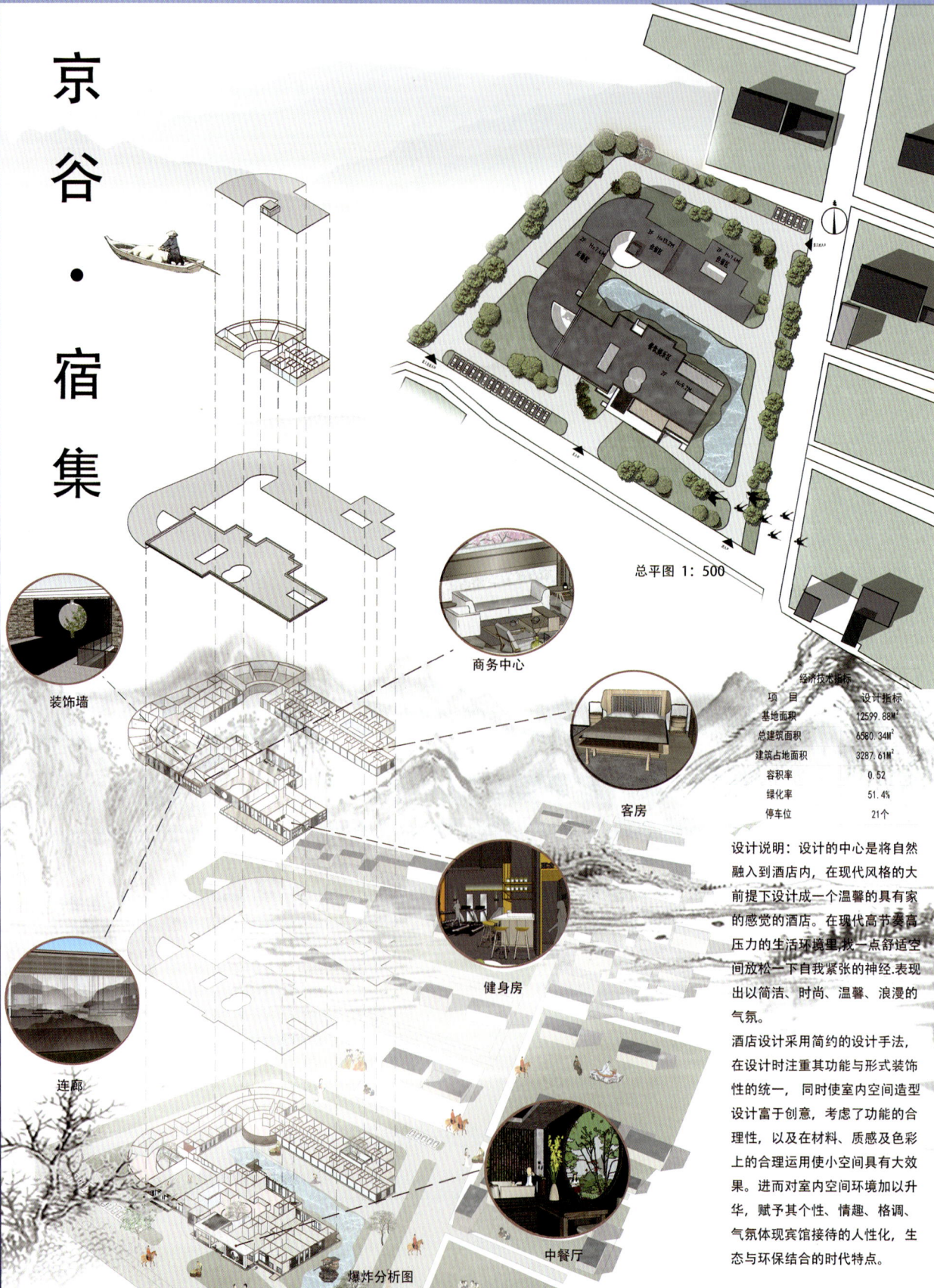

辽宁省土木建筑学会高等院校"乡村振兴"主题竞赛（2020—2021）

竞赛模块	参赛高校、院系	参赛人员	李斯远	盛乃威		
B理想乡居	沈阳城市建设学院建筑与规划学院	指导教师	谢晓琳	程佳	姚云锋	
竞赛联系人	李斯远	联系方式		E-mail		

永续乡村

京谷·宿集

装饰墙

商务中心

连廊

健身房

客房

中餐厅

爆炸分析图

总平图 1：500

经济技术指标

项 目	设计指标
基地面积	12599.88㎡
总建筑面积	6580.34㎡
建筑占地面积	3287.61㎡
容积率	0.52
绿化率	51.4%
停车位	21个

设计说明：设计的中心是将自然融入到酒店内，在现代风格的大前提下设计成一个温馨的具有家的感觉的酒店。在现代高节奏高压力的生活环境里找一点舒适空间放松一下自我紧张的神经.表现出以简洁、时尚、温馨、浪漫的气氛。

酒店设计采用简约的设计手法，在设计时注重其功能与形式装饰性的统一，同时使室内空间造型设计富于创意，考虑了功能的合理性，以及在材料、质感及色彩上的合理运用使小空间具有大效果。进而对室内空间环境加以升华，赋予其个性、情趣、格调、气氛体现宾馆接待的人性化，生态与环保结合的时代特点。

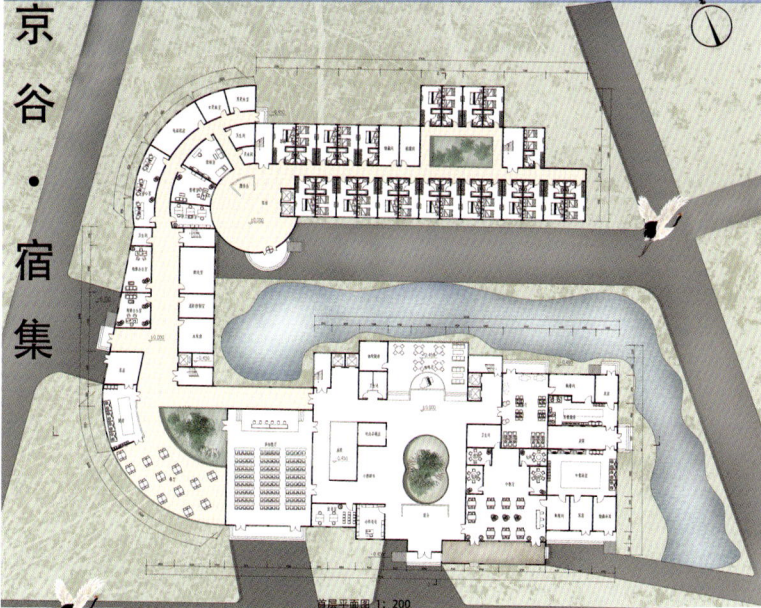

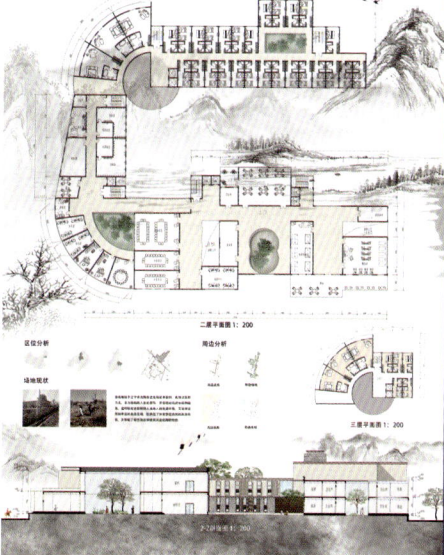

沈阳城市建设学院建筑与规划学院

参赛人员： 李斯远、盛乃威

指导教师： 谢晓琳、程佳、姚云峰

设计说明：

　　为了推动深入服务乡村振兴战略的实施，在以《永续乡村》为主题的乡村振兴战略背景下来设计本次项目。此次案例项目设计地点位于沈阳沈北新区的单家村，属于传统的东北农村地区，也是作为稻梦小镇的主要载体。为了设计出符合实际的理想乡居民宿，我们设计小组亲身到实地调研考察。调研了解了一些当地的民居风俗和锡伯族民族风俗，进而设计出当地的民族特色与现代特色相结合的民宿设计。

　　京谷·宿集，"京"意为盛京是沈阳曾经的名称，代表建筑所在的地区；"谷"意为水稻的意思，代表本次建筑所在的环境，与自然融为一体将建筑装在"谷"中；"宿集"意为将房屋集合在一起也就是民宿了。所以这次设计最重要的一个要素便是"谷"，不是将"谷"元素运用在建筑中，而是要将"谷"演变发展为一个大的自然空间，让谷中之物融入其中。

　　所以设计的中心是将自然融入民宿内，在现代风格的大前提下设计成一个温馨的具有家的感觉的民宿。在现代高节奏高压力的生活环境里，让前往稻梦小镇度假的人们找出一点舒适空间放松一下自我紧张的神经，表现出以简洁、温馨、自由、开放的气氛。

竞赛模块	参赛高校、院系	参赛人员	王媛	邓静	李霖霖
B理想乡居	沈阳城市建设学院建筑与规划学院	指导教师	谢晓琳	程佳	李明桐
竞赛联系人	王媛	联系方式		E-mail	

永续乡村

鸟瞰图

场地调研

作为辽宁省少数民族重点项目地区，多年来多次将田园发扬的美丽发扬至各大地区，不断地建设吸引了更多人慕名而来参观体验特色田园风情，锡伯族人们传统深远的文化更是体现在各个方面，此次建筑设计中我们有幸拥有这个学习和创新民俗建设的机会，将更多的灵感融入此次的建筑设计。

我们为探寻建筑设计的灵感以及对当地人文历史的感怀，来到了项目地点：辽宁省沈阳市沈北新区单家村（稻梦空间）进行现场调研参观，场地区域以稻田为主，此地多为锡伯族人民在此居住。

鸟瞰图

延伸向餐厅与客房的长廊向一侧延伸出一部分通向室外环境，我们利用建筑间的狭小空间，别出心裁的勾勒出这一独特的景观设计，几何状的水池与空间光室着建筑角落，这也是自然的一角。

长廊的分支通向视野最为开阔的下沉式休息广场，极具引导向的长廊将您带入一瞬间感受豁然开阔的自然空间，简约的景观设计建立在自然开阔的广场，由感受自然，沉浸自然，拥抱自然。

位于后勤二层的职工食堂拥有宽敞的阳台，下可观望长廊与景观庭院，环顾东西两侧即是通透开阔的自然环境，远处稻田的清香会随微风卷携着自然的气息向您携来。

长廊主导的尽头是室外的水池景观，秉承着对自然的亲近您将于水，与自然的环境相融合，感受自然的建筑美。

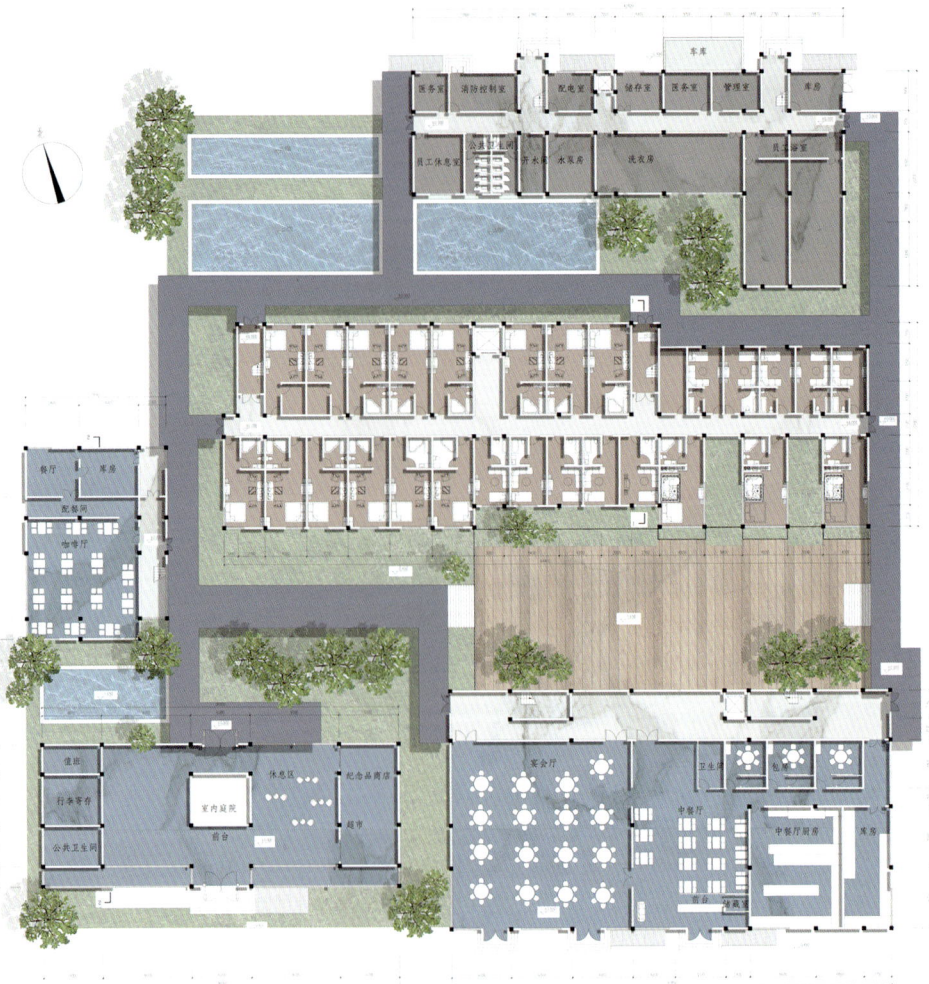

一层平面图 1：200

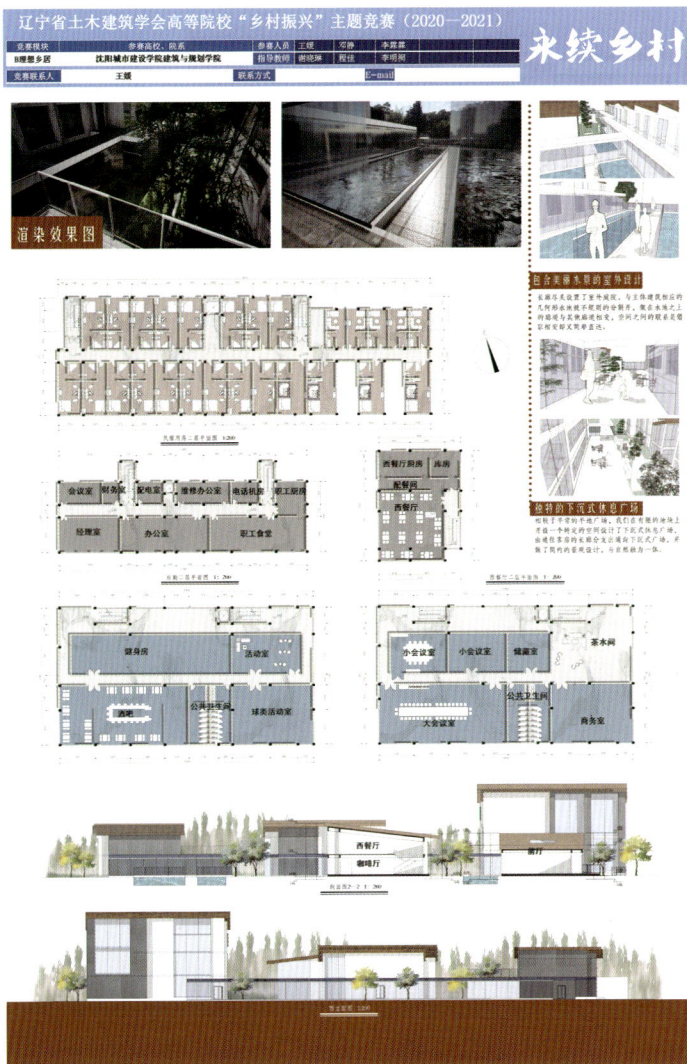

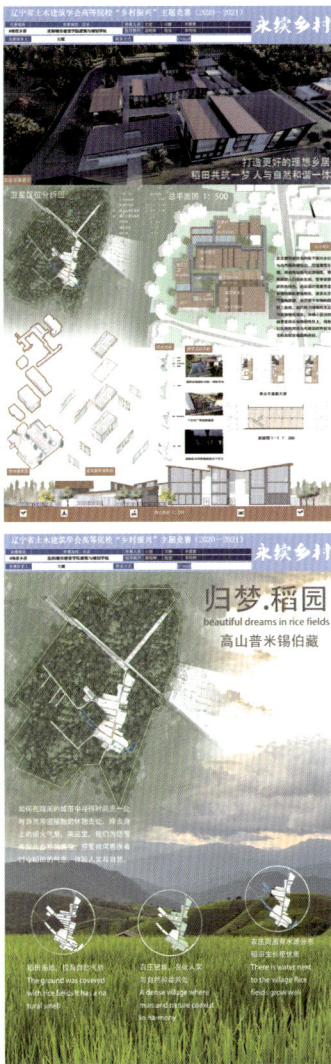

沈阳城市建设学院建筑与规划学院

参赛人员： 王媛、邓静、李霖霖

指导教师： 谢晓琳、程佳、李明桐

设计说明：

"乡村振兴"是本次建筑设计的重要命题，据考察，当地作为一个正在进行改造的试点乡村，并没有大型的综合商业中心，因此我们希望的民宿酒店的功能可以丰富多样，它不仅承担着旅客的住宿，还应该能给当地原住民带来便利，成为一个综合性酒店民宿，因此本次设计的民宿酒店加入了很多的商业部分，我们综合考虑了经济性、文化性，对旅客前往乡村旅游的意向进行了推测，认为人们去往乡村旅游是对自然环境的喜爱，是"久在樊笼里，复得返自然"的一种表现，结合周边旅游景点稻梦空间，我们将此次项目命名为"稻梦·归园"。决定以"人与自然和谐共生"为本次民宿酒店设计的设计理念，建筑设计的过程中充分考虑了与当地环境的和谐，更期望建筑能与自然稻田相结合。场地的周边有稻田与水源相围，更有当地的传统民居，锡伯族的人们在此居住，因此该地区也带有着浓厚的民族特色。此次设计尊重并发扬锡伯族的建筑特色，将锡伯族的色彩融入建筑当中，建筑结合北方气候的规律，又结合当地的建筑高度与分布方式，做了分散式设计将自然引入室内的同时，将分散的各个部分用玻璃连廊相连，人们在建筑中漫步时，可以充分享受当地的自然景观，而连廊又保证了温和的观赏空间，不必担心寒风侵袭，在建筑外观，我们致力将现代主义与民族特色结合，我们保留了当地常用的坡屋顶，但又进行了一定程度的创新，我们以高低方向不同单坡屋顶表达风吹过稻田时，田间的"稻海"。这是建筑对于自然与人和谐共生观点的又一次强调。

辽宁省土木建筑学会高等院校"乡村振兴"主题竞赛（2020—2021）

竞赛模块	参赛高校、院系	参赛人员	钟嘉航	张嘉林	高久桐	刘纪莹	刘铭
B理想乡居	沈阳城市建设学院建筑与规划学院	指导教师	于业龙	孙佳宁	季牧		
竞赛联系人	钟嘉航	联系方式		E-mail			

永续乡村

盛京于地，诗意稻境 —— 基于文化探索下的乡村规划

设计说明

(1) "人性化"理念

规划设计贯穿空间环境满足人的活动要求、生态环境要有益于人的生理需求文化环境要达到陶冶人的要求、人文环境要照顾人的交往要求管理环境要符合人的方便需求等"人性化"理念，创造舒适宜人的住区环境和高性能的商业空间

(2) "生态型"理念

规划以空间的合理利用为目标，建立科学的人工化环境，提高居住小区生态系统的自我调控能力，将建筑设计、环境规划和景观营造紧密结合，营造一个安全清洁美丽舒适的生态环境

区位分析

沈阳

沈阳单家村

单家村位于沈北新区兴隆台街道，是大孤柳社区的一个自然村，单家村村域总面积148公顷.

人群分析

外来游客

周边游客

地貌分析

现状分析

周边现状分析

空心化　缺乏休闲健身空间　公共空间缺失　功能单一　交通组织混乱　道路等级无序　地势低洼雨水堆积　杂草丛生

① 旧建筑　② 娱乐空间　③ 设施破旧　④ 道路单一　⑤ 道路积水　⑥ 废弃房子　⑦ 脏乱的环境

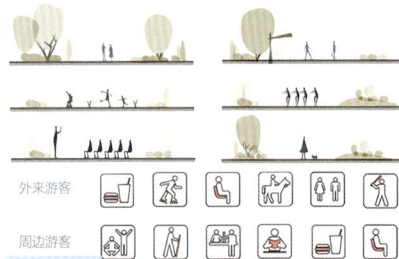

资源价值分析图

文化资源　　　　　　　　　　　　　物质资源

民俗活动

沈阳秧歌　锡伯族"喜利妈妈"　西迁节

手工技艺

羽毛画　彩石镶嵌画　葫芦雕

美食美味

白菜猪肉炖粉条　锅包肉　小鸡炖蘑菇

历史建筑

物沈阳故宫　北陵公园　东陵

历史街巷

八卦街　小河沿　山东庙巷

历史要素

古沈水　奉天府　沈州

人口流失分析图

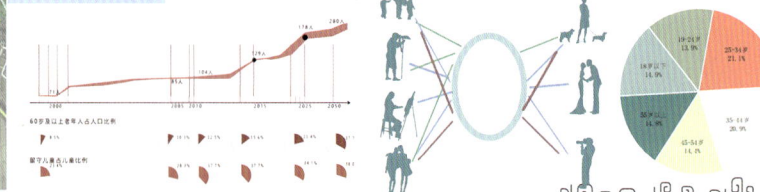

60岁及以上老年人占人口比例

留守儿童占比比例

历史文脉分析图

公元前221年	1386年	1945年	1948年	1954年	1993年
秦始皇统一中国后，分天下为36郡，沈阳隶属辽东郡	努尔哈赤在沈阳城内看手修建呈今沈阳故宫	抗日战争胜利，"奉天市"恢复"沈阳市"名称	11月2日沈阳正式解放	沈阳市改为辽宁省辖市	沈阳市辖和平

文脉 之树

沈阳城市建设学院建筑与规划学院

参赛人员： 钟嘉航、张贵林、高久桐、刘纪莹、刘铭

指导教师： 于业龙、孙佳宁、李牧

设计说明：

随着城镇化的快速推进，大量的中青年人口由农村转移到城市，我国农村已经迈入了深度老龄社会的门槛。村内的荒废房屋很多，人口多为老人小孩；与此同时，农村的养老设施却比较短缺，养老服务远远跟不上社会需求。配套设施、商业环境也很落后。

本设计理念有6点：

（1）房子自然消亡，采用当地材料，生态建筑，节约能源：回到建筑源头，一路溯源发现，与自然有关的建造材料大致有4种：土、木、竹、石。材料作为建筑及景观设计构成的基础成分，就地取材。原生态毛石、树木（红松、樟子松、落叶松、杨树、柞树、白桦、枫华、榆树、胡桃楸、水曲柳、椴树、榆树、色树、黄波椤等），赋予主体更多生机。生态建筑，节约能源，房子取于自然，亦可重回自然。

（2）主路防灾，地温：由于地处东北，冬天路上总有积雪，且多日不化，村内又多为儿童老人，一到冬天，行动就极为不便。因此，路面积雪的处理是十分必要的。可以采取"利用地温防止寒冷地区道路表面积雪的热棒的制作"这一方法。

（3）养老，幼儿：建筑内部设置易于老人幼儿的无障碍设计。

（4）商业问题：在村中心处建造了一个商业广场，方便日常生活，提高生活质量。

（5）与锡伯族文化结合：建造锡伯族祠堂、宗祀等。

（6）防疫防灾：住宅在空间形态方面，合理布局建筑组群形态，营造良好的自然通风环境，根据常年主导风向、城市功能布局等因素综合确定建筑朝向。建筑间距依据各地日照标准适当提高，以增加日照时长和质量。有效利用外部风环境，促进气流引导、对流通风、表皮预热等被动式机能，改善建筑室内物理环境质量。

竞赛模块	大连理工大学城市学院建筑工程学院	参赛人员	林雨婷	顾丝雨	苏展
B理想乡居	大连理工大学城市学院建筑工程学院	指导教师	姜立婷老师	宋文慧老师	
竞赛联系人	林雨婷	联系方式		E-mail	

三等奖

永续乡村

一. 规划背景 Planning background

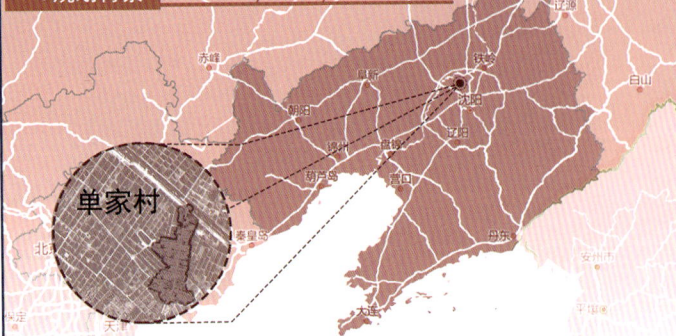

单家村

树阁鳞次

湘妃勾魂人间客

设计说明 Design instruction

一望无垠，缤纷丰饶的土地上，虎斑霞绮，林籁泉韵的村庄边，早春之时铺青叠翠，秋冬之季银霜满地，漫步于村庄之中即是行走于画卷之上。整个村庄的布局结构就像广场旁的景观树的枝节一样虬枝盘曲。街道两侧的树林和房屋鳞次栉比，木栈道和博物馆心醉神迷，还有那一方小小的迷宫静静地望着自己前面那副壮阔精美的稻田画，和谐而又美好。大自然包容天地万物，抚慰人们的心灵，怀梦而来的旅客络绎不绝，但无不交口称誉，村庄的景色令人流连忘返，但又百看不厌。自然用风霜雨雪来塑造着环境，造就了这大自然的繁多错杂，而单家村也如这大自然中的一棵树变得逐渐枝繁叶茂，蒸蒸日上。

三. 基地分析 Base analysis

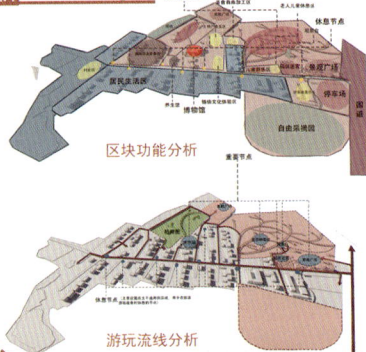

区块功能分析

游玩流线分析

二. 村庄设计概念 Village design concept

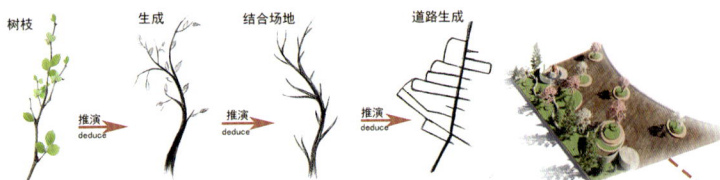

树枝	生成	结合场地	道路生成
推演 deduce	推演 deduce	推演 deduce	

四. 生态区设计概念 Concept of ecological zone design

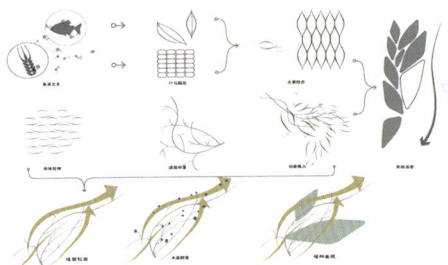

五. 设计策略 Desigh strategy

生态

能源利用　稻鱼共生

经济

都市农业　商业

社会

文化　教育

① 景观广场
② 观景台
③ 稻田迷宫
④ 小木屋
⑤ 休息节点
⑥ 小观景台

稻鱼共生　　　　自由采摘园

辽宁省土木建筑学会高等院校"乡村振兴"主题竞赛（2020—2021）

永续乡村

竞赛模块	大连理工大学城市学院建筑工程学院	参赛人员	林雨婷	顾丝雨	苏展
B理想乡居	大连理工大学城市学院建筑工程学院	指导教师	姜立婷老师	宋文慧老师	
竞赛联系人	林雨婷	联系方式	E-mail		

稻画叠秋

稻画映意游牧心Ⅱ

题目解读 topic interpretation

湘妃色的树木像是把人间的旅客勾魂夺魄，稻田画映意着锡伯游牧民族的赤子丹心。

六. 四季分析 Four seasons analysis

春 赏樱 抹黑节 种植 文化

夏 稻田画 西迁节 采摘 生态区体验

秋 稻田画 丰收 生态区体验 品米制美食

冬 滑冰 沐浴 冰雪世界 品美食

七. 平面分析 Plane analysis

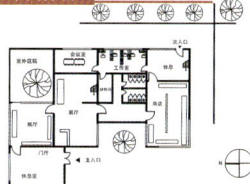

一层平面图 1：400

二层平面图 1：400

八. 爆炸分析 Explosion analysis

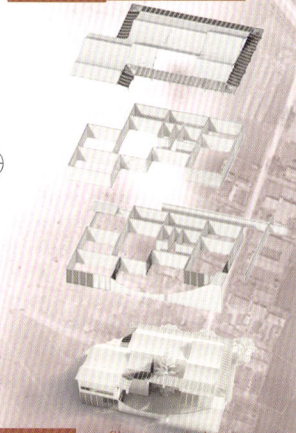

九. 立面赏析 Facade appreciation

西立面图 1：400　东立面图 1：400　北立面图 1：400　南立面图 1：400

十. 室内赏析 indoor appreciation

十一. 剖面赏析 profile appreciation

大连理工大学城市学院建筑工程学院

参赛人员： 林雨婷、顾丝雨、苏展
指导教师： 姜立婷、宋文慧

设计说明：

　　本小组的设计是以"树"为主题，把整个村庄想象成一棵树，意在希望村庄能够像树一样坚韧不拔，茁壮成长，慢慢地枝繁叶茂，体现出乡村振兴的主题。树方面的措施，我们将村庄街道绿化进行了改造，都种上了樱花树与其他树木，阁楼与树木鳞次栉比，连设计的木栈道、小木屋与观景台都是以树为主题的，栈道小木屋运用树枝模样的平面，观景台如大树一般拔地而起，各种设计采用木头为原料，这一切都是围绕着树进行的。生态风貌也体现出了文化风貌。

辽宁省土木建筑学会高等院校"乡村振兴"主题竞赛（2020—2021）

竞赛模块		参赛人员	赵铁刚	钱新宇	祝媛媛	盛佳雯	董鸽
B理想乡居	沈阳城市建设学院建筑与规划学院	指导教师	屈芳竹老师	于业龙老师			
竞赛联系人	赵铁刚	联系方式		E-mail			

永续乡村

第一章　序曲
单家村与锡伯族

区位分析

道路分析

绿化分析

河流分析

设计说明

锡伯族历史
HISTORY OF JIBE PEOPLE

大西迁

锡伯族传统节日

植物配置分析

刺绣分析

锡伯族全国分布图
National distribution map of Xibe

舞蹈分析

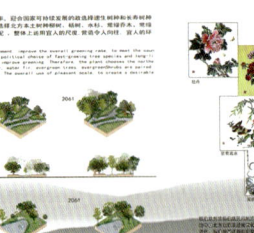

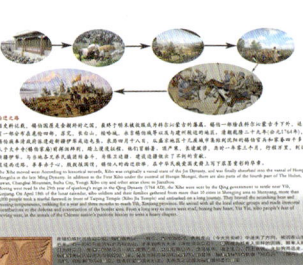

沈阳城市建设学院建筑与规划学院

参赛人员： 赵铁刚、钱新宇、祝媛媛、盛佳雯、董鸽

指导教师： 屈芳竹、于业龙

设计说明：

在本次设计中我们发现了下面 4 个问题：村民就业，人口流失，产业落后，文化遗失。

为了解决这些问题，我们选择将单家村设计为一个集休闲娱乐，养身放松为一体的度假好去处。将重点放在引入外部人流，为破败乡村注入新活力，只有开源才能有足够的资金改善村民的生活，才能为青壮年提供更多的就业机会，让他们不至于背井离乡地外出打工。而一旦青年能长期在家附近工作，那么孤寡老人和留守儿童的问题也可以迎刃而解。建成了度假区后人们在这里游览完毕，回去后也会向亲朋好友推荐或者带着更多的人一起来，这样就能起到很好的宣传作用，有了热度，单家村的特色产品也就有了好的销路，能为单家村民提供新的收入途径和选择。本次建筑风格也选用了锡伯族传统特色，建筑外立面以石材、木材为主，配以玻璃。屋顶则为传统的坡屋顶，整体以合院的形式排布，配以矮墙，营造出大量开放、半开放空间。便于锡伯族在逢年过节时举办相应的民俗文化活动。这也能提高建筑的趣味性、可玩性。村中也有锡伯族传统的骑马射箭与歌舞表演。每个进来度假的游客在进门后都会穿上锡伯族传统服饰，并由锡伯人教导一些简单的锡伯语和锡伯礼仪。每个在村中服务的员工也会处处展现锡伯族传统文化。在这样的大环境下，游客能更好更深入地了解锡伯文化，从而达到传播传承以及重振锡伯文化的目的。

辽宁省土木建筑学会高等院校"乡村振兴"主题竞赛（2020—2021）

竞赛模块	参赛高校、院系	参赛人员	汪佳林	于树毅	张佳惠	郑思若
B理想乡居	沈阳建筑大学建筑与规划学院	指导教师	吕健梅老师			
竞赛联系人	汪佳林	联系方式		E-mail		

永续乡村

稻梦工场

设计背景 Design background

辽宁 Liao Ning | 沈阳 Shen Yang | 沈北新区 Shenbei District | 单家村 ShanJia Village

地块分析

稻梦小镇（单家村）主要依托于沈阳市"稻梦空间"景区发展建设，"稻梦空间"是国家AAA级景区，处于沈阳市北部，兴隆台街道西侧，主要交通道路为101国道，占地约0.9平方公里，近距离辐射单家村、盘古台村两个村村寨，远距离辐射兴隆台街道驻地。其中，单家村总面积为2.6km2，人口约270人，是距离"稻梦空间"最近、接受旅游发展辐射最多的村庄。

党群工作室 | 私人别墅 | 采摘房（在建）
画家工作室 | 民宿一期 | 民宿二期
餐厅 | 村史馆

选址分析

在建筑改造地块选择方面，我们经过现场调研、多方访谈，明确了目前村民已经与稻梦公司签订合同并且闲置的四处民房并进行多次比对与分析，对道路、景观、商业核心、建筑功能与体量的多重考虑，最终决定把靠近两侧民宿的方形地块作为本次的设计区域。

民居资料分析 Analysis of residential data

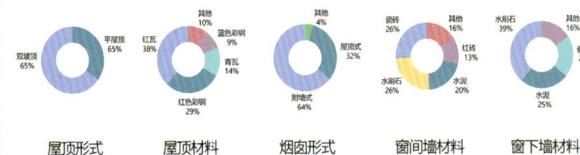

双坡顶 65% | 平屋顶 65% | 其他 10% | 其他 4% | 瓷砖 26% | 其他 16% | 水刷石 39% | 其他 16%
红瓦 38% | 蓝色彩钢 9% | 屋顶式 32% | 红砖 13% | 瓷砖 20%
红色彩钢 29% | 青瓦 14% | 附檐式 64% | 水刷石 26% | 水泥 20% | 水泥 25%

屋顶形式 | 屋顶材料 | 烟囱形式 | 窗间墙材料 | 窗下墙材料

人群需求 People demand

村里人现在只靠水稻种植线。只有让村里整个干基础的这部分人先富起来，才能留住更多的年轻人回乡...村长 可书记 | 咱们村50岁以下的人已经不在村里留了，年轻人都外出打工，剩下的这些老年人自己打理，靠着卖粮子也就不几几个性，我们现在的...村民 可大爷 | 我们稻梦空间目前的大米和深加工产品在沈阳市已经算比较有名了，但是走不够效益，下则段发展期望进一步拓展市场，重点打造稻梦品牌的独特产品...稻梦高层 赵经理

村长 可书记 | 村民 可大爷 | 稻梦高层 赵经理

现状问题 Status quo of the problem

农户农产品销售困难
difficulty selling agricultural products
村内产业单一，水稻种植业收入较低
The village has a single industry and low income from rice farming

村内空心化严重，街巷空无一人
The hollowing out of the village is serious and the streets are empty

现有多处闲置农房即将要加入改造计划之中
Existing many idle farm houses will be added to the renovation plan

工艺流程 technological process

米酒传统工艺流程
浸米 | 炊煮 | 拌曲 | 发酵 | 蒸馏

饭团工艺制作流程
煮米 | 备料 | 制作 | 分切 | 冷藏

辽宁省土木建筑学会高等院校"乡村振兴"主题竞赛（2020—2021）

延续乡村

沈阳建筑大学建筑与规划学院

参赛人员： 汪佳林、于树毅、张佳惠、郑思若

指导教师： 吕健梅

设计说明：

近年来随着经济的发展，在城市化进程的加速推动之下，国内各地的乡村都在面临着一系列难题，例如乡村风貌的丢失、人口老龄化的加剧以及"空心村"等问题。现如今在乡村振兴的背景之下，在追求农业农村现代化的同时，也要保留原有的乡村风貌和地域特色，营造出现代化社会主义新农村，实现真正意义上的"理想乡居"。

该地块位于沈阳市沈北新区单家村内，经过与村民、村集体和稻梦企业的三方沟通协调以及对地形的考察，深入考虑各类需求，最终决定采用"米酒+饭团"这两种大米深加工和游客参观体验两种功能在建筑设计中进行植入，在村内建设"稻梦工坊"，以解决村内最严重的空心化问题，提供工作岗位让村内的年轻人回归乡村，吸引更多的游客到来的同时并带动乡村经济。

方案上采用延续乡村整体肌理的方式，在老建筑的基础上进行新建，场地中将开敞式的院落景观融入其中，主入口处的菜地代表原生态的美好乡村生活，自上而下的水渠中水流滴灌的意境代表了工坊的合理运转与前来参观游客的人流不息。在功能上在满足产品生产的同时还能满足游客进行参观；平面上采用符合单家村建筑肌理的"L"形平面，整体流线清晰；造型上将当地民居的烟囱元素进行转译成为采光井，再结合上人屋面，既能满足参观需求，又能塑造良好的建筑天际线；材料上主要选用有当地特色的红砖，并加入具有原生态感受的稻草秸秆填充板等新材料进行装饰，降低造价的同时也让建筑完美融入村庄环境之中。

另外还有远期工坊规模扩大化的规划方案也在本作品中有所体现，将乡村集市、大米其他深加工产业以及特色主题广场纳入远期规划方案。该建筑更新设计方案从农村、农业、农民3个角度解决单家村的实际问题，深入考虑村庄未来的发展趋势，最后希望我们的作品能够对单家村的发展有所贡献。

辽宁省土木建筑学会高等院校"乡村振兴"主题竞赛（2020—2021）

永续乡村

竞赛模块	参赛高校、院系	参赛人员	徐婷婷	肇笙交	王佳庆	邸金承	孟香君
B理想乡居	辽宁工程技术大学建筑与交通学院	指导教师	潘新新				
竞赛联系人	徐婷婷	联系方式		E-mail			

庭院相续----

风回小院庭芜绿，柳眼春相续

区位分析:

基地位于辽宁省阜新市,阜新市气候属北温带半干旱大陆性季风气候,气候的主要特点是气温偏高,降水偏多,日照略少。

阜新市太平区,是阜新市郊区,与市中心大约40分钟路程。

基地位于塔子沟,靠近塔山风景区。其西北方向为塔子沟村,东南方向为塔山风景区。一条交通主干道自西北方向向东南方向延伸,地势逐渐变高。

人员分析:

常驻人口:1450人

村民工作:种地打工

外来人口:108人

留守儿童、老人:130人

客流量最大:5-10月

本村人数:1814人

经济技术指标:

总基地面积:7838 ㎡	建筑大小 内容	3开间	5开间
总容积率:0.258			
总建筑面积:2021	建筑面积	235平方米	270平方米
总建筑密度:25.8%	建筑密度	55.6%	35.1%
总绿化率:24.5%	基地面积	417平方米	619平方米
总户数:7户	绿化率	11.6%	21.5%
总人口:30人	容积率	0.73	0.47

设计概念:

我们致力于打造一个适用于北方农村地区的一个居住建筑,既能让当地居民喜欢这里,又能让城市里的人爱上这里,把这里当成休闲、放松的场所。

元素提取:

卧室:两间
位于建筑两边

客厅:中轴线上
外部为阳光房

车库、厨房:
位于室内

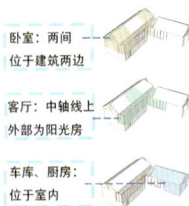

场地现状:

优点保留:
- 自然环境秀丽优美
- 建筑风格传统古朴
- 面积宽敞用地宽裕
- 自然资源要素丰富

缺点不足:
- 技术水平落后
- 住房质量低,寿命短
- 室外卫生间造成环境问题
- 冬季不宜室外活动

辽宁工程技术大学建筑与交通学院

参赛人员： 徐婷婷、肇笙交、王佳庆、邸金承、孟香君
指导教师： 潘新新

设计说明：

基地位于辽宁省阜新市太平区塔山风景区附近的塔子沟村，位于市郊，基地现状基本是老人与孩童居多，因为周边有风景区的存在，村里有一些农家乐，年轻人不是很多，所以我们的想法就是打造一个可以既让当居民喜爱，又能满足城市里忙碌生活的人的精神需求的场所。

我们设计时以一个庭院为单元设计，分了3间和5间设计，这样既能满足人口少的家庭，也能满足人口较多的家庭，最后由单元组成基地，再加以绿化及一些公共设施。建筑的原有形态就是农村基本的一字形态，这样的好处是可以使卧室有充足的采光和保温效果，但是这样造成的结果就是在建筑入口的厨房油烟得不到有效控制，就餐也是在卧室，不能保证卫生与方便，在我们的改进中，我们保留了一字形的建筑布局，改进了厨房与就餐的位置，单独为厨房与餐厅设置了房间，除此之外，我们还改变了卫生间的位置，可以不出门就能解决问题。同时我们也加入了绿色的设计元素，比如沼气池，它可以由生活垃圾转换成可供我们使用的沼气，实现绿色、可持续发展。在屋顶的太阳能板也可以节约能源，用太阳供电甚至是发热。

我们的设计理念是让农村改变起来，发展起来。"庭院相续"取自于古词《虞美人　风回小院庭芜绿》中：风回小院庭芜绿，柳眼春相续。词句的意思就是春风吹回来了，庭院里的草又绿了，柳树也生出了嫩叶，春天继续来到了人间。这寄予着在习近平总书记的带领下，农村得到了相继的发展，以及将来会在我们的努力下，农村的生活会像绿草一样，像柳树一样，慢慢破土而出，长出嫩芽，向着更好的方向发展，逐渐奔向小康的时代。

竞赛模块	沈阳城市建设学院建筑与规划学院	参赛人员	武鸿博	冯江惠	王有国	张奥博	
B理想乡居	沈阳城市建设学院建筑与规划学院	指导教师	于业龙	朱庆余	李牧		
竞赛联系人	冯江惠	联系方式		E-mail			

永续乡村

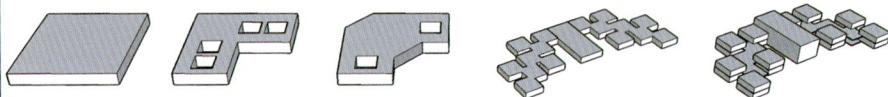
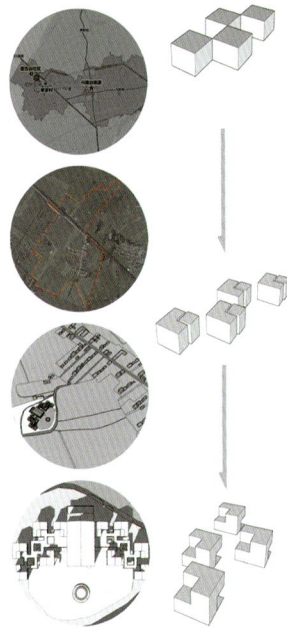

我们的理念

从民宿风格角度来看，我们以乡村文化、生态环境及农业资源为基础，侧重于向游客提供餐饮及住宿等方面服务，充分发挥乡村特色、乡村环境及乡村文化的优势，以达到提高旅游休闲质量及打造旅游行业品牌的目标。主体建筑一层为特色餐厅，二层为棋牌室以及养生茶馆，适合老人三五成群聚在一起喝茶看报，三层则为青年旅舍我们的建筑在继承了传统乡居低碳环保的优良传统的情况下，将其替换成了简约而精彩的风格

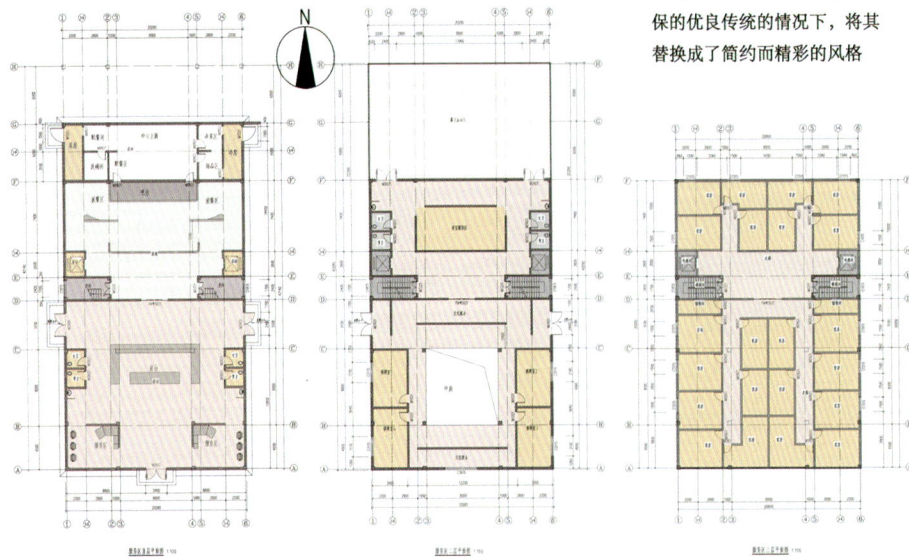

享受悠闲生活当然比享受奢侈生活便宜得多。要享受悠闲的生活只要一种艺术家的性情，在一种全然悠闲的情绪中，去消遣一个闲暇无事的下午。这就是我们的初衷——舒适恬淡，坐看云起。

沈阳城市建设学院建筑与规划学院

参赛人员： 武鸿博、冯江惠、王有国、张奥博

指导教师： 于业龙、朱庆余、李牧

设计说明：

我们深知——美好的建筑象征着建筑师们对生活的热爱。

每个人心里都有一座田园，那是人们发自心底对自由的渴望。

在这里，我们有乡村，却不止于乡村，我们有田园，却又高于田园，我们所期盼的，是每个人心里所期盼的田园。享受悠闲生活当然比享受奢侈生活便宜多。要享受悠闲的生活只要一种艺术家的性情，在一种全然悠闲的情绪中，去消遣一个闲暇无事的下午。这就是我们的初衷——舒适恬淡，坐看云起。

1. 我们的初衷：自然本真

我们的初衷就是要让人们体验一种返璞归真、亲近大自然的生活状态。让在喧嚣的城市里每天面对快节奏、极大压力的人能够得到一种放松和休息，给他们提供庇护心灵的港湾，愉悦身心。我们的设计风格是完全不同于商业空间设计以及酒店设计的，民宿设计的所有设计风格提倡的都是一种质朴、清新的田园风派，简朴中却孕育着生活的诗意。

2. 我们的理念：绿色可持续预制装配式

从民宿风格角度来看，我们以乡村文化、生态环境及农业资源为基础，侧重于向游客提供餐饮及住宿等方面服务，充分发挥乡村特色、乡村环境及乡村文化的优势，以达到提高旅游休闲质量及打造旅游行业品牌的目标。主体建筑一层为特色餐厅；二层为棋牌室以及养生茶馆，适合老人三五成群聚在一起喝茶看报；三层则为青年旅舍。独栋的乡村别墅通过二层的浮空连廊连接在了一起，看似个个独立却又互相联系。我们的建筑在继承了传统乡村低碳环保的优良传统的情况下，将其替换成了简约而精彩的风格。设计充分制作了各种无障碍设施，让老年人来这里体验田园风光的同时保证了足够的安全性和舒适性。

辽宁省土木建筑学会高等院校"乡村振兴"主题竞赛（2020—2021）　永续乡村

竞赛模块	参赛高校、院系	参赛人员	王潇	陈欣	苗雨阳	刘松琳	李社健
B理想乡居	辽宁工程技术大学建筑与交通学院	指导教师	何敏	王杰志	刘暖美		
竞赛联系人	王潇	联系方式		E-mail			

七月 鹿营谷
——乡村旅游商业建筑与农宅的镶嵌实验

■ 区位调研分析

项目地址位于辽宁省阜新市太平区永泉镇塔子沟村，永泉镇塔子沟村位于阜新市区东南部，由阜新市区驱车20分钟左右车行时长，具有着距离市区近，风景优美等优点。

■ 地形地貌分析

■ 政府规划图

■ 年龄构成

81%　10%

中青年　老人　儿童

根据实地调研结果显示：塔子沟村村村的年龄构成度，青年以及中青年占比最大，老人之后是留守儿童，第占比中最大，在留守村子占据了主体地位，这也有可能带来空巢老人和留守儿童的情况。

独守老人　留守儿童

旅据实地调研结果显示：村中的留守儿童以及独国老人一共为130人，其中独居老人所占比例为45%，留守儿童站立比例为55%。

■ 乡村生活满意度调查

经济来源
生活设施
交通状况
照明系统
环境绿化

根据塔子沟村村村行随机抽样调查发现：村民在生活设施和所涉及的要求有没有固定的收入来源，村中生活设施较差，有一定的共享空间，进行交互活动，村中道路较为泥泞，没有达到较为通畅需求，村村区村优美交叉需要，所以道打对交通设施不完整的重要考虑必要的，重要改善体风貌体系应该可以，但是距离理想乡村的要求还很远，需要加以解决。

■ 建筑使用现状

屋顶渗水
保温节能
鹿舍处理
立面交融

根据塔子沟村民进行随机抽样调查发现：村民在建筑使用方面最为关注和需求的问题是保温节能，其次是立面交融，说明当地的劳动能力不到利用，又无法拆修新状况来如何解决，在之后能是房屋老旧导致的不美观，提温渗水的情况。

■ 人口流动情况调研

根据阜新市塔子沟村支部调研数的部分资料显示：自近十年村进城务工的人口以及越来越大，大量人流往城市方向涌进，而且其中前来的青年务工需要每打下村付中望生力量的流失，进一步导致城村之村的人口老龄化更加的严重，此同村且让村工作岗位留住青年才是目当务急的问题。

■ 政府投资规划

塔子沟这几年来城新市乡乡部门门1列人热点规划村镇，开发农村产业，村乡发展的市场，旅游一体化开步发展，在第一阶乡村规划中计划的特殖业（东北的梅花鹿养殖产业）插入塔子沟村。

■ 设计背景推理

生活设施问题　建筑问题　人口外流带来的情感问题　经济问题

■ 设计手段梳理

住房问题
人口外流
生活环境
经济收入

国家政策 → 旅游项目 → 建筑改造 → 新式农宅 / 工作岗位 / 环境优化 / 租改模式

为了解决塔子沟村民目前存在的生活设施，住房，没有固定收入和人口外流导致的独居老人，留守儿童等现象，依据国家政策在政府规划的乡村养殖产业的模式基础之上，建立乡村特色户外旅游产业，使得养殖业中出现的梅花鹿养殖产作作为旅游业的主题特色融入旅游产业，实现产业多元化建立实际项目。

以旅游项目作为载体从建筑改造的角度出发，通过租用并改造村民农宅构建乡村旅游商业建筑，改造后的建筑中预留出农户的新农宅使得农户收到租金和新住宅的双重利好。项目产生的工作岗位可以带回已村外的中青年团体，能减少独居老人、留守儿童的状况。旅游项目的开发带来全村的面貌整治，达到真正的"理想乡居"。

辽宁省土木建筑学会高等院校"乡村振兴"主题竞赛（2020—2021）　永续乡村

鹿营谷——营区及环境规划

乡村旅游步行体验设计

营区入口大门设计

营区景观节点设计

营区景观平立面透视图

营地绿化景观设计

辽宁省土木建筑学会高等院校"乡村振兴"主题竞赛（2020—2021）　永续乡村

改造项目1—游客接待中心

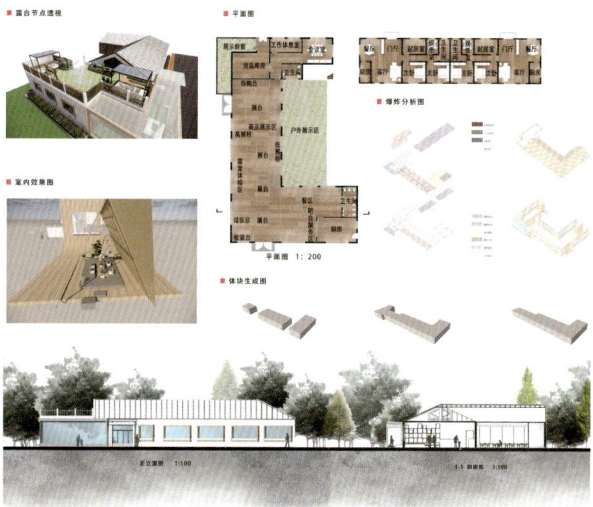

辽宁工程技术大学建筑与交通学院

参赛人员： 王潇、陈欣、苗雨阳、刘松琳、李祉健
指导教师： 何敏、王杰志、刘媛美

设计说明：

本案基于辽宁省推崇乡村发展建设的大背景下：针对现今农村的产业活力不足、人口流失、乡村环境及基础设施有待完善、乡村资源消耗无序及生态问题等实际问题，结合辽宁省阜新市乡村建设政策方针，提出的一个解决问题的新思路。

本案的核心思想为通过装配式构件对房屋进行改造，利用乡村的固有农宅构建新型且具备适应性的建筑，同时借助乡村旅游业建设弥补在可达性上的不足。这种改造的建筑由乡村旅游商业建筑和农宅通过垂直或水平的组合镶嵌方式进行组合，灵活的组合方式适应不同种类的农宅住户，而且克服废旧农宅的屋面渗水、保温效果不好、建筑不美观等实际问题。改造方可以通过租借农民的住宅借以改造经营，同时为农户改造新式住宅，达到良好的共赢效果。

与农户的"租改"计划则可以给农户带来固定收入和新型住宅，打造特色新型改造乡居群（自然村落）助力乡村特色旅游业的发展，可以产生大量工作岗位，解决人口流失的问题，并且能够整治乡居环境。

解决了乡村的生活设施、建筑、人口流失、经济收入、生活环境等多方面的问题，达到实际意义上的"理想乡居"，助力乡村振兴计划，永续乡村发展。

三等奖

辽宁省土木建筑学会高等院校“乡村振兴”主题竞赛（2020—2021）

永续乡村

竞赛模块	参赛高校、院系	参赛人员	赵琦	刘洋	李铭淼	韩梦斌	金玥
B理想乡居	沈阳农业大学林学院	指导教师	邓舸老师	王洪达老师			

竞赛联系人	赵琦	联系方式		E-mail	

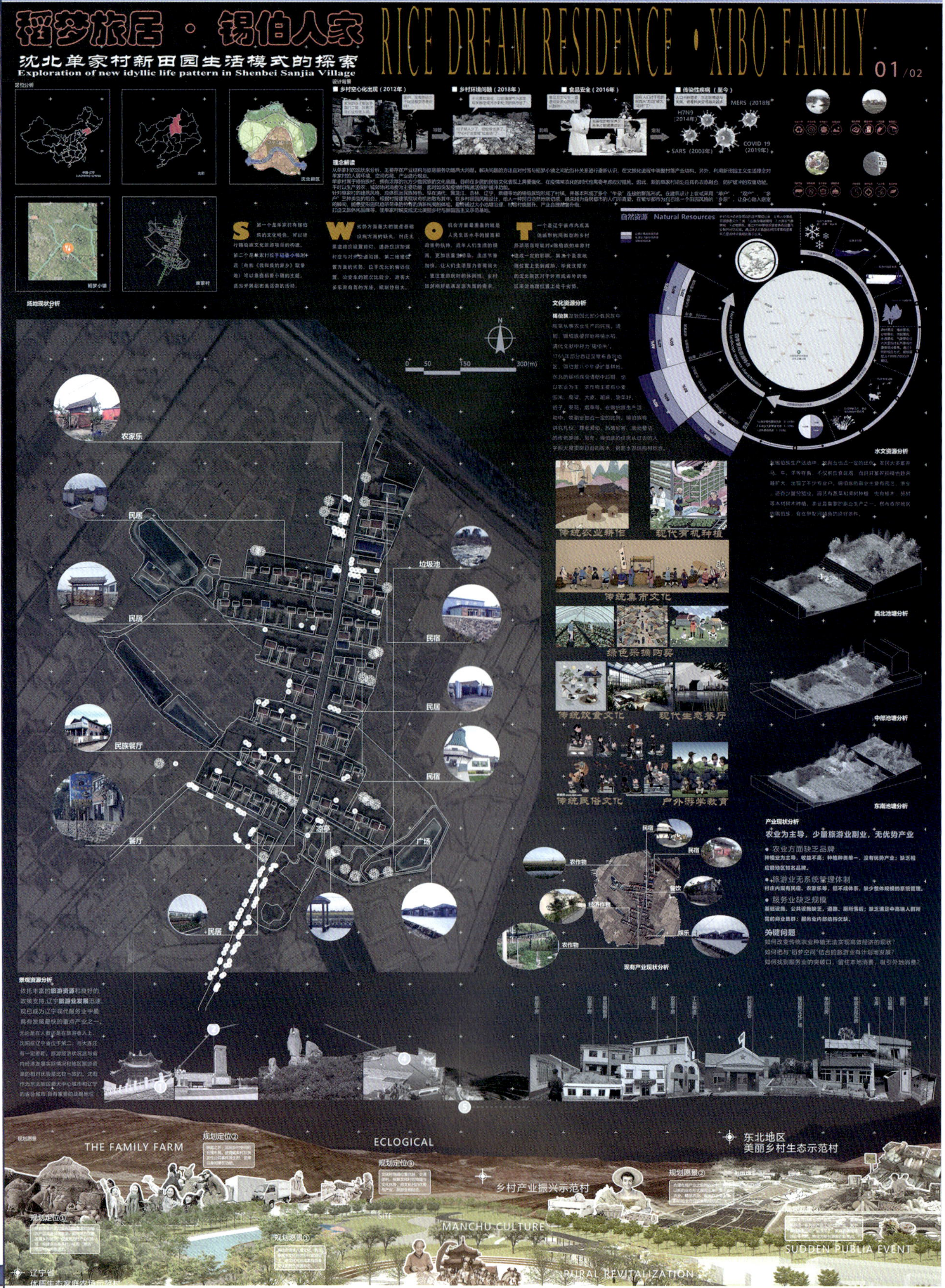

稻梦旅居 · 锡伯人家
沈北单家村新田园生活模式的探索
Exploration of new idyllic life pattern in Shenbei Sanjia Village
RICE DREAM RESIDENCE · XIBO FAMILY
01/02
区位分析
设计背景
乡村空心化出现（2012年）
乡村环境问题（2018年）
食品安全（2016年）
传染性疾病（至今）
理念解读
S
W
O
T
自然资源 Natural Resources
文化资源分析
场地现状分析
农家乐
民居
垃圾池
民宿
民族餐厅
餐厅
凉亭
广场
传统农业耕作
现代有机种植
传统集市文化
特色采摘购买
传统饮食文化
现代生态餐厅
传统民俗文化
户外游学教育
水文资源分析
西北池塘分析
中部池塘分析
东南池塘分析
产业现状分析
农业为主导，少量旅游业副业，无优势产业
农业方面缺乏品牌
旅游业无系统管理体制
服务业缺乏规模
关键问题
现有产业现状分析
景观资源分析
THE FAMILY FARM
ECLOGICAL
东北地区
美丽乡村生态示范村
乡村产业振兴示范村
MANCHU CULTURE
SUDDEN PUBLIA EVENT
RURAL REVITALIZATION

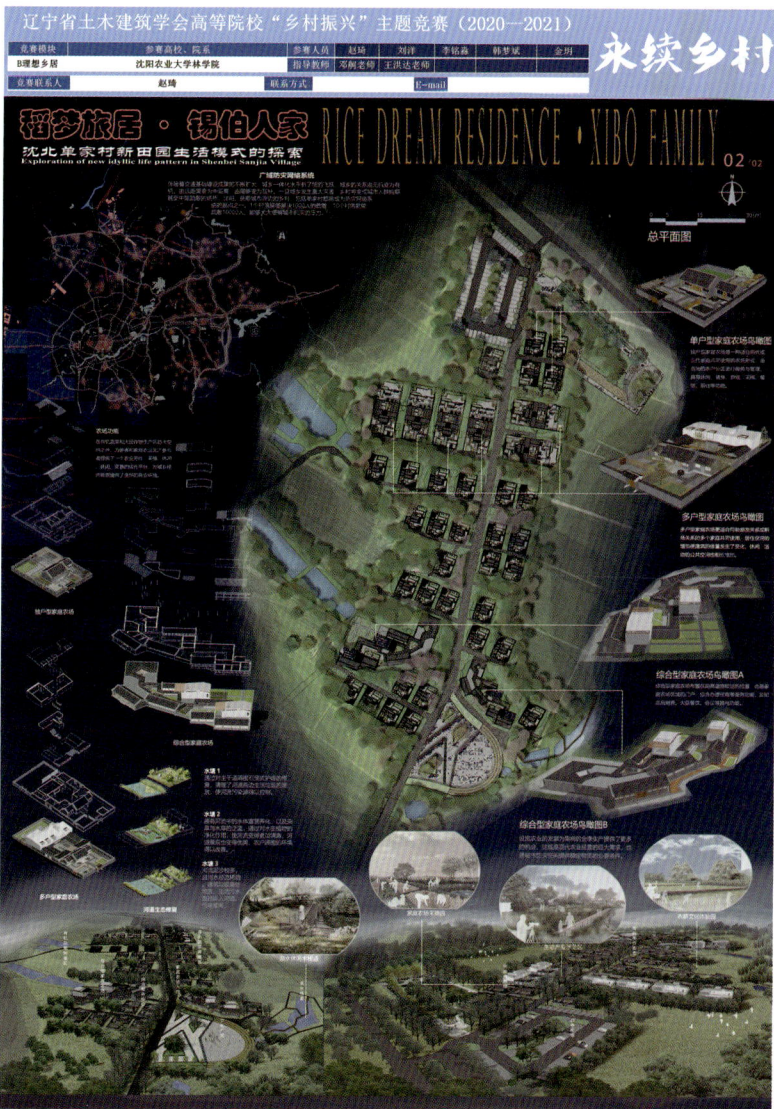

沈阳农业大学林学院

参赛人员： 赵琦、刘洋、李铭淼、韩梦斌、金玥
指导教师： 邓舸、王洪达

设计说明：

从单家村的现状来分析，主要存在产业结构与旅居服务功能两大问题。解决问题的方法应对村落与稻梦小镇之间的互补关系进行重新认识，在文旅化进程中调整村落产业结构。另外，利用新田园主义生活理念对单家村的人居环境、空间布局、产业进行规划。

单家村属于锡伯族村，拥有浓厚的北方少数民族的文化底蕴。目前在乡居的民俗文化表现上需要强化，在疫情常态化的时代也需要考虑应对措施。因此，新的单家村规划应具有农旅融合、防护缓冲的双重功能。平时以生产务农、城郊休闲消费为主要功能，面对如突发疫情时将激活保护缓冲功能。

针对单家村的建筑风格，应体现出民族特色。早在清代，黑龙江、吉林、辽宁、新疆等地的锡伯族均形成了村镇，并基本形成了多个"牛录"连接的聚落形式。在建筑设计上尝试采用"单户""双户""多户"3种类型的组合，根据村落建筑现状有机地散布其中。在乡村田园风格设计，给人一种回归自然地亲切感，越来越为身居都市的人们所喜爱。在繁华都市为自己造一个田园风格的"乡居"，身心踏入居室的瞬间，能感受田园风格所带来的特有的清新纯美的体验。最终通过大小池塘治理、村容村貌提升、产业合理配套升级、打造文旅休闲品牌等，使单家村蜕变成沈北美丽乡村与新田园主义示范基地。

永续乡村

竞赛模块	参赛高校、院系	参赛人员	张志昱		
B理想乡居	沈阳城市学院建筑工程学院	指导教师	罗奕		
竞赛联系人	张志昱	联系方式		E-mail	

总平面图 General Plan

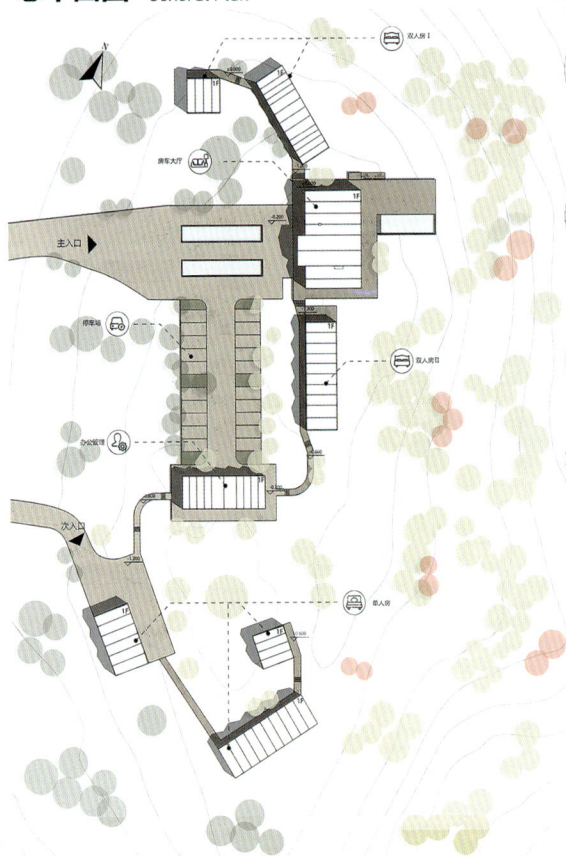

区位分析 Location analysis

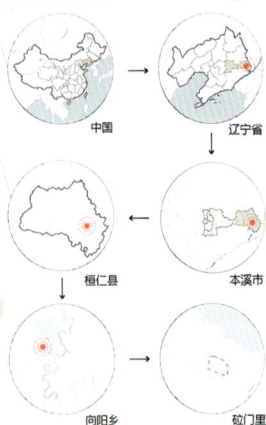

中国 辽宁省
桓仁县 本溪市
向阳乡 砬门里

灵感生成 Inspiration generation

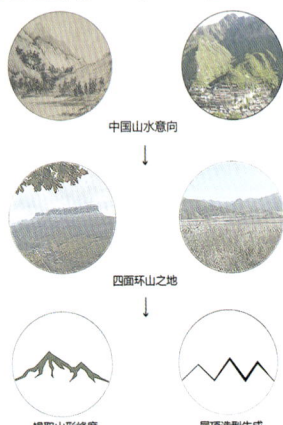

中国山水意向
四面环山之地
提取山形峰度 屋顶造型生成

概念草图 Concept Sketch

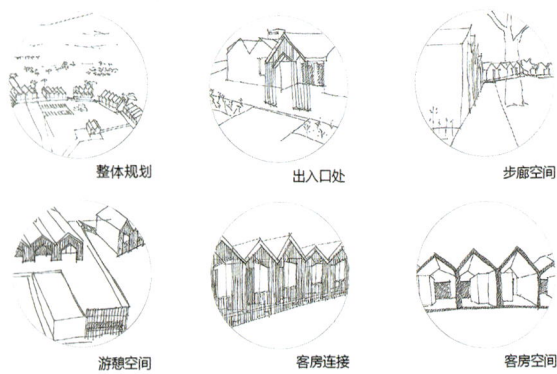

整体规划 出入口处 步廊空间
游憩空间 客房连接 客房空间

山水之·間 —— 桓仁枫林谷房车基地 II

大厅平面 Floor Plan

2人房·10个
3人房·8个
4人房·2个
7人房·1个

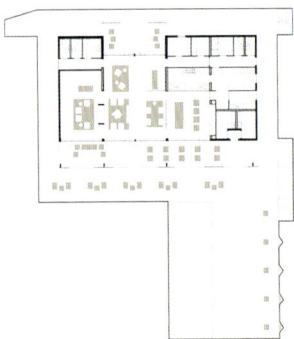

客房平面 Guest Room level

单人房·10个
双人房·18个

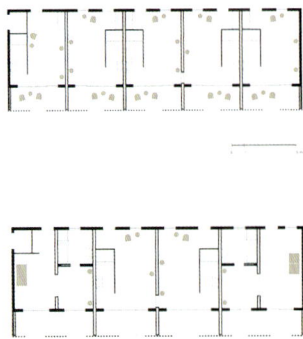

立面图 I Elevation I

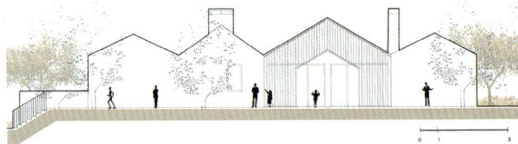

立面图 II Elevation II

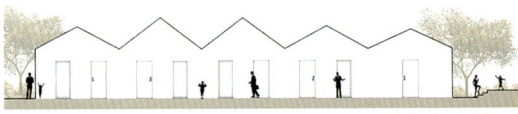

剖面图 I Section I

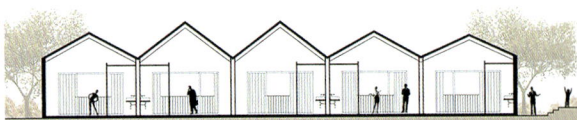

剖面图 II Section II

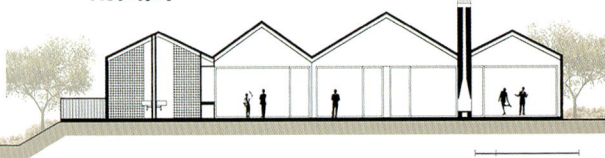

辽宁省土木建筑学会高等院校"乡村振兴"主题竞赛（2020—2021）

竞赛模块		参赛高校·院系		参赛人员	张志昱		
B理想乡居		沈阳城市学院建筑工程学院		指导教师	罗奕		
竞赛联系人		张志昱		联系方式		E-mail	

永续乡村

山水之·間

—— 桓仁枫林谷房车基地Ⅰ

要么读书
要么旅行
身体和灵魂
总有一个在路上……

沈阳城市学院建筑工程学院

参赛人员：张志昱

指导教师：罗奕

设计说明：

"要么读书，要么旅行，身体和灵魂总有一个在路上。"这句话，几乎每个人都听说过。如今，露营和房车旅行已成为追求时尚的年轻人的优选，使旅行变得更加自由随意。房车露营地将露营、自驾与休闲、文化相结合，除了可以为房车和自驾车者提供餐饮娱乐、休息住宿外，突出一点是可以为房车和游客提供全套的供给补给服务。

基地位于辽宁省本溪市桓仁满族自治县向阳乡，毗邻枫林谷森林公园，区域面积 2583hm²，地处长白山余脉，三面环山，最高峰 1288m，是辽宁为数不多的千米以上高峰之一，每年都吸引众多的游客前来。为了进一步发展当地旅游业，拓展更多住宿的形式，我们尝试在这里规划设计一处房车基地。基地占地 3000m²，建筑面积 100m²，车位 32 辆，30 座错落有致、饶有趣味的白色小屋，依"S"形自南向北排布于园内，形成动静分离的休息空间。小屋向西，漫步绿林净土，享受自然野趣，向东仅几步之遥，就可以沉浸在大自然异彩缤纷的景色之中。屋外配有户外平台，便于烧烤野餐。

最好的风景在路上，在不破坏景观、保持自然原生态意境的前提下，个性化的住宿产品与周边山地绿色植被形成多彩景观体系，流水潺潺，山林环绕，错落有致，独具特色，如同一幅安静美好的画卷徐徐展开。

永续乡村

竞赛模块	参赛高校、院系	参赛人员	王越			
B理想乡居	大连大学美术学院	指导教师	王明坤	马达		
竞赛联系人	王越	联系方式		E-mail		

辽宁省土木建筑学会高等院校"乡村振兴"主题竞赛（2020—2021）

永续乡村

竞赛模块	参赛高校、院系		参赛人员	王越		
B理想乡居	大连大学美术学院		指导教师	王明坤	马达	
竞赛联系人	王越	联系方式		E-mail		

有机蔬菜体验式餐厅

　　有机蔬菜无土栽培顺应了现代农业的发展趋势，水肥一体化技术既可节省劳动力成本，又可保障作物生长过程中水肥的合理供给。而且，保护土地无土栽培结合一定的生态防治措施，能够有效地阻止外源病虫害的侵染，大大降低了有机蔬菜在生长过程中病虫害的发生，使有机蔬菜在栽培过程中绝对不喷施农药及其他化学制品成为可能，从而实现有机蔬菜高产、优质的目的。这种体验式餐厅，即可为农村带来绿色的农业收入，又可以通过体验式的采摘就餐，科普生态知识，为阳光产业，带来非同凡响的意义。漫步在起伏的屋面上，体验着深层次的、差异化的感受。

大连大学美术学院

参赛人员： 王越

指导教师： 王明坤、马达

设计说明：

　　有机蔬菜无土栽培顺应了现代农业的发展趋势，水肥一体化技术既可节省劳动力成本，又可保障作物生长过程中水肥的合理供给。而且，保护土地无土栽培结合一定的生态防治措施，能够有效地阻止外源病虫害的侵染，大大降低了有机蔬菜在生长过程中病虫害的发生，使有机蔬菜在栽培过程中绝对不喷施农药及其他化学制品成为可能，从而实现有机蔬菜高产、优质的目的。

　　这种体验式餐厅，既可为农村带来绿色的农业收入，又可以通过体验式的采摘就餐，科普生态知识，为阳光产业带来非同凡响的意义。

　　漫步在起伏的屋面上，体验着深层次的、差异化的感受。

辽宁省土木建筑学会高等院校"乡村振兴"主题竞赛（2020—2021）

竞赛模块	参赛高校、院系	参赛人员	赵琳	孔萍	冯漱铁	彭圆媛	孙菲涵
B理想乡居	沈阳城市建设学院建筑与规划学院	指导教师	苑泽锴	姜岩			
竞赛联系人	赵琳	联系方式		E-mail			

永续乡村

01

基 地 现 状

基 地 印 象

基地问题

- 乡村特色
- 风貌遗失
- 古今对立
- 社会矛盾
- 文化传承
- 空间更新
- 城市景观
- 自然景观
- 人文景观

土地利用现状图　道路交通现状图　绿地水系现状图　现状建设质量评价图

核 心 问 题

Strength 优势

Weakness 劣势

35% 外来人口　16% 儿童　12% 创客商人　42% 居民
65% 本地人口　25% 中青年人　59% 本地居民　20% 外地游客　26% 本地游客

主客之两

人口老龄化日益加剧，人口流失严重，当地人口逐渐减少

21% 卫生间　45% 厨房
现代生活 —x—— 传统空间

10% 其他　12% 杂物间

居市之困

缺乏配套居住设施，对改善居住条件的诉求日益加剧

水形缺乏节点　部分景观无人使用　未形成景观渗透

岸线过于生硬　人与水缺少互动　硬质铺装过多
植水之困

Opportunity 机遇

人群分类　需求分析　空间载体　活动时间分布

- 本地居民
- 外地游客
- 本地游客
- 创客商人

00AM
06AM
12AM
18PM
24PM

地区市场特色鲜明、与稻梦空间景区相连后，成为了优秀的小镇载体，在未来的一段时间内发展势头比较强劲。

四 大 策 略

概 念 生 成

宏观区域背景下，寻找旅游差异化，回归乡村慢生活

壹　贰　叁　肆

发展特色主题旅游产品　整合场地资源要素　优化村内道路路网系统　对接区域交通网络　形成可持续的规划方案　控制生态建设容量　注重远近结合弹性开发　根据现有资源优势

STEP 1　STEP 1　STEP 1　STEP 1　STEP 1
自给　起源　拓展　互动　共享

思 路 生 成

简化目标　分解目标

缩短　放慢

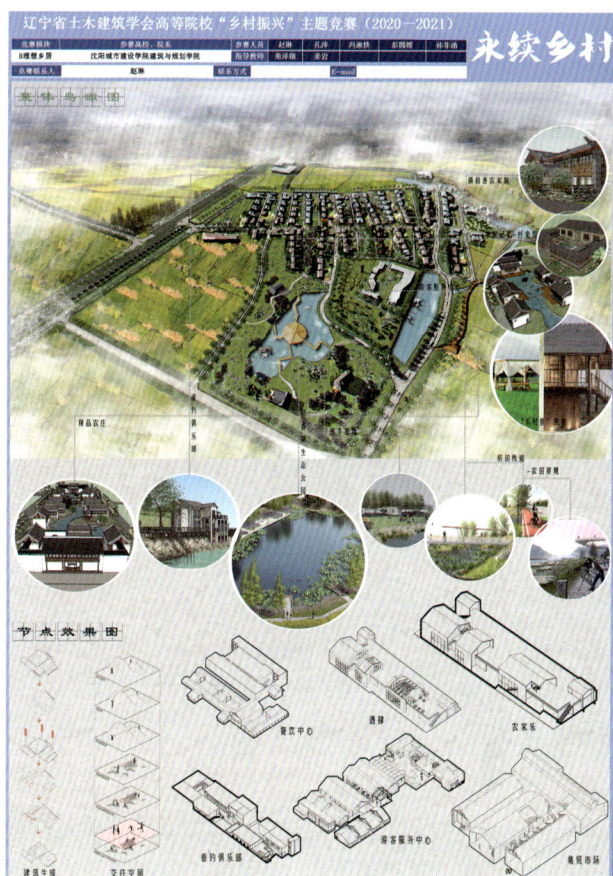

沈阳城市建设学院建筑与规划学院

参赛人员： 赵琳、孔萍、冯湫轶、彭圆媛、孙菲涵
指导教师： 苑泽锴、姜岩

设计说明：

为贯彻落实我省在《辽宁省国民经济和社会发展第十四个五年规划和 2035 年远期目标的建议》的发展要求。实现优先发展农业农村，全面推进乡村振兴的目标。强化以工补农、以城带乡，推动形成工农互促、互补、协调发展、共同繁荣的新型工农城乡关系，加快农业农村现代化，应着力提高农业质量、效益和竞争力。深入实施乡村建设行动，深化农村改革，实现巩固拓展脱贫攻坚成果同乡村振兴有效衔接。

特编制《沈北新区兴隆台街道单家村村庄规划》。本次规划以《沈北新区土地利用总体规划》（2006—2020）为主要依据，单家村所在兴隆台街道即属于总体规划中规划形成三区之一的都市农业区。本次规划继承和发扬了上位规划对规划区的功能定位，主干路网骨架，主要功能布局，并对路网及功能布局进行了细分。并且以村庄自然条件为基础，水稻种植和水产养殖等第一产业为依托，增设水稻加工、水产养殖、手工业生产等第二产业，开发以观光体验、康体娱乐、美食购物、休闲度假为主的第三产业，形成一条完整产业链以及涵盖吃、住、行、游、购、娱的旅游路线。通过微信微博等网络传播吸引游客，比如稻田摄影、创意体验等。目标客群以儿童和中青年为主，产品偏向文化教育性、参与体验性、时尚独特性。注重亲子客群，产品具备参与性或教育意义，在游览路线、游览方式上为目标客群提供相应的便捷和保护。增加农耕、田园相关主题产品。提升了景区内食宿条件，以特色、高品质的食宿吸引外来人员流入，完善村庄基础设施，搭建绿地系统，树立景观风貌，减小村庄内部人员的流出，使单家村成为一个宜居、宜业、宜游的理想乡居。

辽宁省土木建筑学会高等院校"乡村振兴"主题竞赛（2020—2021）

竞赛模块	参赛高校、院系	参赛人员	蔡可净	蔡可清
B理想乡居	大连理工大学城市学院建筑工程学院	指导教师	隋宇	刘双
竞赛联系人	蔡可净	联系方式		E-mail

永续乡村

唐文化生态体验园

村镇背景

石河村生态环境优越、民族文化繁荣，乡村旅游发展，四面环山，拥有小黑山、九莲山、东沟水库等自然风景旅游资源，九莲寺、烽火台等历史文化古迹资源，村镇现以生态与文化兼备的沟域旅游区为主。

区位分析

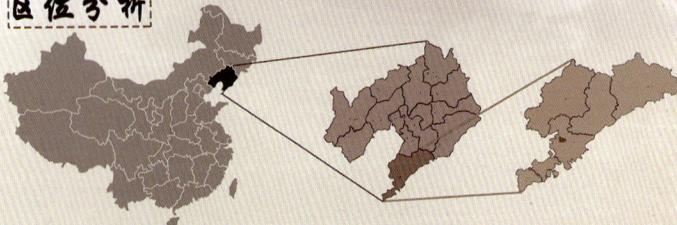

该地块位于辽宁省大连市金州区中部的石河村，村域面积约17.8平方公里。

现状分析

除村庄主要沥青马路外，大部分村内道路均为简单压平的土路，个别农户自行修建了碎石板路，也断断续续，无法成体系。田野中的道路常常狭窄到仅容一人通行。村庄农田中绝大多数都是此种道路。

村内绝大多数为自建房，房屋本体大多为土黄、米黄色的砖石结构，围墙多为碎石拼的石墙。基本为平房，房前屋后为居民自用菜地和果林，少部分区域为彻底荒废、杂草丛生的弃地。

交通分析

公路——G202国道
轨道——普湾高铁及高铁站
高速——渤海大道
距离G15沈海高速出入口约3.5公里，距离普湾高铁站约5公里。

现有产业

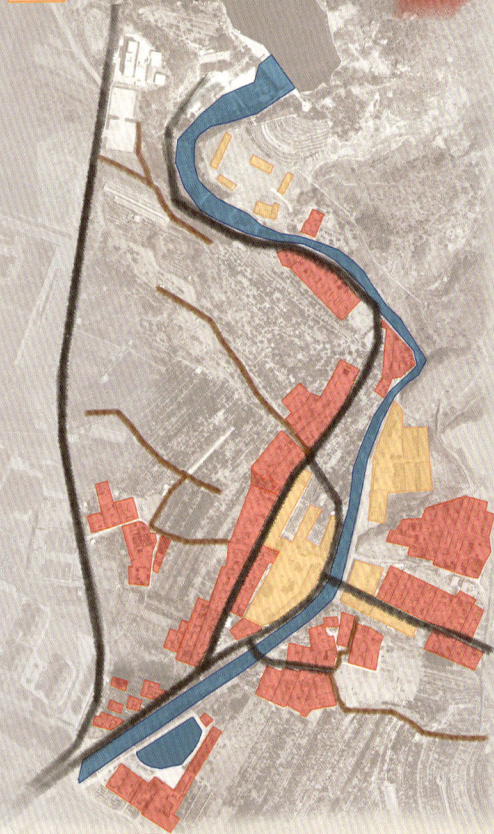

东沟野趣餐厅 The Field Restaurant
水库湖心岛 Mid-lake Island
满族山庄 The Manchu Manor
温泉会馆 Hot Spring
农耕文化园 Agricultural Park
岭上花夕 Mountain Garden

人口分布

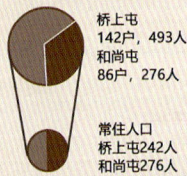

桥上屯 142户，493人
和尚屯 86户，276人

常住人口
桥上屯242人
和尚屯276人

河流分析

上游水源自水库流下，水质较为清澈，河道干净。中游进入村庄范围后，河道年久失修、维护欠缺，已杂草丛生。中下游水质较差，绿藻开始出现，河道浮出味道。

河道设施和桥梁基本保存完好，部分存在护栏破损，没有硬伤，可留存继续使用。

「永续乡村」辽宁省土木建筑学会高等院校「乡村振兴」主题竞赛获奖作品集（2021—2022）——城建杯

图例
村庄水体 village river
民居宅基地 the homestead
废弃厂房 abandoned building
柏油马路 the asphalt
村庄土路 village road

飞骑

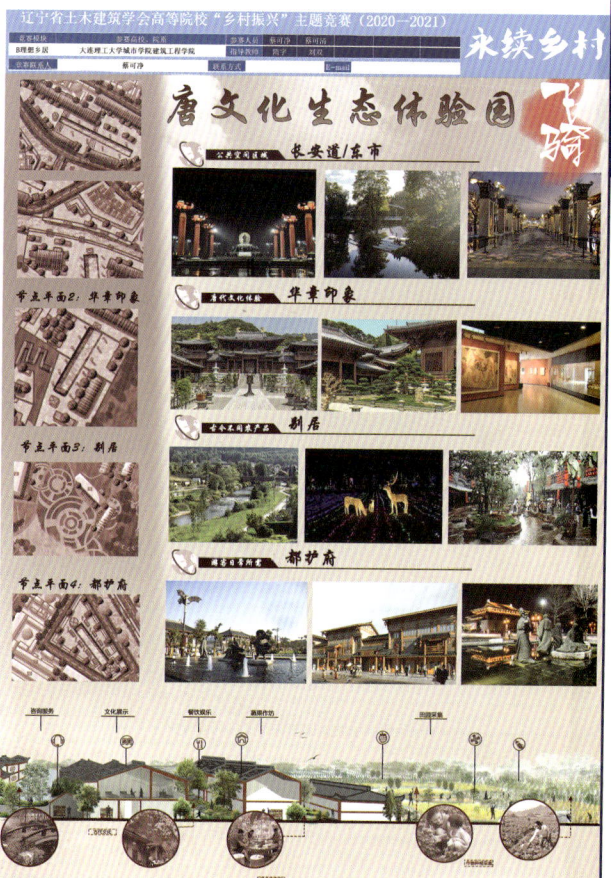

大连理工大学城市学院建筑工程学院

参赛人员： 蔡可净、蔡可清
指导教师： 隋宇、刘双

设计说明：

石河村位于辽宁省大连市金州区，隶属石河街道管辖，由9个自然屯组成，其中桥上屯与和尚屯组成的石河两岸的村域即为本次改造的区域。

地处沿海山区，海洋、河流及水库带来的水汽聚集在山林中，但北方冬天过于寒冷因此并未形成茂密的南方雨林，取而代之的是落叶林、疏林草地与沿河灌木。本地植物种类抗寒且生命力旺盛，弥补了缺少独特景观的不足。

石河村唐代为边疆安东都护府，同时为古代著名驿站，从唐代至近代承担着守卫边疆与保障关内关外物资商品运输的重任，可视为东北茶马古道。本地居民组成中有众多与汉地文化深度融合但同时具有己方特色的少数民族，在石河村形成了独特的本土建筑风格，为后续建筑景观建设提供了文化参考。同时，唐代垦边屯田政策时山川丘陵间诞生大片农田，为本地带来了中原地区农作物，与现代农田的种类不同，这种有趣的跨越千年的对比是极佳的旅游活动主题。

代著名边塞诗句"但使龙城飞将在"与代表驿站的"骑"组合，即形成石河村设计主题——"飞骑"唐文化生态体验园。

确定设计主题后，即可从唐代文化符号中选择与石河村本地景观相符且易于落地或简化为设计形式的意向，加以改造后融入景观当中。

辽宁省土木建筑学会高等院校"乡村振兴"主题竞赛（2020—2021）

永续乡村

竞赛模块	参赛高校、院系	参赛人员	孙祺	王宏	李济名	姜乐	刘美君
B理想乡居	沈阳城市建设学院建筑与规划学院	指导教师	田晶晶	程佳	李硕		
竞赛联系人	孙祺	联系方式		E-mail			

麦雅乡居 II

整体鸟瞰图

构思意向

麦穗果实:
　植物结出的果实，是人民食之根本，是联络整体的经络。（意向：摄影，景观，其他小品等的建筑构成）

麦穗:
　植物成熟后的展现也是养育农民的根本。（意向：餐饮，展览等建筑构成）

麦穗根茎:
　成长的必经之路，也是支撑的农村的重要组成。（意向：村史，民宿等建筑构成）

功能分布图

博物馆
村史馆
活动中心
观景民宿区
沿街商业
垂钓民宿区
餐厅
垂钓区
沿街商业
文艺民宿区
特色民宿
西迁广场
特色民宿区
特色民宿区
马场 骑射
康养中心
马戏民宿区
酒工场
特色民宿区
画馆
超市
亲自民宿区
特色书房
商店
公共卫生间
工艺馆
休息小店
纪念品商店

人进行公共活动所需要空间

交流——广场、草地
玩耍——广场、踏械、景观小品
机会——广场、景观小品
休闲——廊架、景观节点
活动——广场、景观
散步——广场、园林

人进行公共活动的概率分析

交流
散步
玩耍
活动
休闲
集会

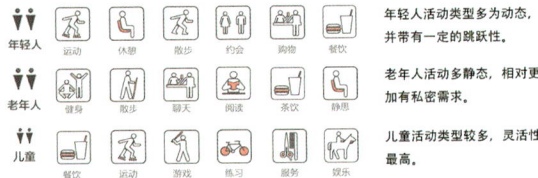

年轻人 | 运动 | 休憩 | 散步 | 约会 | 购物 | 餐饮
年轻人活动类型多为动态，并带有一定的跳跃性。

老年人 | 健身 | 散步 | 聊天 | 阅读 | 杂饮 | 静思
老年人活动多静态，相对更加自私密需求。

儿童 | 餐饮 | 运动 | 游戏 | 练习 | 服务 | 娱乐
儿童活动类型较多，灵活性最高。

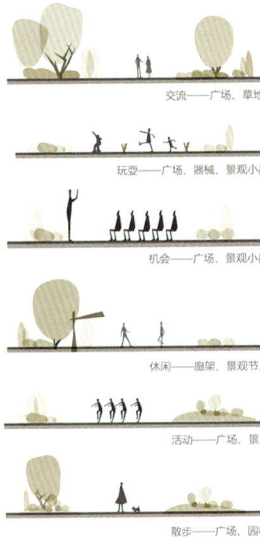

不同年龄段人群公共活动不一，具有明显的多样性 丰富性。因此，再设计中应综合考虑人们活动的形式的多样性，且考虑其所需要的空间.

考虑到城市父母陪伴儿童时间越短，因此在这里设有亲自活动中心。考虑到老年人的康养问题，在此我们设有老年康养中心，同时该地有西迁和集会广场提供给当地和外来人员的集会。此地办有学堂也可使城市与农村孩童相互学习。

特色书房主题民宿区

民宿景观

观景民宿区

文艺民宿区

西迁广场

亲子民宿区

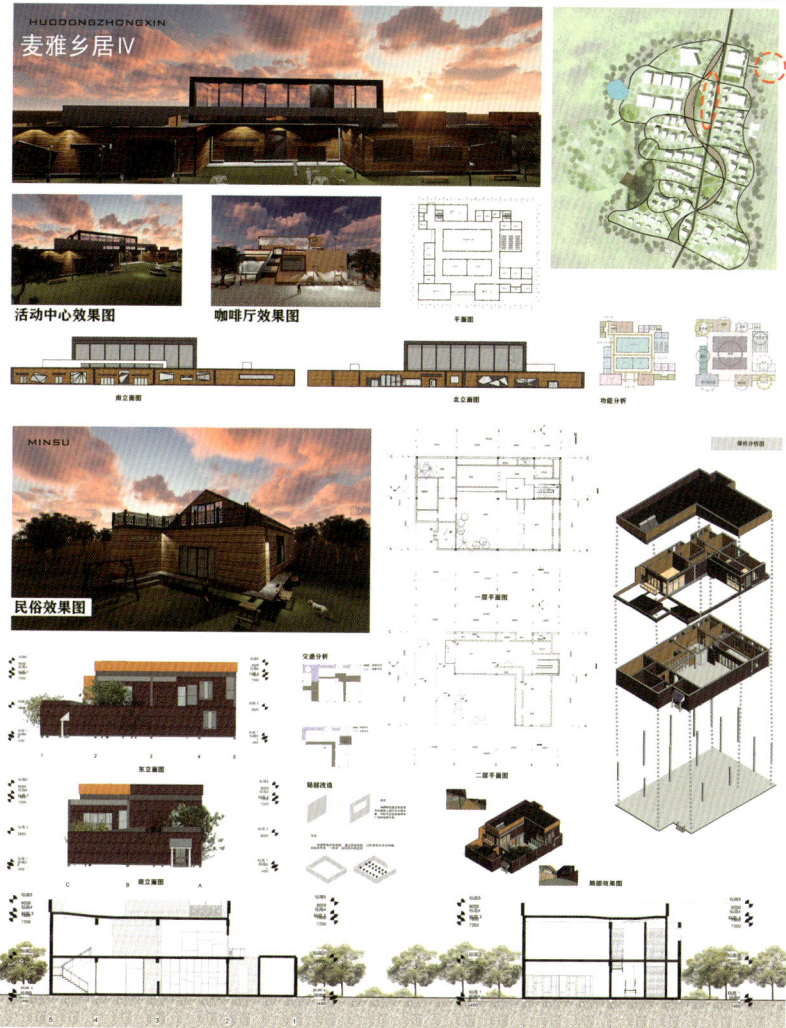

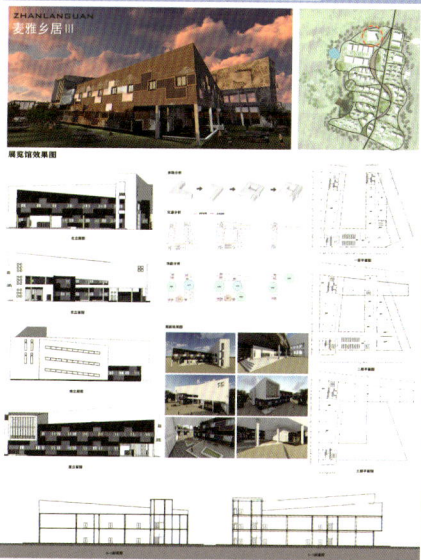

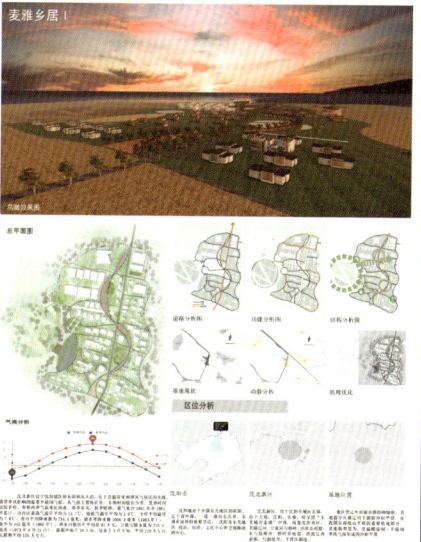

沈阳城市建设学院建筑与规划学院

参赛人员： 孙祺、王宏、李济名、姜乐、刘美君

指导教师： 田晶晶、程伟、李硕

设计说明：

随着城市化进程的不断加深，我国城市人口呈现大幅度上升趋势，经济的发展也为城市带去了大批的劳动力，使得目前农村人口呈现老年化趋势，且经济处于停滞不前状态，人均收入低，生活质量有待提高。党和国家强调振兴乡村计划，重视三农问题，并提出了优先发展农业农村，实施乡村振兴战略。目前，为了加快乡村振兴的步调，各级人民政府都非常重视第三产业。本设计位于辽宁省沈阳市沈北新区兴隆台镇单家村，设计中与当地地形地貌相结合，呈现了一个完美的乡村振兴设计。

随着国家对乡村振兴工作的重视，各地区也陆续开展多种振兴乡村计划，实现乡村经济增长，提高乡村居民人均收入。在此背景下，沈阳市把握当下发展机遇，着力打造生态旅游特色景区。乡村旅游也是生态旅游的重头戏，能够将最具地域特色的内容展示出来，吸引游客的关注。沈阳市沈北新区兴隆台镇还具备丰富的生态资源和文化内涵，能够从餐饮、住宿多个产业中体现出来，特色民宿的改造和设计，能够让游客感受到当地风土人情的生态美学，让外地来的游客有不一样的感受。

辽宁省土木建筑学会高等院校"乡村振兴"主题竞赛（2020—2021）					
竞赛模块	参赛高校、院系	参赛人员	冯晴国	李璨	纪荧楠	汪宏发	吴泽欢
B理想乡居	沈阳理工大学艺术设计学院	指导教师	赵荣棵			
竞赛联系人	冯晴国	联系方式		E-mail	

永续乡村

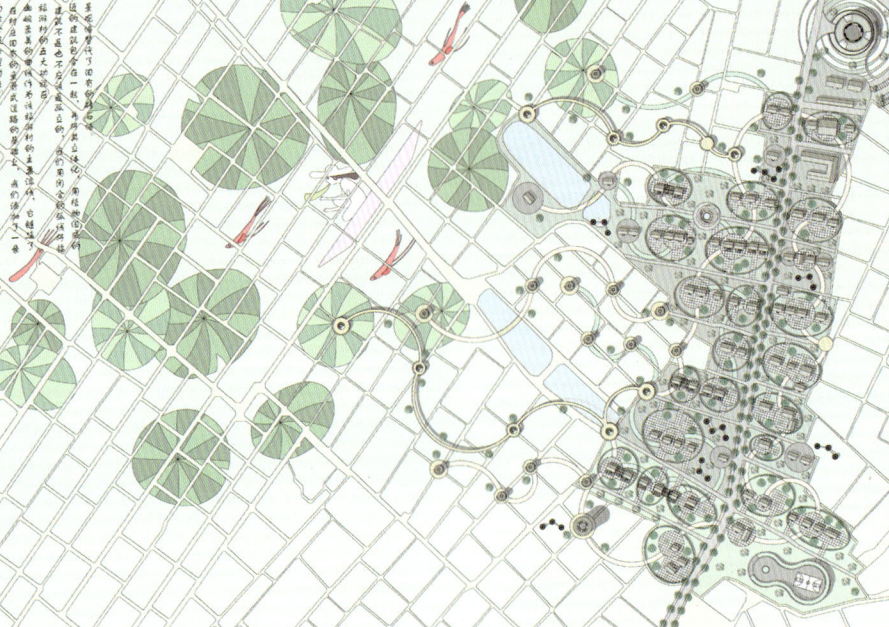

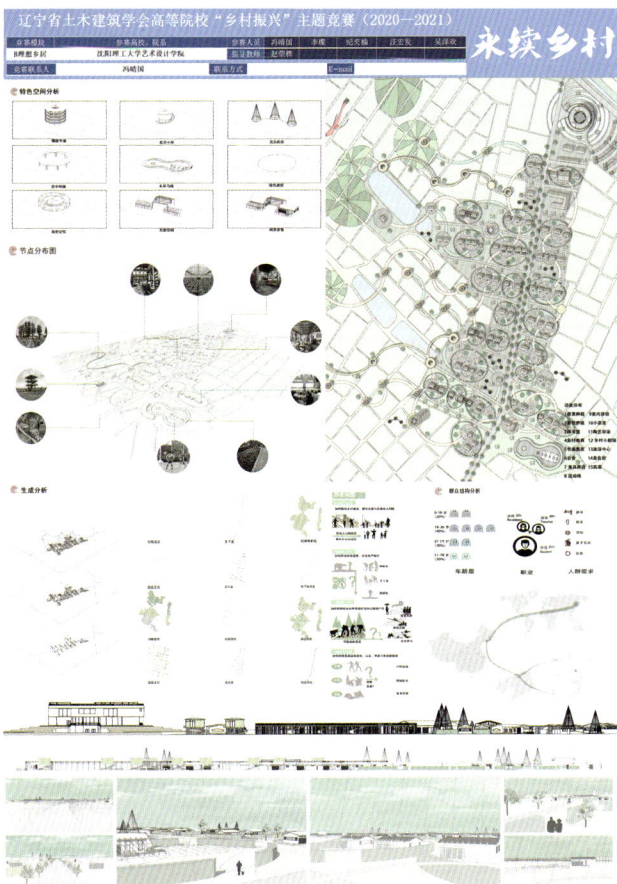

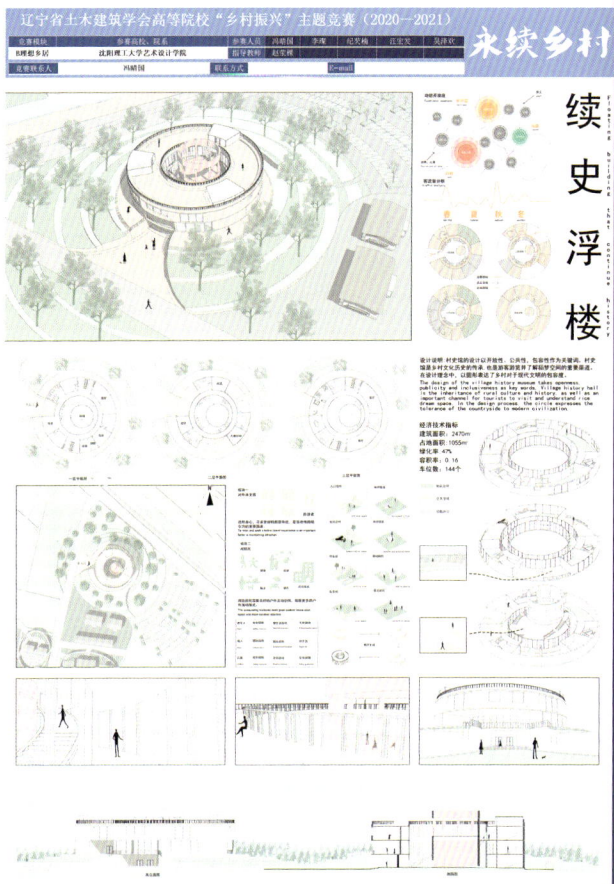

沈阳理工大学艺术设计学院

参赛人员： 冯晴国、李璨、纪芮楠、汪宏发、吴泽欢

指导教师： 赵荣棵

设计说明：

通过前期的调研与分析，我们将是单家村定位为一个以水稻为核心特色的、以旅游业为核心产业的综合服务型村庄。

村庄设定了农业体验、科普教育、娱乐运动、民俗休闲、民宿度假五大主题，每个主题下打造了相应空间以满足村民及游客身心体验需求。以此打造一个闭环的综合服务型村庄。

村子西侧大面积的稻田中植入了荷叶、小船、小鱼等画面，构成一幅渔民在稻海中划船的动态画面。同时稻田画也将单家村周边的稻梦空间景区融入整个区域的画作之中，绿色的荷叶象征着生态、生机、生活，预示着将乡村振兴、永续乡村这一理念践行到底的决心。

永续乡村

竞赛模块	参赛高校、院系	参赛人员	赵千慧	周忆晗	刘禹彤
B理想乡居	大连理工大学城市学院建筑工程学院	指导教师	姜立婷老师	宋文慧老师	
竞赛联系人	（赵千慧）	联系方式		E-mail	

宏观区位

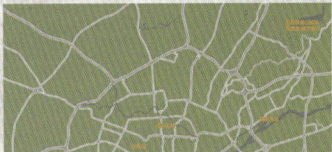

周边环境

基地概况

大孤柳社区分布图

微观区位

工作框架

资料研究　调查研究　周立策略

背景研究　区位调查分析　宏观区位：中国辽宁省沈阳市　对单家村整体规划并进行游览设计

中观区位：沈北新区兴隆台锡伯族镇

微观区位：单家村

社会经济分析　经济水平位于东北地区第三位　对村民生产生活活力进行调动

近些年经济发展迅猛

现状调查　但人口增量为东北地区第一　swot　创建模范实验型手工米酒制作体验民宿

历史文化分析　城市建成面积居全国第16，指标较领先　通过整体规划及特色名宿设立

与城市历史底蕴深厚密切相关　提出村落未来可持续发展策略

游客比例

3 %

8 %

16 %

42 %

31 %

改造后空间行为分析

·保留优美稻田及生态良好太水塘环境用以的生态服务游客

·增加手工稻米产品数量用高品质优良产品吸引游客

·提供丰富的休闲娱乐场所以吸引都市人群

岁·穗

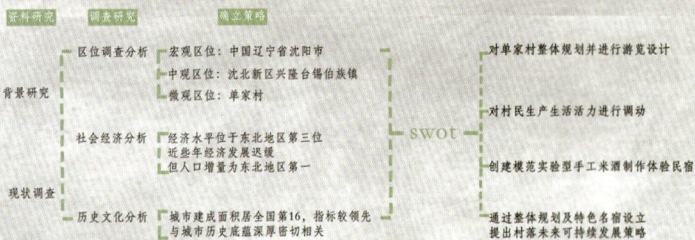

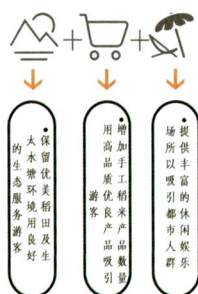

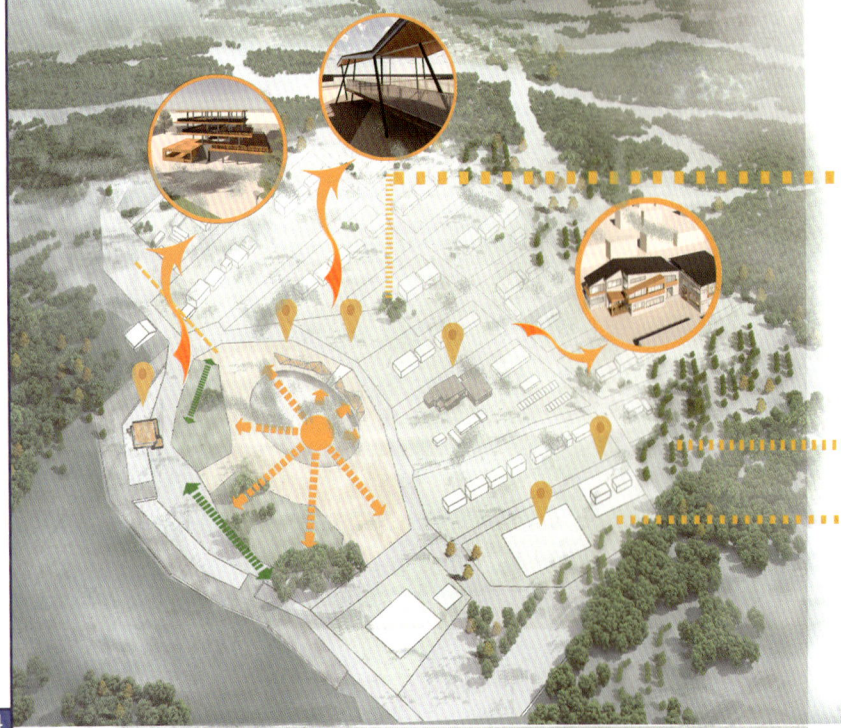

景区商业

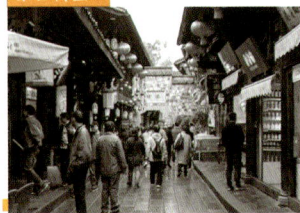

民俗表演

儿童研学

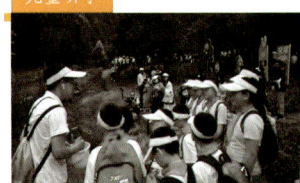

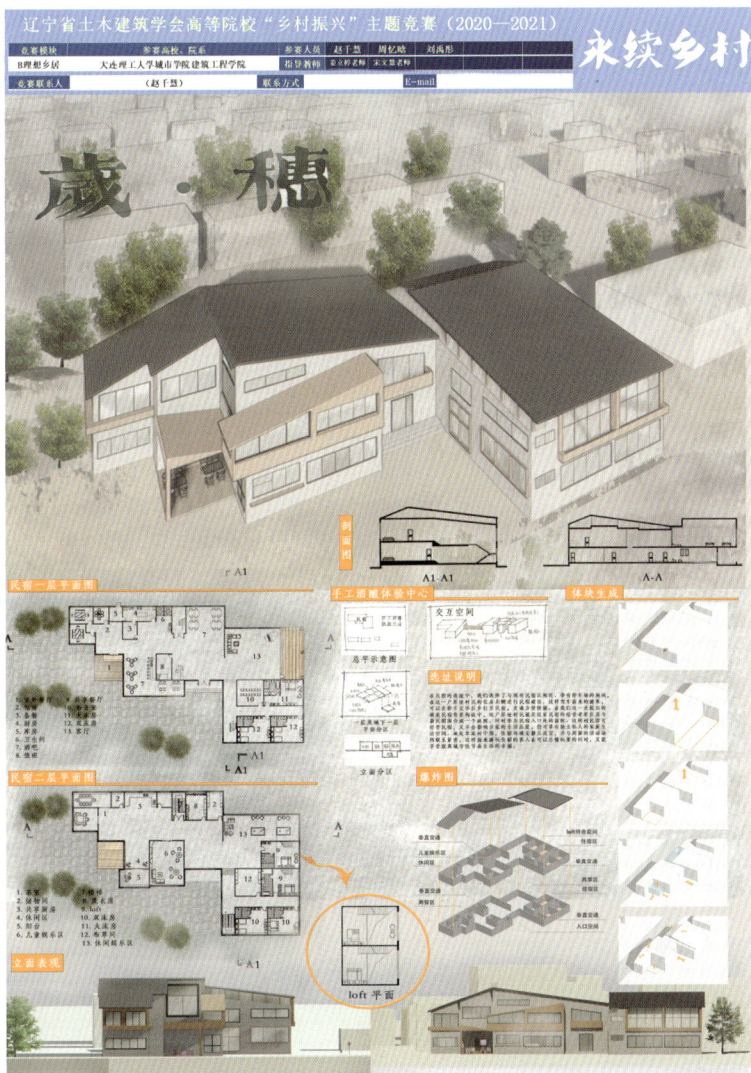

大连理工大学城市学院建筑工程学院

参赛人员： 赵千慧、周忆晗、刘禹彤

指导教师： 姜立婷、宋文慧

设计说明：

单家村紧邻稻梦空间，与稻梦空间在风格上需做到求同存异，不同于稻梦空间以观赏型稻田画为主的主题，我们选定主题是从水稻出发，推广水稻的实用价值。打破城市居民的故有认知，让水稻不只是以加工后的农产品出现在大众面前，而是以更生动的姿态被人所食用。

（1）原有水稻种植产业大面积地被机械化生产加工模式取代，导致当地村民生产力严重不足，人口流失日渐严重，当地就业困难。

（2）以个体经营、个体工作者居多，整个村落没有完善的整体统筹规划，导致有开发者投资的现有三所民宿生意很好，餐厅也可正常经营，使当地原住民既被影响了正常安静的生活环境，又无法被带动，难以提高就业率和收入。

（3）现有民宿完全服务于稻梦空间，没有特色，无法吸引游客，留住游客，游客往往在稻梦空间游玩后，并无任何其他游玩项目，大多可做到当日往返。

（4）没有关注到游客比例问题，稻梦空间现有的数据显示，游客大多为三口之家。主要面向的受众群体是有低龄儿童的家庭，因此无论是游玩项目还是安全措施都应该有针对性的考量。

（5）游玩过程相对单调，没有主题，可以说是五花八门，却没有可以吸引青年人群的魅力，导致景区后继发展堪忧。

三等奖

竞赛模块	参赛高校、院系	参赛人员	王言帆	叶凡	代英航	于海洋	李志勇
B理想乡居	沈阳城市建设学院建筑与规划学院	指导教师	朱庆余	于业龙	罗健		
竞赛联系人	王言帆	联系方式		E-mail			

永续乡村

现场分析：右侧两张图为我们调研整个村子，所调研成果，对村子的主要地段和后期建筑，以及旧房的位置进行行分析。经过对旧房和后期建筑的对比决定，对旧房进行改造。下图为村口地带的旧房，地理位置也符合条件，对任务书也符合进行改造的要求。

根据实地调研，现场勘测，决定对此处进行旧房屋改造

乡村振兴前期实地

调研报告

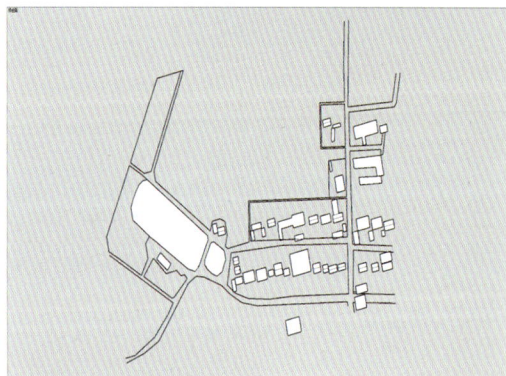

交通流线分析：右侧为整个村子的流线图，村子北侧为101国道，村子被稻田所包围。村口伴有停车场，整体的流线清晰，所选的地块东侧为有主道，南侧有辅道，位于村口，而且北侧有停车场，交通流线清晰场地布置合理且规范，在绿化上也非常的丰富。整体的场地清晰。

竞赛模块	参赛高校、院系	参赛人员	王言帆	叶凡	代英航	于海洋	李志勇
B 理想乡居	沈阳城市建设学院建筑与规划学院	指导教师	朱庆余	于业龙	罗健		
竞赛联系人	王言帆	联系方式			E-mail		

永续乡村

三等奖

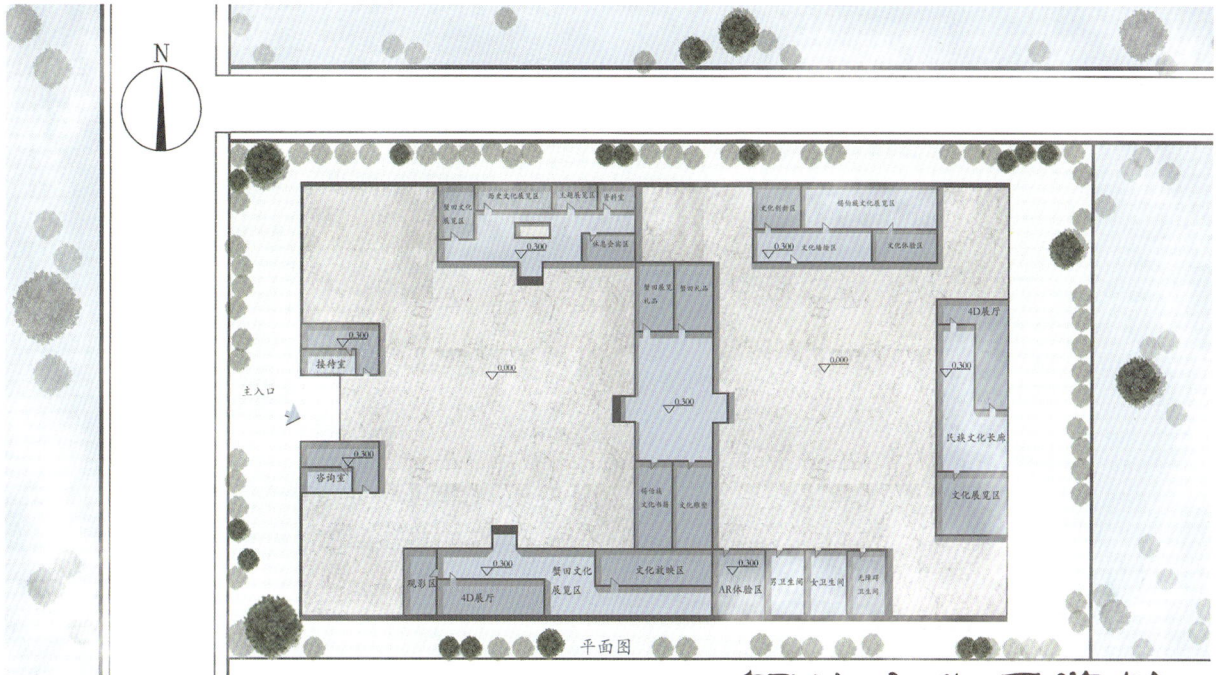

平面图

锡伯文化展览馆 I

竞赛模块 B「理想乡居」

117

▲ 年龄分析图

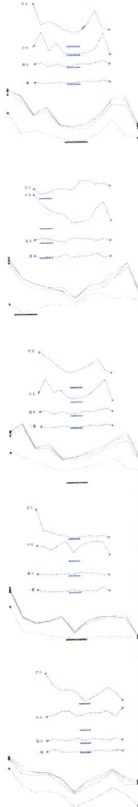

▲ 地域分析图

单家村位于沈北新区兴隆台街道，是大孤柳社区的一个自然村，目前是稻梦小镇的主要载体。全村现有 89 户，常住人口 1276 人（其中锡伯族有 74 人）。单家村村域总面积 148 公顷，居民点面积 9.5 公顷，基本农田面积 34.13 公顷，一般耕地面积 101.62 公顷，与"稻梦空间"景区交织处稻田观赏区面积 32.7 公顷。

▲ 人群心理分析图

▲ 人群分析图

不同年龄段人群公共活动不一，具有明显的多样性。因此，再设计中应综合考虑人们活动的形式的多样性，且考虑其所需要的空间。

现状   目标

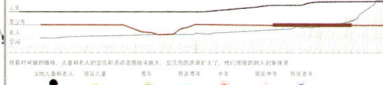

建筑破败
环境恶化
赤贫涌入
居民更替

▲ 场地现状

▲ 区位分析

中国   辽宁省   沈北新区   单家村

▲ 场地布置

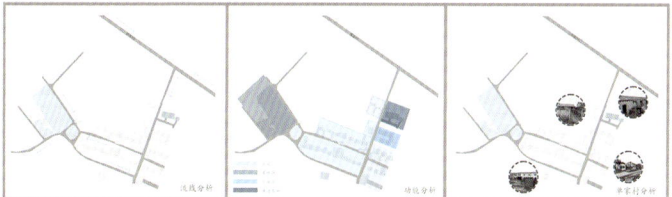
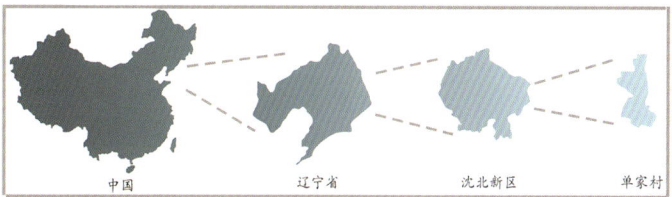
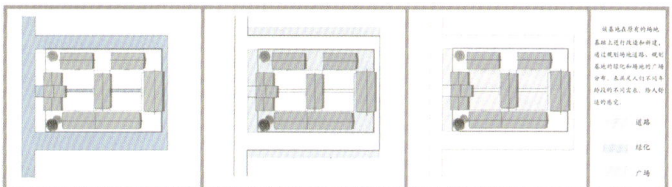

建筑更新设计 Building renewal design

改造理念：建筑改造博物馆应结合当地人文、自然景观、生态、环境资源及各种生产活动

Renovation concept: architectural renovation home stay should be combined with local culture, natural landscape, ecology, environmental resources and various production activities to operate in the way of family sideline, provide tourists with rural living accommodation, using local old materials after renovation home stay.

改造后
After transforming

墙体根基夯实，墙面基本完整，有局部脱落，屋顶没环氧加固脱处理。

原和屋漏面不整齐，应先清除老的砂层，将墙体打毛，再重新粉刷。

局部墙柱相当杂乱，破旧，局部坍塌，有些堆满石头。

院子周围长满杂草，同养牲畜地议移除，使院落保持干净。

改造前

三等奖

永续乡村

永续乡村

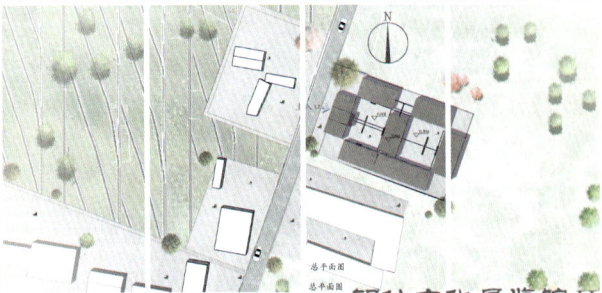

锡伯文化展览馆 II

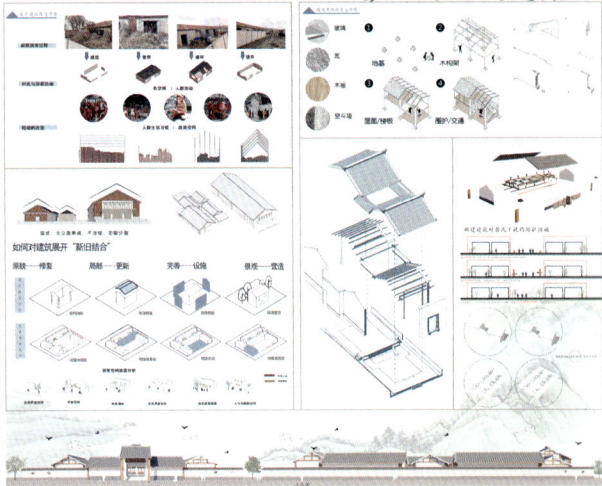

锡伯文化展览馆 III

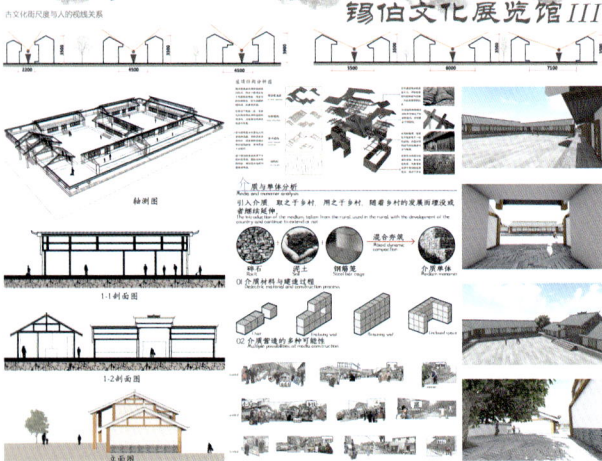

沈阳城市建设学院建筑与规划学院

参赛人员： 王言帆、叶凡、代英航、于海洋、李志勇

指导教师： 朱庆余、于业龙、罗健

设计说明：

本次竞赛设计选择的地块为单家村，其位于沈北新区兴隆台街道，是大孤柳社区的一个自然村，目前是稻梦小镇的主要载体。稻梦小镇现拥有：沈阳市北源米业、锡伯龙地、稻梦空间、单家民宿及冰雪项目和万亩绿色水稻种植项目。该村庄中包含了多样化的民族，多样化的民俗风情，每个民族都有自己的民族元素，锡伯族的主要特色元素为骑马、射箭、摔跤等，与锡伯族相关的项目有锡伯食品、喜利妈妈等非遗文化。通过这些元素的植入，鲜活地展现西迁等历史传奇事件，同时正在极力地打造一个全新的村史馆——锡伯学堂，此学堂将借喻一粒米的故事，讲述一个坚持、传承的辽沈创新发展的时代主题故事。

此次建筑改造设计以原有一栋建筑为主，将周围的场地进行重新规划，同时利用原有的建筑元素、锡伯族文化特色元素和蟹田文化元素相互融合，将原有的废弃建筑包装成展示民族特色的文化展览馆。

设计此次项目，主要通过改造旧房屋来设计展览馆建筑，其风格古朴、典雅，木结构精雕细琢，建筑内部及其中庭宽敞明亮，室内陈设多样朴实，是民间古建筑风格的重要场所。

项目设计亮点：

（1）将旧房屋进行改造，美化乡村环境，提高乡村整体水平、提升乡村人均经济水平。

（2）此次建筑改造设计运用到"二进式庭院"的设计手法。

（3）让更多人展示蟹田文化和锡伯族文化，让更多人了解非遗文化的辉煌。

竞赛模块	参赛高校、院系	参赛人员	李浩宇	韩日东	王成财	陈炳瑞	葛辰坤
B理想乡居	沈阳城市建设学院建筑与规划学院	指导教师	尤美苹	于业龙	屈芳竹	冯璐	
竞赛联系人	李浩宇	联系方式		E-mail			

永续乡村

三等奖

一片村落·五個院子

——基于地域文化視角下沈陽市單家村改造與更新探究

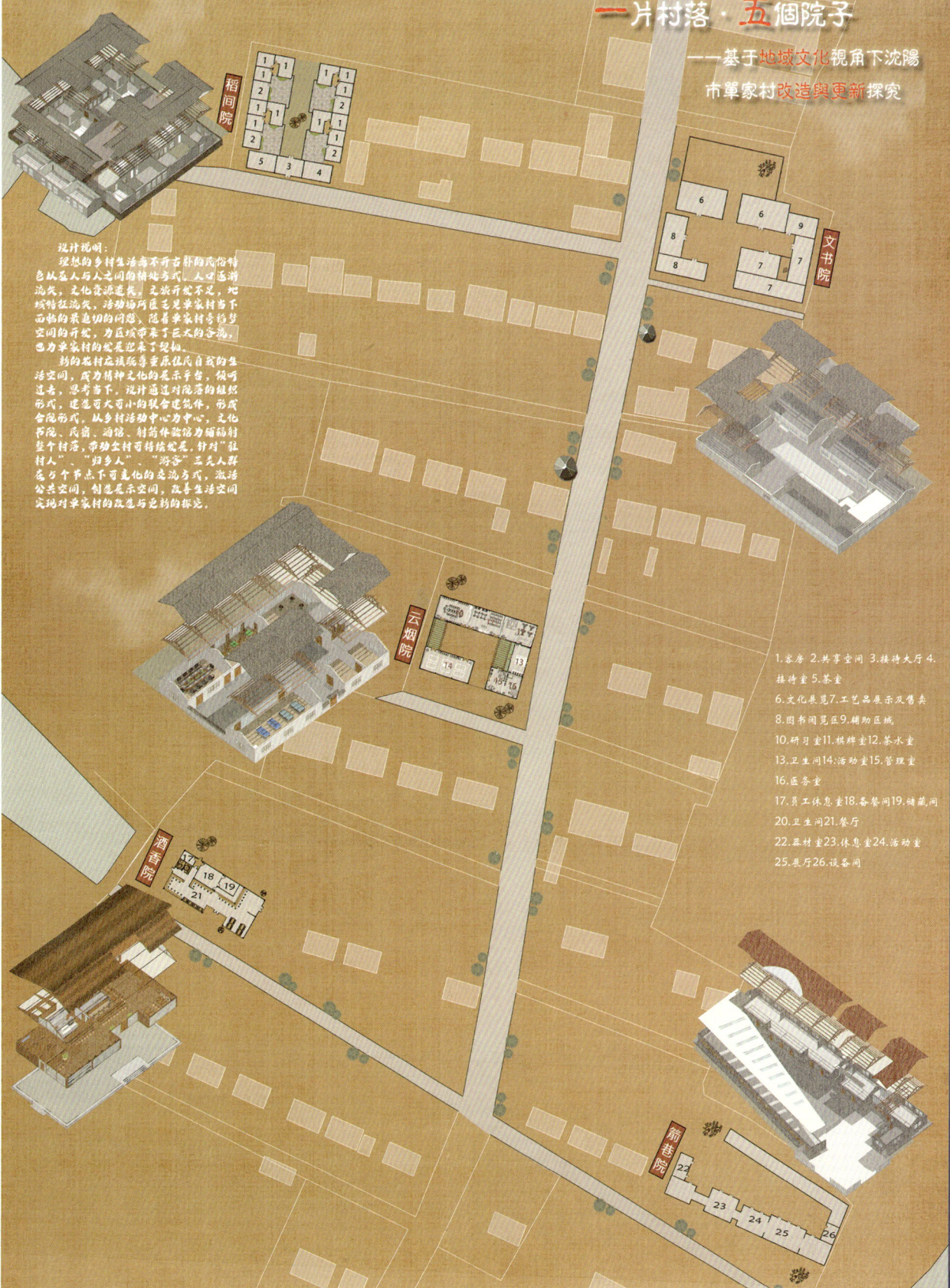

稻间院

文书院

云烟院

酒香院

葡巷院

设计说明：

理想的乡村生活离不开古朴的民俗特色，从基于人与人之间的相处方式，人口逐渐流失，文化香源逐长，文旅开发不足，地域特征流失，活动场所匮乏是单家村当下面临的最迫切的问题。随着单家村停车梦空间的开发，为区域带来了巨大的客流，也为单家村的发展带来了契机。

新的乡村在注重原住民自发的生活空间，成为精神文化的展示平台，倾听过去，思考当下。设计通过对院落的组织形式，建造可大可小的联合建筑体，形成合院形式。从乡村活动中心为中心，文化节院、民宿、酒馆，付诸体验给为丽丽射整个村落，带动全村可持续发展。针对"驻村人"、"归乡人"、"游客"三类人群在五个节点下可变化的交流方式，激活公共空间，制造展示空间，改善生活空间实现对单家村的改造与更新的探究。

1.客房 2.共享空间 3.接待大厅 4.接待室 5.茶室
6.文化展览7.工艺品展示及售卖
8.图书阅览区9.辅助区域
10.研习室11.棋牌室12.茶水室
13.卫生间14.活动室15.管理室
16.医务室
17.员工休息室18.备餐间19.储藏间
20.卫生间21.餐厅
22.品材室23.休息室24.活动室
25.展厅26.设备间

辽宁省土木建筑学会高等院校"乡村振兴"主题竞赛（2020—2021）

竞赛模块		参赛高校、院系		参赛人员	李浩宇	韩日东	王成财	陈炳瑞	葛辰坤
B理想乡居		沈阳城市建设学院建筑与规划学院		指导教师	尤美莘	于业龙	屈芳竹	冯璐	
竞赛联系人		李浩宇		联系方式			E-mail		

永续乡村

一片村落·五個院子

——基于地域文化视角下沈阳
市单家村改造与更新探究

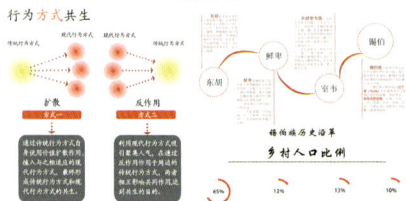

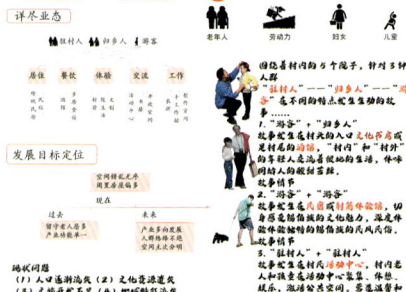

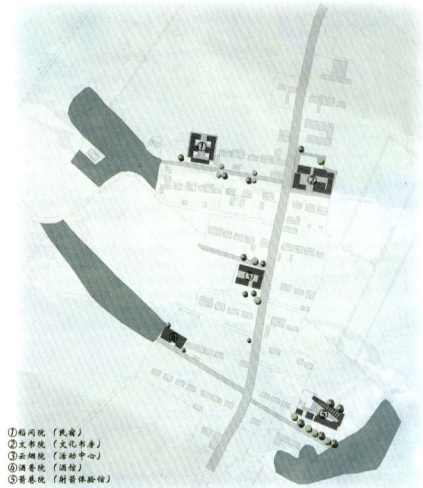

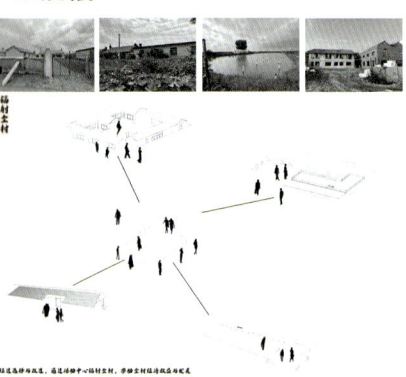

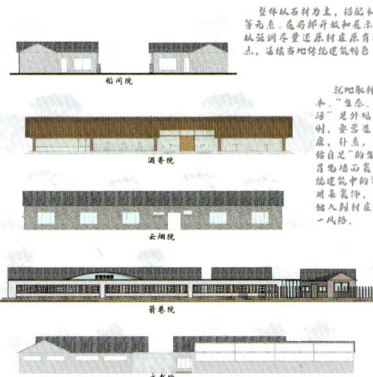

沈阳城市建设学院建筑与规划学院

参赛人员：李浩宇、韩日东、王成财、陈炳瑞、葛辰坤

指导教师：尤美莘、于业龙、屈芳竹、冯璐

设计说明：

理想的乡村生活离不开古朴的民俗特色以及人与人之间的相处方式。人口逐渐流失、文化资源遗失、文旅开发不足、地域特征流失、活动场所匮乏是单家村当下面临的迫切问题，随着单家村旁稻梦空间的开发，为区域带来了巨大的客流，也为单家村的发展带来了契机。

新的农村应该既尊重原住民自我的生活空间，成为精神文化的展示平台，倾听过去，思考当下。设计通过对院落的组织形式，建造可大可小的联合建筑体，形成合院形式。以乡村活动中心为中心，文化书院、民宿、酒馆、射箭体验馆为辅辐射整个村落，带动全村可持续发展。针对"驻村人""归乡人""游客"3类人群在5个节点下可变化的交流方式，激活公共空间，创造展示空间，改善生活空间，实现对单家村的改造与更新的探究。

竞赛模块 C

『低碳乡村』获奖名单

辽宁省土木建筑学会高等院校"乡村振兴"主题竞赛（2020—2021）

竞赛模块	参赛高校、院系	参赛人员	肖旭娜	蔺振宇	卢乐彭	孙佳萌	王瑶
C低碳乡村	沈阳城市建设学院建筑与规划学院	指导教师	王琳琳	徐莉莉	郭宏斌		
竞赛联系人	肖旭娜	联系方式		E-mail			

永续乡村

礼商注来，碳锁其中
——基于双碳目标背景下单家村乡村低碳策略

壹

寻根礼商

背景分析
社会背景——可持续发展战略

现实背景——视乡村面临的碳排放问题

政策背景——辽宁省低碳发展

【村庄简介】：单家村位于沈阳市沈北新区兴隆台街道，整体自然环境较好，资源优势明显。村庄村貌协调，格局较为完整，地势平坦，自然地理黄绿镶嵌，美丽乡村景观初现。

稻香暮蝉单家合，
村烟绿柳两相仪。
斗草闲来寻小径，
陌头杨柳望客迎。

稻田艺术

现状问题

母亲与女儿外出游玩归来时，发现时间已经到了2021年。

故乡回望图

区位分析
辽宁　沈阳　沈北新区

村庄资源
锡伯族文化　农业观光　稻梦小镇　旅游

人文分析
习俗 convention　民族信节　服饰　艺术　饮食
活动 activity
人群 crowd　原居民　流入居民　游客
临街节日

伴礼经商

居民生活图鉴
低碳转型、闲置利用　清洁能源利用　文化自信，有待传承　提高质量减少碳排放　回归原始，怡然自乐

单家民居　单家新居　锡伯骑射　传统农业　淳朴生活

垃圾收集　国道穿越　特色民宿　林间树丛　村内池塘

废弃物循环利用需提高　减少废气污染　补足欠缺功能　增加树种　改善，增加生物多样性

人群活动分析
人群：居民-场地主人　游客-场地访客　投资商-场地过客
活动需求：休息　交流　体验　消费　交谈　住宿
空间需求：宅基地　公园广场　稻田　商业街　会议场地　民宿
现状：宅基地、空地　农田、宅基地　宅基地

游客分析

文化
"失"
人口
"流"
空间
"乏"
产业
"旧"

问题总结

故乡人居图

村民概况
人口概况
1276人　89户

收入构成
农业收入 ＋ 民宿旅游 ＋ 出租房屋
收入来源（三产）
单家村　兴隆台街道　沈阳市
单家村人均收入低于沈阳市是水平

旅游人数上升，外出务工人数呈下降趋势，利用三产带动一产，将宅基地使用权有偿流转给农事企业，开发民宿旅游项目。

产业分布

产业分析
一产
种植业　水稻　玉米　水产养殖　养殖业　立体养殖
销售市场：本村，富绅大米的住外地　销售市场：稻田景观吸引游客，自给自足　销售市场：经场供需　销售市场：本村加工
产业现状　产业现状　产业现状　产业现状
二产　三产
文化产业
养殖业多在居民点内，经济作物较多。

单家村产业主要以一产和三产为主，产业经济效益较低，但水稻资源丰富，梳理农田，进行非作物生物，实现农田碳汇，让村庄达到一个良性循环，结合三产带动村庄经济，达到可持续发展。

故乡农事图

辽宁省土木建筑学会高等院校"乡村振兴"主题竞赛（2020—2021）

竞赛模块	参赛高校、院系	参赛人员	肖旭娜	葡振宇	卢乐彰	孙佳萌	王瑶
C低碳乡村	沈阳城市建设学院建筑与规划学院	指导教师	王琳琳	徐莉莉	郭宏斌		
竞赛联系人	肖旭娜	联系方式		E-mail			

永续乡村

礼商注来，碳锁其中

——基于双碳目标背景下单家村乡村低碳策略

贰

唤醒礼商

概念缘起

低碳乡村
文脉延续 — 文化内核
产业持续 — 内生动力
环境永续 — 美丽乡村
由永续入题
对礼、低碳的思考
礼制思想、可持续发展
为"碳"注礼
携"商"并"礼"
道之以德 齐之以礼

礼之本：尊重自然规律，适应生存环境。
礼之形：入乡随俗，尊重人文风俗
礼之序：循礼而行，遵循规则秩序
礼之用：依礼而行，以自身作用，与人交流有礼貌

策划框架

农业品牌打造
产业链条延伸
农业生产升级
文创产品设计
食品加工
教育研学
体验农事

一产+二产
二产+三产
一产+三产
三产联动

礼商 — 礼之本

乡村社区
邻里复兴
门不闭宾
要素提取
多样性保护
融入生活
内生认同
风貌整治

以"礼商"为核心的未来村庄产业改造

规划愿景

环境格局
农田
生境营造
生态系统
管理
教育
奖惩
空间梳理
宅前整治

生态
人居

礼制思想构建
空间改造
礼之形

挖掘单家价值 塑造乡村文明
加强产业建设 唤醒内生动力
重塑农耕文明 建设美丽乡村

礼商注来
碳锁其中
赋能单家
美丽单家

生产 三产联动 高效循环 低碳疗养
生活 社区营造 生境改造 美丽单家
生态 尊重自然 现代手段 生态保护

以锡伯文化为核心的文化延续
以生境美好（低碳）为核心的环境营造

为碳注礼

碳排放分析

旅游行程中各环节的碳排放占比

15%
10%
10%
60%

交通 餐饮 住宿 用电 物料

单家村农业主要排放途径

秸秆排放甲烷
牲畜施用氮肥 动物粪便
释放氧化亚氮 产生甲烷
是高浓度氮气产生
甲烷、氧化亚氮

碳源分析

外部需求 — **高碳源趋势**

对单家生活需求 → 产业高碳源（乡村工业、旅游业开发建设）
对单家土地需求 → 生活高碳源（外来客流增多、能耗增加）
对单家景观需求 → 交通高碳源（区域交通量增加）

内部供给 — **高碳源趋势**

单家村经济发展诉求 → 产业高碳源（产业结构变化、工、旅比例增加）
单家村环境物质资源 → 生活高碳源（秸秆、废料为主要燃料）
单家村交通出行转变 → 交通高碳源（机动车拥有率上升、能耗增加）

影响类型	表征要素	对应碳源
人口变动	单家村常驻人口变动	农居、交通碳源
	单家村外来客流变动	服务业、交通碳源
产业选择	农业向服务业转型	农业、服务业碳源
生活方式	日常能源消耗变化	农居、服务业碳源
交通行为	单家村居民出行方式	交通碳源
	外来游客交通选择	交通碳源

携商并礼 具体运行策略

产业结构优化

管理结构完善

村民	政府
主力生产	项目监管
成立协会	招商引资
生产互助	产业宣传
品牌自给	品牌宣传
企业带头	政府立项 机构参研
村民入股	

带头生产
管理培训
市场运营
技术合作
技术支持
生产实验
培训讲座
产品研发

企业 科研机构

产业模式转化

超市 饭店 住宿 商店 购物 美食 体验 娱乐

农业向个体户 企业 政府 机构 分散布置 集中布置

个体经营 联动经营 产业独立 产业集聚 农业种植 观光体验

碳币机制

破解单家村生态产品"难度量难交易难抵押难变现"，探索"单家银行"的途径。践行低碳礼商可"计价"，绿色生活奖"碳币"机制。赋予生态文明建设行为以价值量。

获取碳币方法
装扮 体验 采摘

获取碳币方法

垃圾分类
门票兑换
纪念品兑换

碳币银行

光盘行动 乘坐公共交通

市场交易

美食行动

生态本色还原

通过对传统乡村的保护，稻田治理和生态
效益的扩大达到低碳生态

稻田景观营造 传统生产优势保护
村内传统景观 还原与保护
乡村生活环境的保护治理 整体生态人文系统构建

通过对传统乡村的保护，稻田治理和生
态效益的扩大达到低碳生态

传统农业传承 营造生态环境 打造美好生活
废物的回收利用 沼气池的应用 清洁能源利用

传统农业延续
乡村生态打造
乡村生活营造
清洁循环利用

循环加工生产

加工业
产品 原料 种植业
制固肥、液肥
秸秆 原料 饲料、饲料
养殖业
秸秆气化 粪污 农户
用气采暖 用气采暖
废弃物 沼气发酵 生活用电 液渣分离
沼液液
沼渣液

循环农业设施物质循环再生原理和物质多层次利用技术，实现较少废弃物的生产和提高资源利用率实现可持续农业生产，促进现代农业和农村的可持续发展。

碳中和 碳减排

沼渣
沼液

生物污泥
餐厨厨余垃圾
堆肥 腐殖土
厌氧发酵 自主研发菌剂
生物塑料 液态菌肥

低碳交通

安全、舒适的步行交通 友好的自行车交通 便捷的公共交通 多元化的公共停车

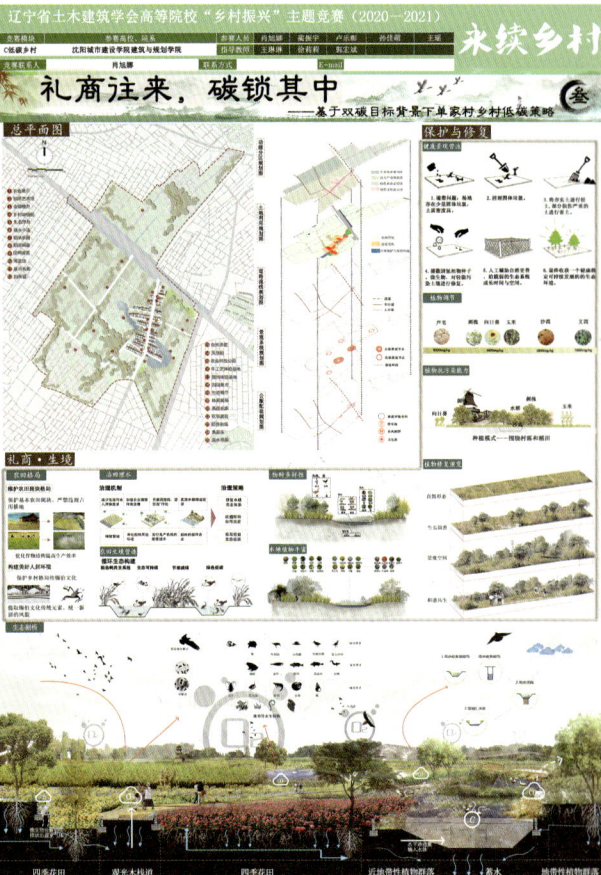

沈阳城市建设学院建筑与规划学院

参赛人员： 肖旭娜、蔺振宇、卢乐彰、孙佳萌、王瑶

指导教师： 王琳琳、徐莉莉、郭宏斌

设计说明：

"山重水复疑无路，柳暗花明又一村"，千年前，陆游笔下的山西村让人眼前一亮，而单家村作为稻梦小镇的载体，我们将实现从"空间营造"到"场景重现"的转变，让单家村成为沈阳市以及稻梦空间的"又一村"。本方案从现状入手，探求单家村的低碳问题，以永续乡村的角度去策划单家村的"礼商往来""碳锁其中"。

根据前期的现状问题分析，我们将"礼商往来""碳锁其中"延续为礼之本：尊重自然规律，适应生存环境。礼之形：入乡随俗，尊重人文风俗。尊重当地的人文风俗。礼之序：循礼而行，遵循规则秩序。礼之用：依礼而行，以身作则，与人交流有礼貌。并从文脉延续、产业持续、环境永续等方面对单家村进行一系列的策划，以"礼"和"低碳"为线索贯穿整个单家村的策划。做到道之以德，齐之以礼，尊重自然礼貌经商，一切应以人与环境的感受为主要。以乡村的美好生活为基础，在慢行可达的空间范围内，营造低碳、健康的生活方式，打造便利共享的乡村生活品质，从生活、生产、生态、治理方面，打造宜居、宜业、宜游、宜养、宜学的乡村。达到挖掘单家村价值，塑造单家村文明；加强产业建设，唤醒内生动力；重塑农耕文明，建设美丽乡村于树丛稻田间、于农家簸箕间、于田野晚霞间，重寻生态乡村中那一抹最美的锡伯景色。

规划目标：

（1）让老年人在乡村快乐生活；

（2）让年轻人回乡生活和就业；

（3）让儿童回归大自然和本真；

（4）让都市人实现美好田园梦。

竞赛模块	参赛高校、院系	参赛人员	卢宪玲	郑添豪	王子婧
C低碳乡村	东北大学江河建筑学院	指导教师	高雁鹏	李莉	崔俏
竞赛联系人	卢宪玲	联系方式	E-mail		

永续乡村　**一等奖**

稻·亦有道①

——基于低碳理念的沈阳市单家村村庄规划设计

COMPREHENSIVE ANALYSIS OF CURRENT SITUATION现状综合分析

CURRENT SITUATION AND PROBLEMS现状与问题

CULTURAL ANALYSIS文化分析

ECOLOGICAL ANALYSIS生态分析

PRODUCT ANALYSIS生产分析

LIFE ANALYSIS生活分析

PRELIMINARY STUDY ON CONCEPT概念初探

低碳 + 稻

稻亦有道

一等奖

永续乡村

竞赛模块	参赛高校、院系	参赛人员	卢宪玲	郑添豪	王子婧
C低碳乡村	东北大学江河建筑学院	指导教师	高雁鹏	李莉	崔俏
竞赛联系人	卢宪玲	联系方式		E-mail	

稻·亦有道②
——基于低碳理念的沈阳市单家村村庄规划设计

PLAN YOUR STRATEGY 规划策略

生态　生产　生活

PLANNING FRAMEWORK 规划框架

提取道之元素　落实道之策略　实现道之愿景

PLANNING CONCEPTS 规划概念

问题　思考　策集

低碳之道

ECOLOGICAL WAY 生态之道

生态策略

生产策略

生活策略

THE WAY OF PRODUCTION 生产之道

独立型利用　循环型利用

QUALITY OF PRIMARY INDUSTRY 提升一产产品质

CHARACTERISTICS OF THE SECONDARY INDUSTRY 增添二产特色

SERVICE OF THE TERTIARY INDUSTRY 完善三产服务

THREE-PRODUCTION CYCLE 三产循环

农业生产

加工生产

乡村旅游

THE WAY OF LIFE 生活之道

低效型空间　高效型空间

绿色基础设施

绿色防护设施

绿色休闲设施

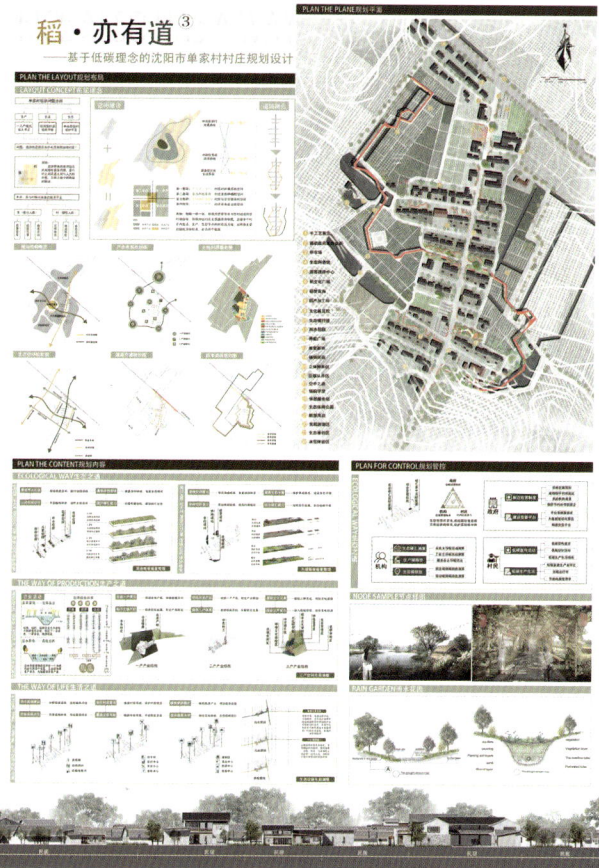

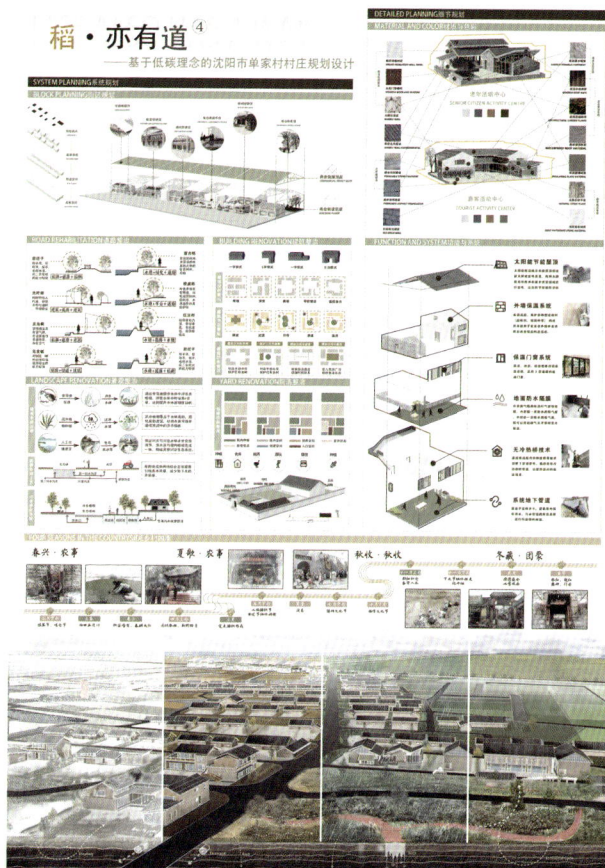

东北大学江河建筑学院

参赛人员： 卢宪玲、郑添豪、王子婧
指导教师： 高雁鹏、李莉、崔俏

设计说明：

本次乡村规划基地位于沈阳市沈北新区兴隆台镇单家村，本次设计从单家村现状出发，挖掘现有的乡村建设中存在的特色与问题。根据现状分析得出：村庄现有3类文化优势，即农耕文化、锡伯文化、稻米文化，均从土地及其作物——水稻衍生发展而来，总结是"稻"；村庄现有的劣势，即三生在低碳上的问题，破解这些问题的途径总结为"道"。我们以优势带动劣势，创新性运用道家思想让"稻"和"道"生成村庄的发展之道——"稻亦有道"。

依据提出的规划概念，进一步结合道家的理念进行概念延伸得出"道生之，德畜之，物行之，势成之"的规划思路。具体解释即道生于田垄，指"稻"蕴含的物质与文化基础是村庄发展之道的本底；德发于天时，指依托乡村振兴相关政策扶持，以"稻"为主线进行村庄规划设计；物生于地利，指在规划设计中通过利用村庄现有资源，通过一系列措施实现村庄三生发展；势成于人和，指物质经济发展与精神文明发展最终促成低碳乡村的建设，实现村庄发展之势。

根据以上规划概念的梳理，结合村庄现有的现状，从"三生"角度出发，分别提出了针对低碳乡村生态、生产、生活中建设的重点规划策略。宏观上建立低碳乡村建设的有效机制和政策管制，中观上布局低碳乡村的空间设计和规划路线，微观上设计低碳乡村的细节设施和详细布局。从宏观到微观，寻求使单家村实现低碳发展的"道"，实现建设蕴涵锡伯文化、稻米文化与农耕文化，表现低碳生态般的乡土自然文化气质，运用"稻田+"的手法打造集低碳生产、农业观光、文化体验、休闲消费、生态科普、研学教育于一体的文化特色休闲综合体，使单家村成为沈阳北部乡村水稻旅游节点及辽宁展示低碳生态科普的重要窗口。

竞赛模块	参赛高校、院系	参赛人员	梁旭	于承洋	杨佳妮
C低碳乡村	沈阳城市建设学院建筑与规划学院	指导教师	郭宏斌	王琳琳	时虹
竞赛联系人	梁旭	联系方式		E-mail	

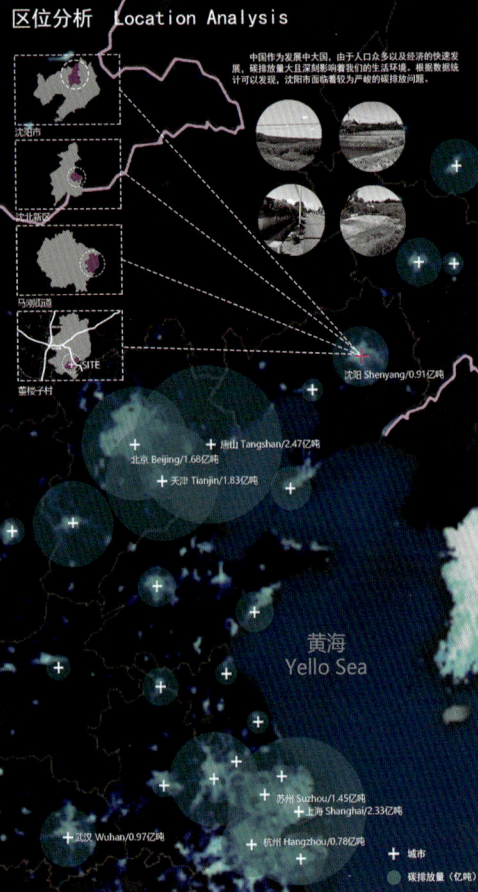

区位分析 Location Analysis

黄海 Yello Sea

沈阳 Shenyang/0.91亿吨
唐山 Tangshan/2.47亿吨
北京 Beijing/1.68亿吨
天津 Tianjin/1.83亿吨
苏州 Suzhou/1.45亿吨
上海 Shanghai/2.33亿吨
武汉 Wuhan/0.97亿吨
杭州 Hangzhou/0.78亿吨

● 城市
● 碳排放量（亿吨）

设计缘起 DESIGN ORIGIN

绿色低碳将成为城镇化新阶段的重要议题，低碳成为乡村振兴的内源动力和必然要求。

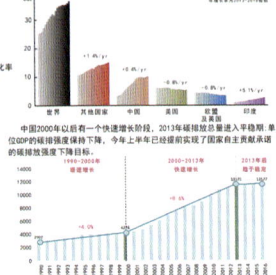

设计思路 DESIGN IDEAS

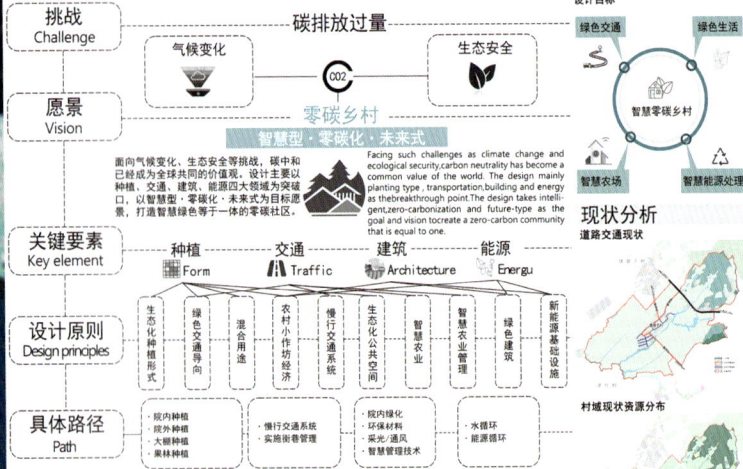

乡村日常碳排放分析 CARBON EMISSION ANALYSIS

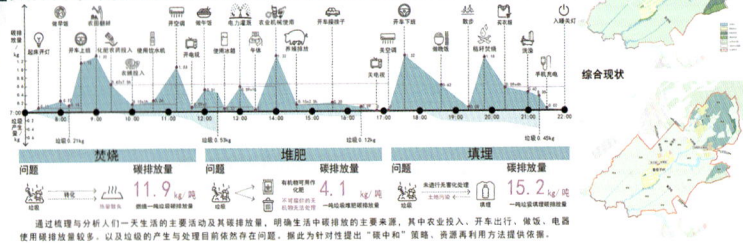

焚烧	堆肥	填埋
问题 碳排放量 11.9 kg/吨	问题 碳排放量 4.1 kg/吨	问题 碳排放量 15.2 kg/吨

现状分析

道路交通现状

村域现状资源分布

综合现状

低碳乡村建设路径 CONSTRUCTION PATH

增加乡村碳汇

增加碳汇
- 植树造林
- 改善农业管理

发展节约型农业
节约型农业是以提高资源利用效率为核心，以节地、节水、节肥、节药、节种子、节能和农业资源的综合循环利用为重点的农业生产方式。

农业废弃物资源化利用
畜禽粪污：干湿分离或沼气转化等。
病死畜禽：无害化处理。
农作物秸秆：肥料化、饲料化、燃料化、基料化、原料化等。
废旧农膜及废弃农药包装物：回收处理。

建设乡村清洁能源体系
将废弃物转化为可再生能源用于居民生活和生产经营，形成以生物质能源为主，太阳能、电和天然气为辅的绿色低碳能源体系，促进生态建设和环境改善。

减少乡村碳排放源

设计策略 DESIGN STRATEGY

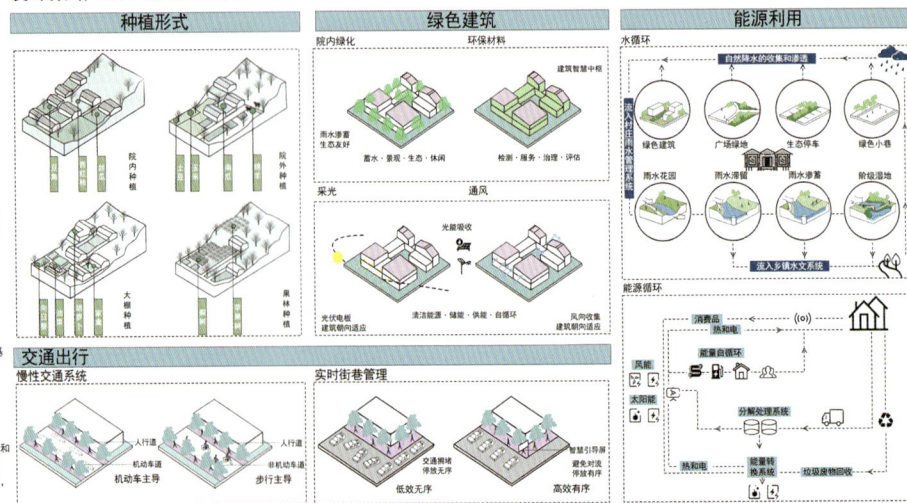

种植形式

绿色建筑

能源利用

交通出行

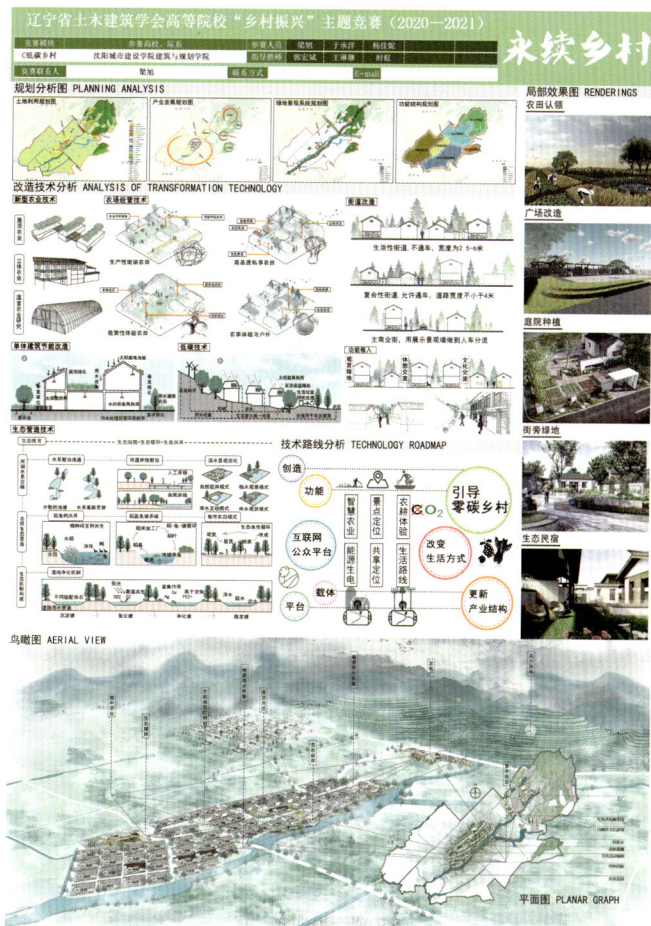

沈阳城市建设学院建筑与规划学院

参赛人员： 梁旭、于承洋、杨佳妮
指导教师： 郭宏斌、王琳琳、时虹

设计说明：

引言：本次乡村规划设计以构建智慧型、零碳化、未来式乡村为目标。秉承绿色可持续发展的理念，本计划将以减少碳排放、最大限度地利用资源和推动技术创新为基础，为乡村带来全新的生活方式和更加可持续的未来。

智慧型乡村：我们的设计将依托先进技术来构建智慧型乡村。通过应用人工智能、物联网和大数据等技术，我们将实现智慧农业管理、智能环境监测和智能能源利用等方面的提升。例如，农业生产将由传统的大面积浇灌改为精准喷灌，避免资源浪费和环境破坏。同时，通过智能传感器监测空气质量、水质和土壤条件，我们能够及时采取措施预防和解决相关问题。此外，智慧型乡村还将普及智能家居技术，改善生活质量并提高能源利用效率。

零碳化乡村：本计划的核心目标是实现乡村零碳化。通过引入清洁能源和能源回收技术，我们将减少对化石燃料的依赖，以及降低碳排放和环境污染。光伏发电、风力发电和生物能源等可再生能源将被广泛采用，从而为乡村提供可持续、清洁且稳定的能源供应。同时，我们将建设高效的能源系统，将能源回收再利用以最大限度减少浪费。此外，我们还将鼓励人们采用低碳出行方式，如鼓励步行、自行车和可共享的电动汽车，减少机动车排放的碳。

未来式乡村：我们的设计将展现乡村未来的面貌，打造一个现代化、绿色和宜居的乡村社区。我们将注重保护自然环境、传承乡村文化，并提供多样化的公共设施和社区服务。乡村道路和建筑物设计将遵循可持续原则，生态友好、美观实用。我们计划创建多功能的公共空间，促进社区互动和活力，并提供丰富的休闲、体育和教育设施。同时，我们也将鼓励居民参与社区决策和活动，增强社区凝聚力和乡村的可持续性。

结语：通过构建智慧型、零碳化、未来式乡村，我们的设计将为乡村带来绿色、可持续的发展。我们将推动技术创新、利用资源、降低碳排放，为乡村提供一个更加宜居、宜人的未来。本规划将为乡村带来可持续的发展路径，同时提升乡村居民的生活质量，为下一代创造更好的生活环境。让我们携手努力，共同实现这个美好愿景。

二等奖

竞赛模块	参赛高校、院系	参赛人员	罗玉婷	丁汀	郭若情	苗鑫
C低碳乡村	辽宁科技大学建筑与艺术设计学院	指导教师	于欣波			
竞赛联系人	罗玉婷	联系方式		E—mail		

永续乡村

无序系统，有序框架
——基于自然的解决方案1/3

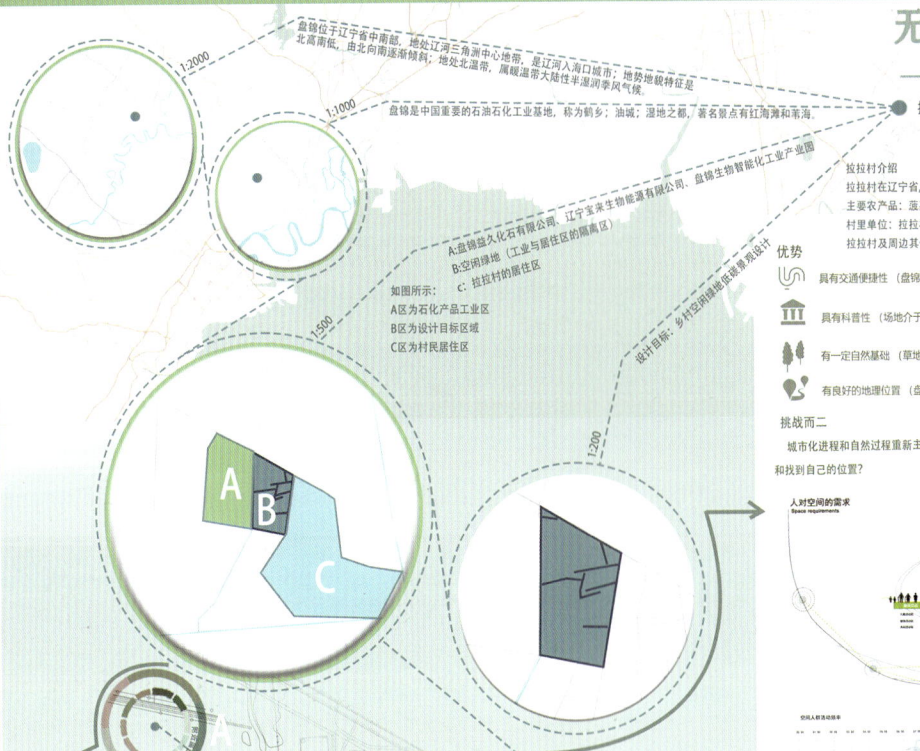

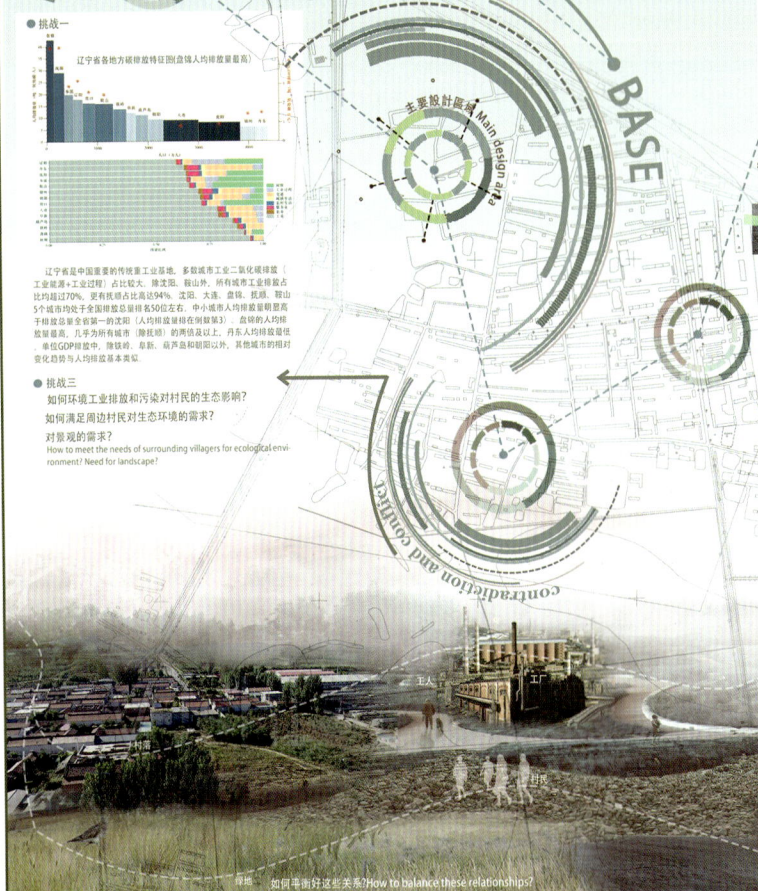

盘锦位于辽宁省中南部，地处辽河三角洲中心地带，是辽河入海口城市；地势地貌特征是北高南低，由北向南逐渐倾斜；地处北温带，属暖温带大陆性半湿润季风气候

盘锦是中国重要的石油石化工业基地，称为鹤乡；油城；湿地之都，著名景点有红海滩和苇海

● 拉拉村

拉拉村介绍
拉拉村在辽宁省,盘锦市,盘山县,胡家镇，物产丰富,工业较多。
主要农产品：蔬菜、山莓、绿苹果、油桃、莴苣、生姜等
村里单位：拉拉村快递站
拉拉村及周边其他地点或单位：盘锦蟹田大米

A:盘锦益久化石有限公司，辽宁宝来生物能源有限公司，盘锦生物智能催化工业产业园
B:空闲绿地（工业与居住区的隔离区）
C: 拉拉村的居住区

如图所示：
A区为石化产品工业区
B区为设计目标区域
C区为村民居住区

设计目标：乡村空闲绿地改善再设计

优势

具有交通便捷性（盘锦是辽宁高速公路最密集、公路网密度最大的城市）

具有科普性（场地介于工业与居住之间，无论是工业还是农业都可以对公科普）

有一定自然基础（草地覆盖较全、散有鱼池和些许乔木和灌木植被，四周为农田）

有良好的地理位置（盘锦是辽宁高速公路最密集、公路网密度最大的城市）

挑战而二
城市化进程和自然过程重新主导因工业衰退和城市收缩而产生的闲置土地，在如今如何定位和找到自己的位置？

人对空间的需求
Space requirements

闲置地激活

目标人群以中老年人居多，旅游聚集方式以家庭为主，以要加大休闲设施的数量和保证周边工厂工作人员的休憩场所，亦为孩子们提供安全有趣的科普娱乐环境，娱乐与科普同在。

11% 23% 60岁以上
49% 36-60岁
18岁以下
年龄分布

工厂居民
当地居民
人群分布

矛盾与冲突

SITE ANALYSIS

问题分析 Problem analysis

人类的工地侵蚀与碳排放量
Human land invasion patches and carbon emissions

挑战一

辽宁省各地方碳排放特征图例(盘锦人均排放量最高)

辽宁省是中国重要的传统重工业基地，多数城市工业二氧化碳排放量（工业能源+工业过程）占比较大。阜新、朝阳周、鞍山等，所有城市工业排放占比均高过70%，更有抚顺占比高达94%。沈阳、大连、盘锦、鞍山5个城市均处于金面型排放总量在650左右。中小城市人均排放量明显高于碳总量是全省第一的沈阳（人均排放量排与碳排放第3）。盘锦的人均排放量最高，几乎为所有城市（除抚顺）的两倍及以上，丹东人均碳盘是最低，单位GDP排放中、锦州相、锦辽、阜新、葫芦岛和朝阳以外，其他城市基本情况相差均不大，变化因为为人均碳边基本要素。

挑战三
如何环境工业排放和污染对村民的生态影响？
如何满足周边村民对生态环境的需求？
对景观的需求？
How to meet the needs of surrounding villagers for ecological environment? Need for landscape?

工厂带来了经济效益，同时也破坏了自然环境

如何平衡经济与生态的关系？
工厂人员与村民的关系？
人与自然的关系？

未来我们该以什么样的方式修复和激活场地？

该场地位于工厂和村落之间，工厂侵占土地，给附近村民带来客观经济收入的同时，也给周边地带来了高碳排放和空气土地的污染，对环境的破坏给村民生活带来了困扰，由此形成的矛盾与冲突如何我们将在缓解？

我们将在工厂与村落之间寻求一个平衡的可能，利用该场地，一方面缓解工业污染与高碳排放，另一方面缓解工厂对该原住居民的环境冲突，试图在该场地修复被破坏的土壤和植物。修建人与人交往，人与自然的和谐。

The site is located between the factory and the village. The factory occupies the land, which brings objective economic income to the nearby villagers, but also brings high carbon emissions and air and land pollution to the surrounding areas. The destruction of the environment brings troubles to the villagers' lives. On the one hand, we will alleviate industrial pollution and high carbon emissions, and on the other hand, we will ease the environmental conflict between the factory and the original residents. We will try to repair the damaged soil and plants on the site, and build a harmony between people and nature.

主要设计区域 Main design area

BASE

Contradiction and conflict

绿地 如何平衡好这些关系?How to balance these relationships?

动植物

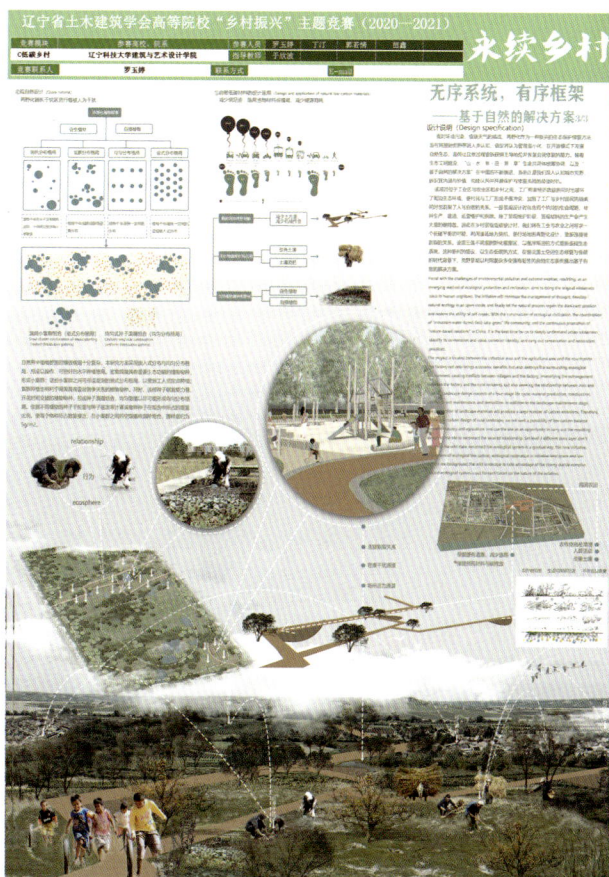

辽宁科技大学建筑与艺术设计学院

参赛人员： 罗玉婷、丁汀、郭若情、苗鑫

指导教师： 于欣波

设计说明：

　　面对环境污染、极端天气的挑战，再野化作为一种新兴的生态保护修复方法，旨在将原始荒野带回人类认知，倡议将人为管理最小化，在开放模式下发展自然生态，最终让自然过程重新获得主导地位并恢复自我修复的能力。随着生态文明建设、"山－水－林－田－湖－草"生命共同体统筹协调，以及"基于自然的解决方案"在中国的不断推进，当前正是我们深入认知城市荒野、辨识其内涵与价值、构建认同并开展保护与修复实践的最佳时机。

　　该项目位于工业区与农业区和乡村之间，工厂带来经济效益的同时也破坏了周边生态环境，使村民与工厂形成矛盾冲突，加剧了工厂与乡村居民的隔阂，同时也割裂了人与自然的关系。一般景观设计时包含4个阶段的生命周期，材料生产、建造、运营维护和拆除。除了景观维护阶段，景观材料的生产会产生大量的碳排放，因此在乡村景观低碳设计时，我们将在工业与农业之间寻求一个低碳平衡的可能，利用该场地为契机，进行场地的再野化设计，重新连接被割裂的关系。设置3级不同层别野化程度区，以循序渐进的方式重新连接生态系统，这种新兴的倡议，以生态低碳的方式，在倡议国土空间生态修复与低碳的时代背景下，荒野景观以利用复杂多变且具有韧性的自然生态系统提出基于自然的解决方案。

竞赛模块	参赛高校、院系	参赛人员	徐文轩	佟以东	何荫庆	张玉鑫	刘昊霖
C低碳乡村	沈阳城市建设学院建筑与规划学院	指导教师	麻洪旭	李超	郭宏斌		
竞赛联系人	徐文轩	联系方式		E-mail			

荷锄葱茏清波间·思归忆——基于融居自然的新型宜居村庄规划

壹

上位规划
国家乡村振兴战略的提出，将对乡村发展有很大的推动作用；海城市上位规划，对于中小镇及后三家村的商贸产业发展有推动作用。

村庄概况
后三家村自然资源基础良好，有大量的耕地，农业设施，鱼塘等，农林牧渔可多元发展。
村庄公共设施滞后，文化服务设施匮乏，村民物质文化需求不能得到满足。
村庄缺乏风貌展现节点，未能体现村庄特色，缺乏应有生机活力。

后三家村鞍山市47km，台安市57km，岫岩满族自治县97km，海城市区19km，规划地块位于辽宁省鞍山市海城区中小镇内，村庄总面积5.6平方公里。

空间格局

千亩良田，东高西低

后三村地势平坦开阔，东州南部环绕河流州，交汇着丰富的灌溉水，多量方域网状肌理筑成

后三家

文化脉络，历史沿革

战国时期属燕国辽东部塘地，汉时在县境内置新昌、辽队、安县三县。

文化脉络承接东北传统民俗文化

解放后属于牛庄县，后更名为中小镇，归中小镇管辖。

今日的后三家村是中小镇的农业小镇，是镇内的重要农产品生产村。

现状分析

道路交通分析

建筑质量分析

生态环境分析

区域功能分析

现状分析

村庄生产	产业概况		产业单一	化学污染

农业生产是经济基础

小镇内其他村庄发展模式与后三家村类似，以传统种植业以及设施农业为主。村庄目前实行以农村合作社坚持以千亩棚菜设施农业园区及千亩优质米基地为依托，利用后三蔬菜批发市场这个流通平台，大力发展设施农业，提高农村经济发展水平

产业结构单一：村庄现状以水稻、玉米，大棚作物种植结合畜禽养殖的模式，以家庭为单位各自耕种，经济效益低。而且村内农业没有与二产三产相融合，缺乏核心驱动力。

发展模式低端化

村庄生态	生态肌理		生态缺失	

生态破坏是问题根本

塘＋田＋草＋林

后三家村现状的生态肌理单一，居住组团集中，四周被农田包围，西北方向散破的池塘无法连片，内部林地破碎，不成体系

土地承载力有限
大面积的单一农田导致生态系统稳定性差，生态系统的生产效率下降，农田大量使用化肥、农药，对土壤有益的有机肥已很少使用，使土壤有机质含量不断下降。与此同时，粮食产量对化肥的依赖性越来越大，一旦没有化肥，粮食产量必定下降，即使新出现的优良品种也普遍机械水、化肥。

绿化空洞

大规模机械化耕作

生产方式过度依赖农药

村庄生活	人居环境		活力丧失 空间萎缩	

村庄空间是生活保障

儿童缺少游戏空间，老人缺少交流空间，村庄内部没有慢行步道，空间利用性差，林下空间憩空间开发不完善

人群结构
0-18岁（40%）
18-26岁（30%）
27-50岁（20%）
51岁以上（20%）
年龄层

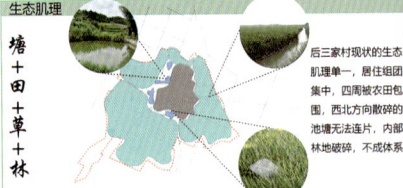

这里的老人脸吃饭满脸的几乎每天都坐在自家门口，他们有着不讲话的微笑，眼睛望向远处，流露出复杂的情感。小孩们也因为没有什么游乐设施和学习空间而好成嬉乐趣队自嬉笑乐。这深深的触动着我。他们让人心疼，深深的孤独感是会把人刺痛，他们需要被关注。

村内空间利用模式为居住用地+自留耕地，其中大部分的利用方式为种菜，种经济作物，导致村内部没有休闲空间，人群交往功能无法满足

老人缺乏一个休闲健身空间

儿童缺乏一个娱乐空间，学生缺乏一个户外教学空间

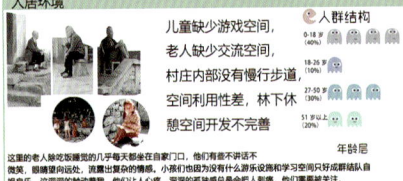

规划愿景——顺应自然，万物一体

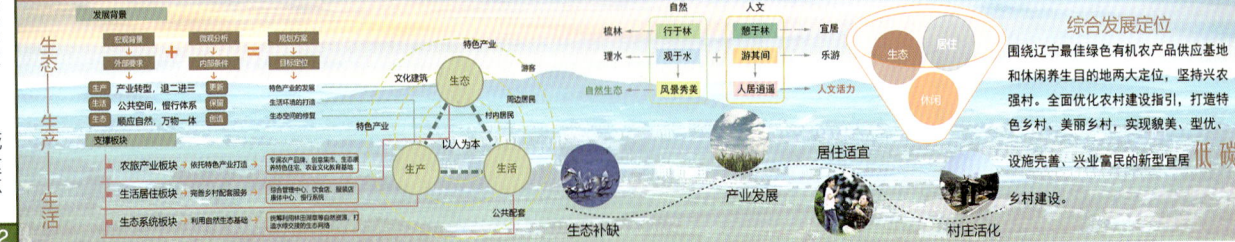

综合发展定位
围绕辽宁最佳绿色有机农产品供应基地和休闲养生目的地两大定位，坚持兴农强村。全面优化农村建设指引，打造特色乡村、美丽乡村，实现貌美、型优、设施完善、兴业富民的新型宜居乡村建设。

低碳

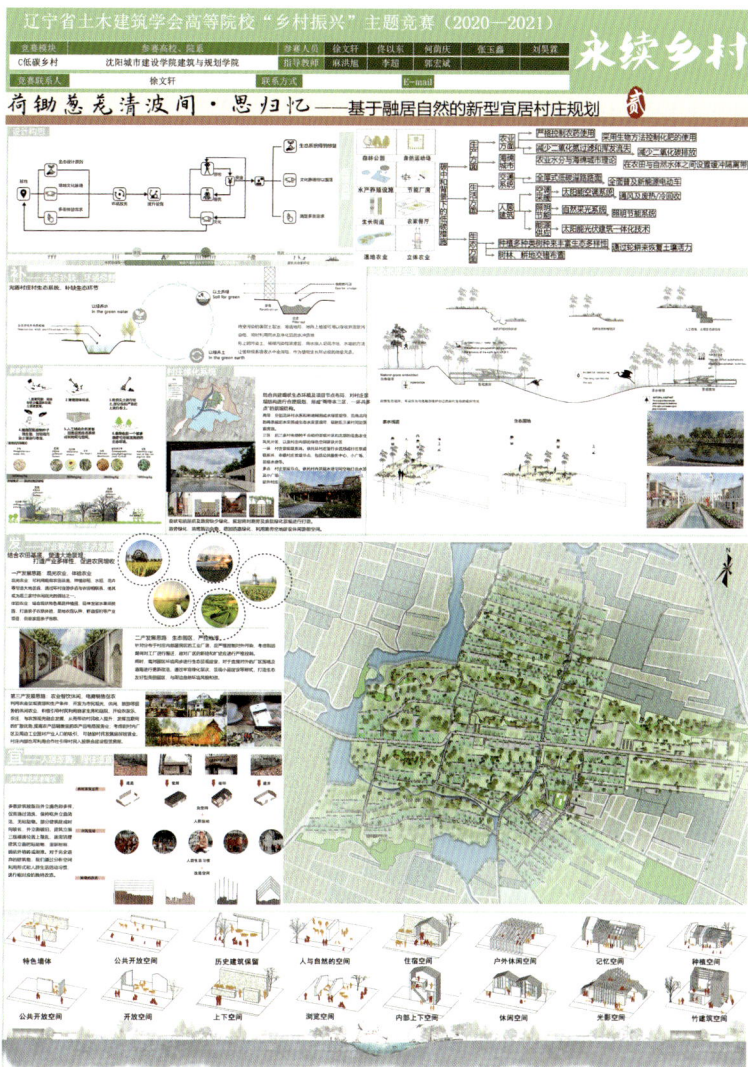

沈阳城市建设学院建筑与规划学院

参赛人员：徐文轩、佟以东、何荫庆、张玉鑫、刘昊霖
指导教师：麻洪旭、李超、郭宏斌

设计说明：

　　基础设施建设滞后、村庄缺乏活力；生态环境破坏严重、景观风貌缺失；产业结构单一，经济效益低等问题一直困扰着后三家村。我们通过对后三家村的调研，真实了解到村民所思所想，决定围绕辽南最佳绿色有机农产品供应基地和休闲养生目的地两大定位对村庄进行规划，坚持兴农强村。全面优化农村建设，打造特色乡村、美丽乡村，实现貌美、型优、设施完善、兴业富民的新型低碳宜居乡村建设。

　　从硬到软、从形到神。以绿为底以水为脉，统筹利用林、田、池、草，使人们看得见自然。发展乡土文化，着重推动人与自然和谐相处、人与人之间的亲密交互，最终达到顺应自然、万物一体的新境界。

　　一是基础服务设施建设，结合村庄分类，针对村庄实际需求，配置相应的基本公共服务设施，嵌入新能源设施应用；二是生态修复治理与景观塑造，重点围绕乡村发展动力带、环网式的景观轴进行风貌塑造，推进发展带沿线建筑改造，水面景观、绿化美化等工程，着力构建水秀、景美的示范带，建成赏心悦目的生态通廊；三是乡村生活空间营造，依托村内景观水塘宅间空地打造水景及小广场等景观节点，加强乡村建设生态技术应用，优化村庄环境，增加公共交流空间，提升村庄形象；四是产业联动、经济发展等产业基因活化，以特色农业为突破，合理打造生物循环利用模式，引导产业联动发展。推进传统农业产品向特色绿色商品转变；促进农业与现代服务业融合发展，打造重要农产品全产业链大数据和数字农业创新中心，最终还原一个原生态乡土村庄。

竞赛模块	参赛高校、院系	参赛人员	权祥生	李俊毅
C低碳乡村	沈阳城市建设学院建筑与规划学院	指导教师	钟鑫老师	姜岩老师	刘艳芳老师
竞赛联系人	权祥生	联系方式		E-mail

心"0"碳——绿色低碳背景下的乡村振兴规划设计

1 沈北新区稻梦小镇单家村规划设计

不忘初心　砥砺前行　绿色低碳　乡村振兴

N

基本农田

稻梦空间

1 文化纪念广场
2 民宿餐饮综合体
3 休闲养殖水池
4 艺术创作中心
5 艺术家广场
6 停车场
7 原有民居
8 中心广场
9 新建民居
10 文化商业步行街
11 自然风光步行街
12 新型绿色公厕
13 村民服务中心
14 游客服务中心

基本农田

基本农田

区位分析

基地分析

场地背景

叠层分析　　绿化分析　　湿地分析　　受保护区域

基地现状照片

绿色植物群落分析

SWTO分析

现存核心问题

特色植物分析

沈阳城市建设学院建筑与规划学院

参赛人员： 权祥生、李俊毅

指导教师： 钟鑫、姜岩、刘艳芳

设计说明：

本项目为辽宁省土木建筑学会高等院校"乡村振兴"主题竞赛，选取 C 模块"低碳乡村"设计。该设计选址为沈阳市沈北新区兴隆台街道单家村（稻梦小镇）。单家村是大孤柳社区的一个自然村，目前是稻梦小镇的主要载体。全村现有 89 户，常住人口 1276 人（其中锡伯族有 74 人）。单家村村域总面积 148hm²，居民点面积 9.5hm²，基本农田面积 34.13hm²，一般耕地面积 101.62hm²，与稻梦空间景区交织处稻田观赏区面积 32.7hm²。单家村以水稻种植业为主，有少量的淡水鱼养殖业，依托"稻梦空间"景区，逐步自发形成农家乐、渔家乐等乡村旅游产业，2019 年人均收入约 1.7 万元。

本项目设计主旨是不忘初心、砥砺前行、绿色低碳、乡村振兴。借助原有规划地形，在保留原有居民建筑的同时新建居民住宅群，改造老旧居民住宅，新建民宿住宅区。其中保留原有居民住宅 39 个，新建住宅 66 个，新建餐饮民宿 24 个，新建停车楼 1 个，新建游客服务中心 1 个，新建广场 2 个，新建展览馆 1 个，新建画家艺术区 1 个，新建绿色公厕 2 个。原有居民住宅中改造住宅 30 个改造民宿 9 个。为了结合稻梦小镇，还规划了文化街和自然街 2 条主题商业街，1 条环形自行车、漫步道路。

竞赛模块	参赛高校、院系	参赛人员	李林	王一博	覃晨	武彦玮	栾胜鑫
C低碳乡村	沈阳城市建设学院建筑与规划学院	指导教师	蔡可心	许德丽	李诗		
竞赛联系人	李林	联系方式		E—mail			

三等奖

永续乡村

吾家·稻香 | ECOLOGICAL BUILDING

稻香：以稻梦空间为基础，完善周边相关配套体系
吾家：以民居为重点，惠泽村民，游客和生态和谐

稻梦空间主题公园位于沈阳沈北新区兴隆台镇，方案致力为前往稻梦空间游玩的游客，提供更多更加全面服务。稻梦小镇的特色之一就是"吾家"。吾家，即是村民的家，也是能让游客安心的家，更是能让人与自然和谐共生的家。以绿色文化为依据，创造一个模块化的绿色智能的基地。

ECOLOGICAL Building

Daomeng space theme park is located in Xinglongtai Town, Shenbei New District, Shenyang. The program is committed to providing more and more comprehensive services for tourists visiting daomeng space. One of the characteristics of daomeng town is "my family". My home is not only the home of villagers, but also the home that can reassure tourists, but also the home that can make people live in harmony with nature. Create a modular green intelligent base based on green culture.

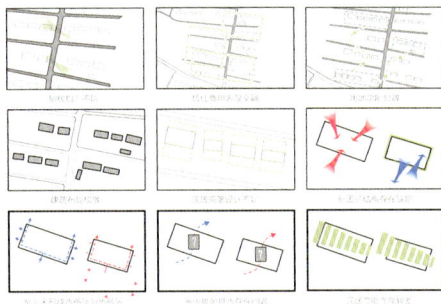

场地区位分析 / Site Analysis

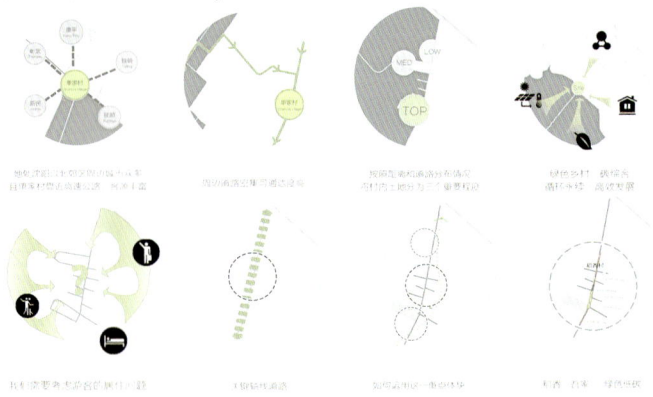

体块生成分析 / Formation Analysis

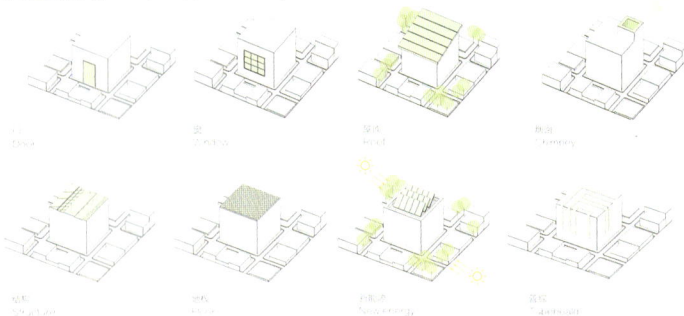

Step1　思考应该如何处理村落与稻梦小镇以及周边环境之间的联系
Step2　采用模块化设计策略，以三种民居为模板，重塑单家村空间
Step3　注重建筑材料运用，以外围合结构为出发点对民居进行改造
Step4　结合场地周边的绿化设计，以交流体验的模式传达绿色概念

Step1 Think about how to deal with the connection between the village and Daomeng Town and the surrounding environment.
Step2 Adopt a modular design strategy and use three types of residential buildings as templates to reshape the space of Shanjia Village.
Step3 Pay attention to the use of building materials, and renovate the residential buildings with the outer structure as the starting point.
Step4 Integrate the green design around the site to convey the green concept in the mode of exchanging experience.

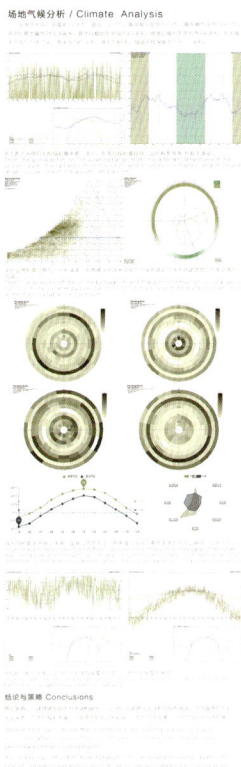

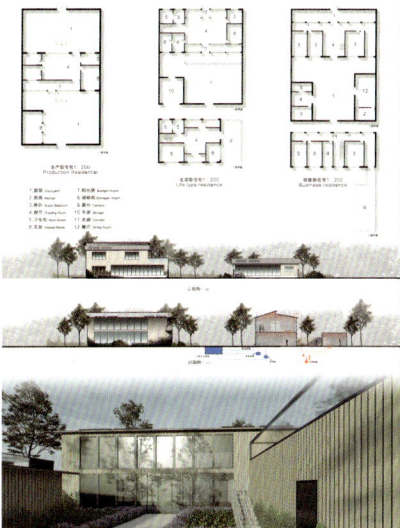

沈阳城市建设学院建筑与规划学院

参赛人员： 李林、王一博、覃晨、武彦玮、栾胜鑫

指导教师： 蔡可心、许德丽、李诗

设计说明：

本次设计地块位于沈阳市，稻梦空间位于沈阳市沈北新区兴隆台锡伯族镇，是沈阳著名的旅游景点之一。

我们的项目是距离稻梦空间最近的单家村，是对原有村落建筑的翻修与升级。方案致力于为前往稻梦空间的游客提供更加全面的服务。稻梦小镇的一个特色就是"吾家"——吾家，既是村民的家，也是让游客安心的家，更是能让人与自然实现和谐共处的家。以绿色文化为依据，建设一个模块化的绿色智能基地。

我们力求最大限度保全村落的原有风貌和结构。并且使用模块化的方式，统一建筑风格，实现绿色环保的理念并且降低成本。并且重新修整了附近的道路，使得游客自驾游的需求可以得到满足。在村中修建了一条小火车，可以实现游客更加轻松地游览本小镇。

三等奖

竞赛模块	参赛高校、院系	参赛人员	额恩	何磊	周伟祺	王樱霖	礼雨萧
C低碳乡村	沈阳城市建设学院建筑与规划学院	指导教师	徐莉莉	潘颖			
竞赛联系人	城乡规划182班额恩	联系方式		E-mail			

永续乡村

一、规划背景

1.国家战略——政策变革-城乡关系转型

全面落实乡村振兴战略20字总要求:产业兴旺、生态宜居、乡风文明、治理有效、生活富裕。

2.指导思想

以习近平新时代中国特色社会主义思想为指导，全面贯彻落实党的十九大和十九届二中、三中全会精神，以及习近平总书记在辽宁考察时和在深入推进东北振兴座谈会上的讲话精神，统筹推进"五位一体"总体布局，协调推进"四个全面"战略布局，坚持稳中求进工作总基调，按照高质量发展要求，持之以恒落实新发展理念和"三个推进"，深入实施乡村振兴战略、"五大区域发展战略"，全面确立省国土空间规划体系，确定位村庄规划在国土空间规划体中的级别、类别，按照"产业兴旺、生态宜居、乡风文明、治理有效、生活富裕"的乡村振兴总要求，编制"多规合一"的能用、管用、好用的实用性村庄规划，助力脱贫攻坚战、改善人居环境，稳步推进乡村振兴。

3.规划原则

二、设计构思

1.主题解读

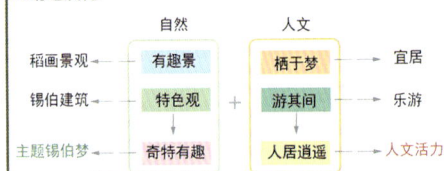

2.场地演化

将生态、文化、休闲元素与稻梦空间结合起来，将人群吸引到场地中来，给场地重注活力，增添生气。

3.人群分析

外来游客

周边游客

服务人员

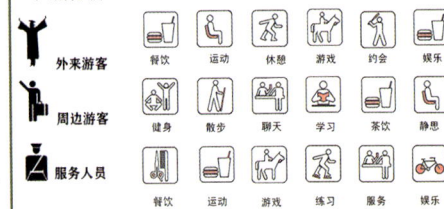

三、村庄概况

1.区位分析:

单家村位于沈北新区兴隆台街道，是大孤柳社区的一个自然村，目前是稻梦小镇的主要载体。

其与仇家村、盘古台村、大孤柳村、兴光村相邻。单家村以水稻种植业为主，有少量的淡水鱼养殖业，依托"稻梦空间"景区，逐步自发形成农家乐、渔家乐等乡村旅游产业，这为我们规划奠定了基础。

CHINA

规划范围: 本次村庄规划范围涵盖单家村范围，总面积约 148 公顷。

规划期限: 本轮规划期限原则上与上位国土空间规划保持一致，为 2021-2035 年，其中近期至2025年，远期至2035年。

辽宁省

沈阳市

单家村

兴隆台街道

沈北新区

2.人口分析:

全村现有89户，常住人口1276人(其中锡伯族有74人)。留守村民多为老年人，村庄空心化、人口老龄化严重。

3.社会经济发展:

单家村以水稻种植业为主，有少量的淡水鱼养殖业，依托"稻梦空间"景区，逐步自发形成农家乐、渔家乐等乡村旅游产业，2019年人均约收入约1.7万元。

4.村庄问题

村庄植被稀少、生活污水、养殖废水，黑臭水塘没有得到有效治理，道路狭窄不流畅、美化，到处丢弃的白色垃圾。产业发展薄弱，虽有一定的产业基础，但单位部门产业结构单一，未形成产业联动效应。

村庄道路建设未成体系，主、次混乱，路线不顺，方向不明，形成村落"迷宫"，影响村内车行交通。

村容风貌有待提升，建筑、围墙破损严重，急需整修;村内环境也有待进一步整理。

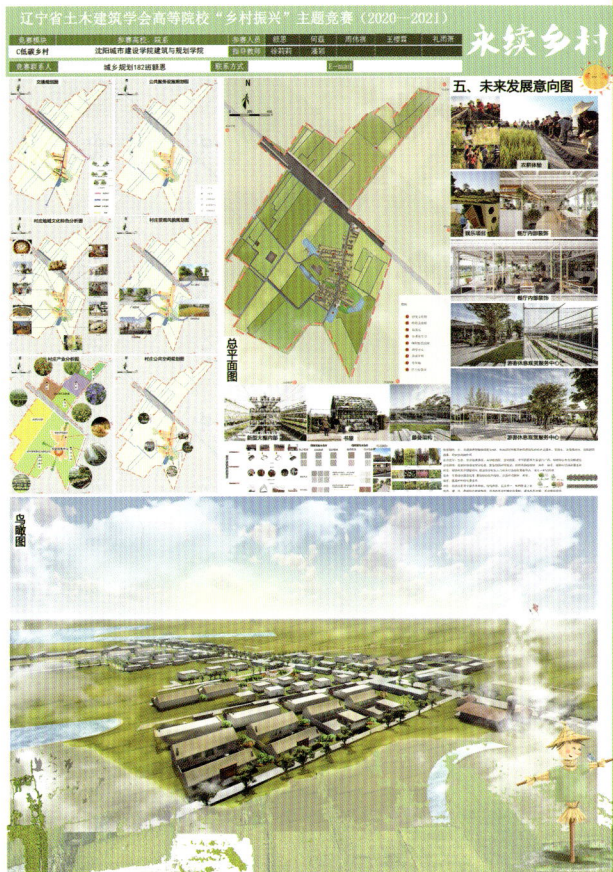

沈阳城市建设学院建筑与规划学院

参赛人员： 额恩、何磊、周伟祺、王樱霖、礼雨萧
指导教师： 徐莉莉、潘颖

设计说明：

单家村位于沈北新区兴隆台街道，是大孤柳社区的一个自然村，目前是稻梦小镇的主要载体。

其与仇家村、盘古台村、大孤柳村、兴光村相邻。单家村以水稻种植业为主，有少量的淡水鱼养殖业，依托稻梦空间景区，逐步自发形成农家乐、渔家乐等乡村旅游产业，这为我们规划奠定了基础。稻梦小镇作为产业融合的样本，现拥有：沈阳市北源米业；锡伯龙地、稻梦空间、单家民宿及冰雪项目；万亩绿色水稻种植项目。形成了以一产业提质增效，促进农民增收的目的；二产业加工业在一产的基础上，通过加工和深加工形成品牌农业，而锡伯龙地、稻梦空间以及单家项目的实施，为品牌的推广和人气的带动提供了强大的动力。

本次规划新增了园地、机关团体用地、文化用地、商业服务业用地、交通运输用地、公园绿地、广场用地。在道路两旁增设免费停车场，解决道路拥挤问题，我们规划的研学教育基地与锡伯族的民风民俗和稻梦空间相融合，丰富多彩，主要体现动手行动力，比如节日活动、美食、射箭等活动。通过整合引进国外先进的温室建造技术、无土栽培技术以及工厂化种植理念，结合国内的生产实际，在不断地生产实践中，逐步形成了适合我国实际情况的新型智能温室棚模式，并兼顾生态乡村旅游产业的引导发展。新型的智能温室大棚，在现代农业生产中具有明显的六大优势：

（1）外表美观大方、空间大；

（2）应用广泛，扩展功能强；

（3）技术含量高，管理精准化；

（4）节省人工，生产效率高；

（5）社会效益显著；

（6）提高经济效益。

永续乡村

竞赛模块	参赛高校、院系	参赛人员	费荣薇	张雅婷	马驰程	刘明雨
C低碳乡村	沈阳城市建设学院建筑与规划学院	指导教师	王洪达	齐晓晨		
竞赛联系人	刘明雨	联系方式		E-mail		

区位分析

田水村位于苏家屯西部，周围有马耳山风景区、白清寨滑雪场詹家村水果采摘园，地理位置不易编幅，周围有良好的经济带动桑链规划建设一产三产相结合 生态层次丰富、主打生态宜居的乡村满足村民多方位需求的村庄。

背景

人群分析

/人的活动与街道空间/

交流
散步
玩耍
活动
休闲
集会

年龄结构

人进行公共活动的尺度分析

用地现状

图例

用地分析

土地使用情况

田水村收入来源

产业结构

| 第一产业 |
| 第二产业 |
| 第三产业 |

道路分析

对外交通现状

村庄农田内部道路

民宿道路分级

图例：
1.村庄主入口
2.花房
3.跌水平台
4.游客接待中心
5.观赏平台
6.森林密道
7.村委会
8.庭院茶馆
9.文化中心
10.香瓜展销城
11.公共厕所
12.公交站点
13.村民活动广场
14.茶歇处
15.廊桥
16.紫衣草花海
17.民宿区
18.小麦田绿色轻路环形
19.香瓜稻田观赏区
20.香瓜主题乐园入口
21.亲子香瓜种植园
22.过山车
23.摩天轮
24.道家香瓜种植区
25.加工厂
26.花沟

功能分区

主轴
次轴

村庄

产业联状分布图   村庄景观节点分析   特色景观分析

产业分析

发展背景   +   =   产业体系

宏观趋势
外部需求

经济
社会
文化

微观分析
内部需求

规划方案
目标定位

历史文脉的传承

特色产业

文化建筑   旅游产业

游客
周边居民
社区居民

文化产业   社区产业

经济

支撑板块

旅游产业板块
文化产业板块
社区经济板块

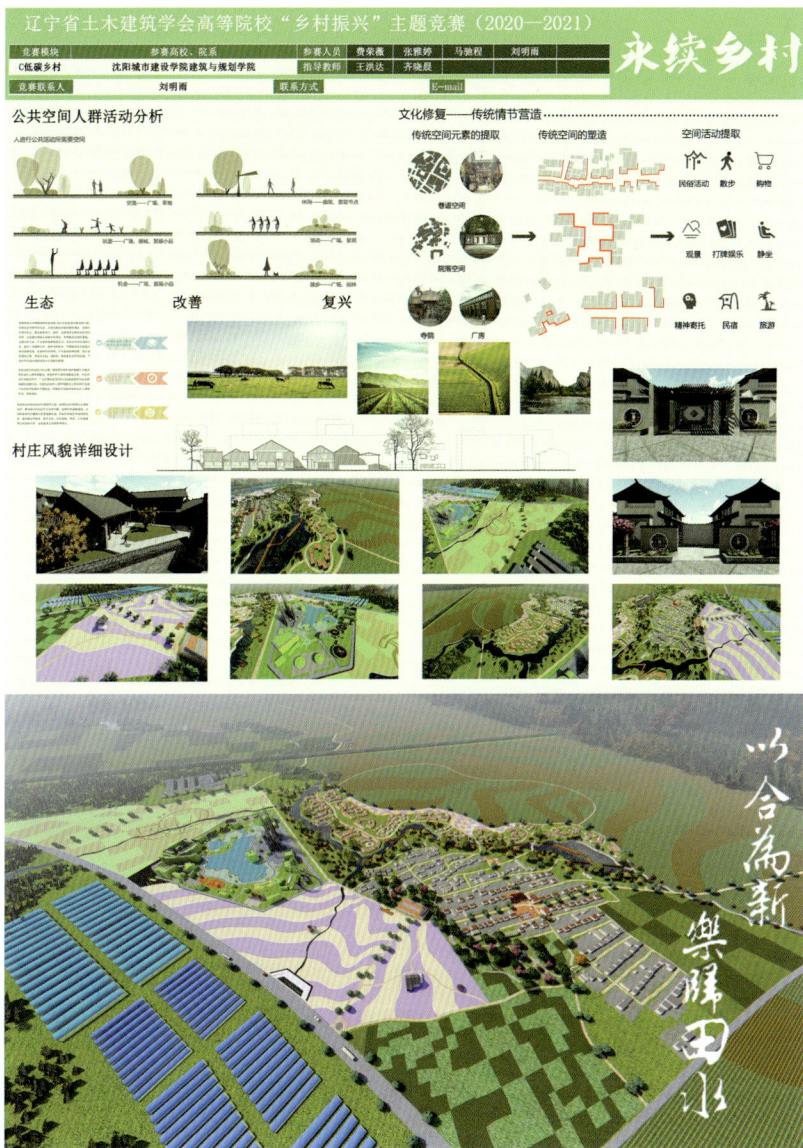

沈阳城市建设学院建筑与规划学院

参赛人员： 费荣薇、张雅婷、马驰程、刘明雨
指导教师： 王洪达、齐晓晨

设计说明：

本次乡村规划项目基地位于苏家屯区白清姚千街道田水村，本次设计从基地现状出发，探索并挖掘田水村现有建设问题及历史文化等。我们本着"永续乡村"的发展思想，将"以合为新，乐归田水"作为本次田水村村庄规划设计核心理念。

依据规划提出的设计理念，"合"基于"天人合一"这一富有生态哲理的词语，将人们的生产、生活以及生态交织融合；"新"有创新、更新之意，亦指新时代背景崭新的乡村发展理念；"乐"即乐享、喜乐；"归"为回归，归于；"田水"既代表田水融合的乡村特有的自然景象，又指本次规划村庄名称田水村。即在新时代乡村振兴的背景下，将全新的乡村发展理念更好地融入"三生"空间内，百姓乐享其中。

在坚持保护生态环境、体现乡土特色、保障村庄安全、满足现代化生产生活要求、注重历史文化传承的原则下，从乡村建设现状分析入手，形成了一套体系完整、制定美丽乡村建设目标、分区管控、构建市域美丽乡村体系。以生产发展、生活宽裕、乡风文明、村容整洁、管理民主等作为主要理念，通过经济与生态环境的和谐发展，将农村塑造成为"村村优美，人人幸福，家家创业，处处和谐"的社会主义新型乡村。